重庆市高等教育教学改革研究重点项目"科技伦理治理教育教学改革研究"成果
重庆市南川区社会科学规划项目之特别委托重大项目"新时代科技伦理治理自主知识体系"成果

科技伦理治理研究丛书　　　　　　　　　　　　　　　　任丑　总主编

科技伦理治理基础

任 丑 著

西南大学出版社

国家一级出版社 全国百佳图书出版单位

图书在版编目(CIP)数据

科技伦理治理基础 / 任丑著. -- 重庆:西南大学
出版社,2025.5. -- ISBN 978-7-5697-2847-7

Ⅰ.B82-057

中国国家版本馆CIP数据核字第20256UN387号

科技伦理治理基础

KEJI LUNLI ZHILI JICHU

任丑 著

出　品　人:张发钧
项目负责人:张昊越
责　任　编　辑:何雨婷
责　任　校　对:王玉竹
装　帧　设　计:夊十堂_未　氓
排　　　版:瞿　勤
出　版　发　行:西南大学出版社(原西南师范大学出版社)
　　　地　　　址:重庆市北碚区天生路2号
　　　邮　　　编:400715
　　　电　　　话:023-68868624
印　　　刷:重庆金博印务有限公司
幅　面　尺　寸:710×1000　1/16
印　　　张:19.75
字　　　数:350千字
版　　　次:2025年5月 第1版
印　　　次:2025年5月 第1次印刷
书　　　号:ISBN 978-7-5697-2847-7

定　　　价:88.00元

总序

荀子有言:"吾尝终日而思矣,不如须臾之所学也;吾尝跂而望矣,不如登高之博见也。登高而招,臂非加长也,而见者远;顺风而呼,声非加疾也,而闻者彰。假舆马者,非利足也,而致千里;假舟楫者,非能水也,而绝江河。君子生非异也,善假于物也。"(《荀子·劝学》)从一定意义上讲,人的本质力量就体现为"善假于物"。当代"善假于物"的最为前沿的实践形式无疑是科技伦理治理。

科技伦理治理是遵循确认的价值理念和行为规范而开展的科学研究、技术开发等科技活动的实践,是促进科技事业健康发展,推动人类历史绵延前行的重要保障。进入新时代以来,习近平总书记和党中央高度重视科技伦理治理工作并作出战略部署。2019年10月,中国国家科技伦理委员会成立。2022年3月,中共中央办公厅、国务院办公厅印发《关于加强科技伦理治理的意见》(以下简称《意见》),并发出通知,要求各地区各部门结合实际认真贯彻落实。《意见》要求:"将科技伦理教育作为相关专业学科本专科生、研究生教育的重要内容,鼓励高等学校开设科技伦理教育相关课程,教育青年学生树立正确的科技伦理意识,遵守科技伦理要求。完善科技伦理人才培养机制,加快培养高素质、专业化的科技伦理人才队伍。"《意见》的指导思想是:"以习近平新时代中国特色社会主义思想为指导,深入贯彻党的十九大和十九届历次全会精神,坚持和加强党中央对科技工作的集中统一领导,加快构建中国特色科技伦理体系，健全多方参与、协同共治的科技伦理治理体制机制，坚持促进创新与防范风险相统一、制度规范与自我约束相结合，强化底线思维和风险意识，建立完善符合我国国情、与国际接轨的科技伦理制度，塑造科技向善的文化理念和保障机制，努力实现科技创新高质量发展与高水平安全良性互动，促进我国科技事业健康发展，为增进人类福祉、推动构建人类命运共同体提供有力科技支撑。"此外，《意见》还要求：明确科技伦理原则、健全科技伦理治理体制、加强科技伦理治理制度保障、强化科技伦理审查和监管、深入开展科技伦理教育和宣传。

2022 年 3 月 22 日，教育部在清华大学召开会议，正式启动高校科技伦理教育专项工作，时任教育部高等教育司司长吴岩在《在高校科技伦理教育专项工作启动会上的讲话》中指出，启动高校科技伦理教育专项工作，"这是一件大事，从某种意义上来说对高等教育发展还是一件天大的事"。科技伦理治理是推动学科交叉、重视服务社会的新文科建设的大事。科技伦理教育专项工作的正式启动，迫切需要深入全面地研究科技伦理治理的重大理论和现实问题。

2022 年 3 月 26 日始，西南大学国家治理学院伦理学博士点师生积极响应党和国家的号召，迅速组织重庆市应用伦理科研团队认真学习《意见》精神。在时任国家治理学院吴江书记指导下，哲学学科负责人、应用伦理教育管理中心主任任丑教授带领科技伦理治理领域的专家学者撰写"科技伦理治理研究丛书"。根据《意见》精神，丛书分为《科技伦理治理基础》《生命伦理治理研究》《人工智能伦理治理研究》《科技伦理治理体制机制研究》《科技伦理治理立法研究》《科技伦理教育研究》《中国古代科技伦理治理思想史》《中国近世科技伦理治理思想史》《西方古代科技伦理治理思想史》《西方近现代科技伦理治理思想史》等 10 个分册。"道虽迩，不行不至；事虽小，不为不成。其为人也多暇日者，其出人不远矣。"（《荀子·修身》）在西南大学出版社的指导下，任丑教授担任总主编，应用伦理学团队齐心协力，共同撰写丛书，申报出版项目。"科技伦理治理研究丛书"成功被列为重庆市"十四五"重点出版物出版规划项目、重庆市出版专项资金资助项目。同时，丛书也是重庆市高等教育教学改革研究重点项目"科技伦理治理教育教学改革研究"（项目编号：222028）成果，重庆市南川区社会科学规划项目之特别委托重大项目"新时代科技伦理治理自主知识体系"（项目编号：2025TBWT-ZD01）的最终研究成果。

  "科技伦理治理研究丛书"希望达成如下目标：第一，为进一步完善科技伦理体系，提升科技伦理治理能力，有效防控科技伦理风险提供理论基础、决策参考和思想资源；第二，为不断推动科技向善、造福人类，实现高水平科技自立自强提供理论基础、决策参考和思想资源；第三，为国家实施科技伦理审查办法、强化对科技活动的伦理监控、科研骨干的科技伦理培训等提供理论基础、决策参考和思想资源；第四，深入开展科技伦理治理教育和宣传，推进科技伦理治理教育教学活动，培养具有科技伦理治理素养和解决实际问题能力的中国科技伦理治理人才；第五，解决当前和近期高等教育中科技伦理治理教学重点问题，推进高等教育科技伦理治理教学改革取得重大成果，形成具有较高推广、应用价值的科技伦理治理教育教学研究。

  荀子说："百发失一，不足谓善射。千里跬步不至，不足谓善御。伦类不通，仁义不一，不足谓善学。学也者，固学一之也……生乎由是，死乎由是，夫是之谓德操。德操然后能定，能定然后能应。能定能应，夫是之谓成人。天见其明，地见其光，君子贵其全也。"（《荀子·劝学》）虽不能至，心向往之。本丛书虽力求完善，但由于学力所限，不免挂一漏万。姑且抛砖引玉，以求教方家。

"科技伦理治理研究丛书"项目组

2025年3月22日

导言

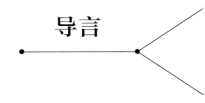

　　哲学何用？这是哲学必须回应的一个重大问题。从一定意义上讲，以科技伦理为主导的应用伦理是对哲学之用的有力回应。在应用伦理领域，科技伦理治理是彰显哲学大用的急先锋。

　　黑格尔在《哲学史讲演录》导言的开篇中特别提出："从哲学史里人们特别可以推出一个足以证明哲学这门科学无用的理由。"[①]"对于哲学努力之为无用的证明，可以直接从这种对于哲学史通常的肤浅看法引申出来：即认为哲学史的结果所昭示的，不过只是分歧的思想、多样的哲学的发生过程，这些思想和哲学彼此互相反对、互相矛盾、互相推翻。"[②]哲学似乎成了一个僵死的白骨累累的战场。这种死气沉沉、毫无生命力的哲学究竟有什么用呢？

　　人们通常借助庄子的思想予以回答：哲学的无用之用，是为大用。哲学是无用之学，又是可能给人希望和洞见的大用之学。庄子说："山木自寇也，膏火自煎也。桂可食，故伐之；漆可用，故割之。人皆知有用之用，而莫知无用之用也。"（《庄子·人间世》）如果说庄子注重的是人生哲学的无用之用，那么柏拉图则注重的是政治哲学的无用之大用。柏拉图在《理想国》中提出了"哲学王"的大用理想，也解释了哲学王理想与残酷现实的矛盾冲突。在对话中，苏格拉底说："除非哲学家当上国家的国王，或者说目前所统治我们这个国家的国王、王子们都具有了哲学家的那种认真和严肃的追求精神，以使政治的伟大与智慧结为一体，并坚决地'请'那些只安于两者之一的无为之辈统统靠边站。我想我们的国家只有这

---

① 黑格尔：《哲学史讲演录》（第一卷），贺麟、王太庆译，商务印书馆，1959，第4页。
② 黑格尔：《哲学史讲演录》（第一卷），贺麟、王太庆译，商务印书馆，1959，第21页。

样才能生存下去,才有得见天日的可能性,否则我们的国家将永无宁日。"①格拉孔立刻批判说:"苏格拉底,你简直就是信口开河。在前面我们讲过的一套大道理后,我多么希望能引起无数人,特别是高贵的人们,立刻脱去外衣,抓起任何顺手可以打人的武器,对你进行猛烈攻击啊!如果你到现在还提供不出一个确切的答案,只是在这里继续你的无稽之谈的话,他们会让你无地自容的。"②与柏拉图哲学王的遭遇类似,孔子周游列国时的高远理想与苦难现实的激烈冲突也同样提出了哲学理性之用与现实大用的矛盾问题。

值得注意的是,庄子对大用和小用的关系有着深刻的思考。惠施和庄子有一段关于大而无用、小而有用的对话。"惠子谓庄子曰:'吾有大树,人谓之樗。其大本臃肿而不中绳墨,其小枝卷曲而不中规矩。立之涂,匠者不顾。今子之言,大而无用,众所同去也。'庄子曰:'子独不见狸狌乎?卑身而伏,以候敖者;东西跳梁,不避高下,中于机辟,死于罔罟。今夫斄牛,其大若垂天之云,此能为大矣,而不能执鼠。今子有大树,患其无用,何不树之于无何有之乡,广莫之野,彷徨乎无为其侧,逍遥乎寝卧其下。不夭斤斧,物无害者,无所可用,安所困苦哉!'"(《庄子·逍遥游》)庄子不仅对比大用和小用,而且用鲲鹏比喻大,用风比喻小,阐释了大小之用的内在关系。"北冥有鱼,其名为鲲。鲲之大,不知其几千里也。化而为鸟,其名为鹏。鹏之背,不知其几千里也。怒而飞,其翼若垂天之云。是鸟也,海运则将徙于南冥。南冥者,天池也……且夫水之积也不厚,则其负大舟也无力。覆杯水于坳堂之上,则芥为之舟。置杯焉则胶,水浅而舟大也。风之积也不厚,则其负大翼也无力。故九万里则风斯在下矣,而后乃今培风;背负青天而莫之夭阏者,而后乃今将图南。"(《庄子·逍遥游》)从类比意义上看,庄子的这一思想堪称关于哲学之用的天才洞察。不过,这毕竟是天才的类比或比喻,缺乏令人信服的根据。哲学的无用之用的大用的具体体现是什么呢?哲学王的空想一败涂地,无用之用的逍遥躺平并无实践的力量或理论的说服力。哲学的无用之大用主要是一种悬设,甚至是一种自我安慰或精神层面的理论允诺,并没有切实的、具体的、全面的实践路径。对当下而言,哲学王、无用之用等理念都不能令人信服地回答哲学的真正作用。

---

① 柏拉图:《理想国》,常维夫译,西苑出版社,2003,第199页。

② 柏拉图:《理想国》,常维夫译,西苑出版社,2003,第199页。

　　与孔子、庄子、柏拉图等古代哲学家们自觉不自觉的哲学洞察相比,黑格尔在《法哲学原理》的序言中理性自觉地把哲学比喻为猫头鹰:"哲学作为有关世界的思想,要直到现实结束其形成过程并完成其自身之后,才会出现……对灰色绘成灰色,不能使生活形态变得年青,而只能作为认识的对象。密纳发的猫头鹰要等黄昏到来,才会起飞。"①这一比喻,突出了古典哲学的思辨力和解释功能。对此,马克思认为哲学不仅仅是事后的解释世界,更是改变世界的力量——"哲学家们只是用不同的方式解释世界,而问题在于改变世界"②。在《黑格尔法哲学批判》导言的最后,马克思把哲学比喻为高卢雄鸡:"一切内在条件一旦成熟,德国的复活日就会由高卢雄鸡的高鸣来宣布。"③哲学必须扬弃哲学的事后性,走向改变世界的前列。新时代的哲学由黄昏起飞的猫头鹰(黑格尔)转化为奋力前行的鲲鹏(庄子)、高卢雄鸡的高鸣(马克思)。那么,哲学的思想和实践作用如何通过自身力量具体体现呢? 应用伦理(科技伦理是应用伦理的重要组成部分)给出了明确、具体、真实的答案:哲学门类的哲学思想通过应用伦理的行业实践具体落实为解释世界、改造世界的推动历史前进的巨大力量。

　　一系列的哲学无用之路如玄想、反思、分析、沉思、论证、批判、商谈等,在应用伦理中成为改变世界、提升生活、治理社会的现实的强大精神力量和行动能力。这种力量既体现为科技的向善祛恶,也体现为人文社科的伦理力量,这就是应用伦理的力量。就目前而言,中国学界把哲学(门类)分为两大部分,二者完美地体现了无用之用(哲学一级学科)是为大用(应用伦理)的基本理念和实践精神。就是说,哲学学科注重分析、反思、论证等思维方法和思想体系的建构,是应用伦理的思想理论基础,应用伦理则是哲学学科的方法和理论的实践路径,是在科学技术、人文社会等领域的应用哲学、实践哲学。这意味着哲学一体两翼,践行无用(哲学学科思想之无用)之大用(哲学思想落实实践的应用伦理)。另外,科学技术、人文社会等领域的学科如物理学、化学、人工智能、医学、法律、宗教等也是应用伦理的基础。可以说,哲学与其他学科是应用伦理的基础,应用伦理是

---

① 黑格尔:《法哲学原理》,范杨、张企泰译,商务印书馆,1961,第13—14页。
② 中共中央马克思、恩格斯、列宁、斯大林著作编译局编:《马克思恩格斯选集》(第一卷),人民出版社,1972,第19页。
③ 中共中央马克思、恩格斯、列宁、斯大林著作编译局编:《马克思恩格斯选集》(第一卷),人民出版社,1972,第15页。

哲学和其他学科交叉融合的实践,是新文科建设的典范。

科技伦理作为应用伦理的急先锋,率先展现着无用之用(哲学一级学科)之大用(应用伦理)的基本理念和实践精神。科技伦理正是哲学无用之大用的广阔舞台和具体的实践路径。在某种程度上讲,科技伦理问题为建构科技伦理治理体系奠定了一定的经验基础。科技伦理问题,把科技伦理学乃至伦理学推进到一个新的领地和高度。科技伦理尊重以研究理论根据、分析、论证、思辨等为主题的理论伦理和应用伦理的基本范式,审慎理智地把科技伦理学纳入具体的经验层面的科技实践操作领域,直面一个个科技伦理实践的具体事件,拟定解决科技伦理问题的方案,并付诸实施,把哲学的无用之大用在解决实际问题的行动中体现出来。科技伦理不同于经验习俗层面的偶然性问题处理,也不拘泥于理论层面的论证分析,而是对二者的否定、扬弃和超越。

科技伦理是哲学的实践路径之一,哲学是科技伦理的理论基础之一。科技伦理的经验问题似乎是科技伦理体系的雏形,或者说似乎是科技伦理的种子,是对古希腊意义上生活习俗的回归和超越,是对先秦为人处世的经验伦常的伦理回归和超越,又是对人类轴心时代关注内心和自我伦常的世界意义的关切,更是人类命运共同体意义上的当下境遇的科技伦理自觉。质言之,科技伦理治理是理论、实践和目的相统一的系统工程。

目录

1

第三编　目的

第一编

理论

众所周知,科技伦理是应用伦理的重要组成部分之一。科技伦理的系统探索既是理论研究的需要,也是国家战略和人类社会的需求。

近年来,习近平总书记和党中央高度重视科技伦理治理工作,并对此作出战略部署。2019年10月,中国国家科技伦理委员会成立。2021年,中国人民大学哲学院申报的"应用伦理"专业硕士学位授权点获准增列。2021年12月,国务院学位委员会办公室发布《博士、硕士学位授予和人才培养学科专业目录(征求意见稿)》。据此目录,"应用伦理"成为哲学门类中的一个新学科,中国人民大学哲学院将成为第一个"应用伦理"专业学位授权点。2022年3月20日,中共中央办公厅、国务院办公厅印发《关于加强科技伦理治理的意见》,要求"将科技伦理教育作为相关专业学科本专科生、研究生教育的重要内容,鼓励高等学校开设科技伦理教育相关课程,教育青年学生树立正确的科技伦理意识,遵守科技伦理要求"。2022年3月22日,教育部在清华大学召开会议,正式启动高校科技伦理教育专项工作。时任教育部高等教育司司长吴岩在《在高校科技伦理教育专项工作启动会上的讲话》中指出,启动高校科技伦理教育专项工作,"这是一件大事,从某种意义上来说对高等教育发展还是一件天大的事"。科技伦理教育专项工作的正式启动,迫切需要深入全面地研究科技伦理治理问题。

显然,首要的任务就是科技伦理治理的基础理论或基本问题:科技伦理治理的价值基准是什么?科技伦理治理的诸多领域的基本问题是什么?科技伦理治理的目的是什么?这是一项需要扎实深入研究的重大系统工程,也是科技伦理治理的迫切需求。简言之,科技伦理治理是时候出场了。

第一章

科技伦理治理之权利基础

　　科学技术脱离哲学母体独立发展以来,尤其是高新科技兴盛以来,其力量和影响迅速渗透到人类社会的各个层面。科技至上的观念不但成为人们的信念,而且转化为改造社会和自然的强大力量。由于对科技伦理的忽视或误解,出现了诸多科技伦理难题,如无伦理的科技、无治理的科技、无伦理的科技治理、无治理的科技伦理、无伦理治理的科技等。科技价值中立论甚至成为诸多人坚信不疑的思想观念。然而,不但科技价值中立是不可能的,而且科技专家的价值中立也是一种独断的幻象。解决这些科技伦理治理的难题,应当率先思考科技伦理治理的价值基准问题。凭直觉而言,科技伦理治理的价值基准体现为:平等诉求的祛弱权(禁止的不应当、不正当、恶刹车),差异诉求的增强权(允许的应当、正当和善),祛弱权与增强权的词典式顺序。当然,这些直觉判断有待充分有力的理论论证。

　　一般而言,人类社会主要推崇人类生活的乐观状态。相应地,伦理学主要推崇人的坚韧性而贬低人的脆弱性。关于脆弱性的伦理思考,正如玛莎·C.纳斯鲍姆在《善的脆弱性:古希腊悲剧与哲学中的运气与伦理》的修订版序言中所说:"即使脆弱性和运气对人类具有持久的重要性,但直到本书出版之前,当代道德哲学对它们的讨论却罕见。"①

　　建立在坚韧性基础上的理论形态主要是乐观主义伦理学,典型的如柏拉图

---

① Martha C. Nussbaum, *The Fragility of Goodness: Luck and Ethics in Greek Tragedy and Philosophy* (Cambridge: Cambridge University Press, 2001), Preface.

以来的优生伦理学,亚里士多德的幸福德性论,边沁、密尔等古典功利论者的最大多数人的最大幸福原则,康德等义务论者的德性和幸福一致的至善,达尔文主义的进化论伦理学,等等。尤其是尼采的超人哲学过度夸大人类的坚韧性而蔑视人类的脆弱性,其推崇的必然是丛林法则而不是伦理法则,希特勒等法西斯分子给人类带来的道德灾难和人权灾难就是铁证。[1]麦金泰尔通过考察西方道德哲学史也指出,脆弱和不幸本应当置于理论思考的中心,遗憾的是,"自柏拉图一直到摩尔,人们通常只是偶然性地才思考人的脆弱性和痛苦,只有极个别的例外"[2]。乐观主义伦理学在乐观地夸大人的坚韧性的同时,却有意无意地遮蔽了人的脆弱性。这就意味着,以坚韧性为基础的人类增强权其实一直是伦理关注的主题。为此,我们重点论证祛弱权。而且,论证了祛弱权,也就从另一个角度论证了增强权。

不可否认,人类对坚韧性的否定方面即对脆弱性的思考也源远流长。苏格拉底的"自知其无知",契约论伦理学家(如霍布斯、洛克、卢梭等)的国家起源论在一定程度上也是基于人的脆弱性。不过,脆弱性在坚韧性的遮蔽之下并未成为传统伦理学的主流。以坚韧性(理性、自由和无限性等)为基础的传统伦理学所追求的主要是乐观性的美满和完善,即使探讨脆弱性也只是为了贬低它以便提高坚韧性的地位,如基督教道德哲学把身体的脆弱性作为罪恶之源以便为基督教伦理学做论证;或者主要是在把人分为弱者和强者的前提下对强者的关注,如尼采的超人道德哲学等。这和关注普遍脆弱性并基于此提出人权范畴的祛弱权还相去甚远。

"二战"以来,深重的苦难和上帝救赎希望的破灭激起了人们对自身不幸和脆弱性的深度反省,人们在反思传统乐观主义伦理学贬低脆弱性并基于此夸大、追求人的无限性和完满性的基础上,已经明确地意识到脆弱性在伦理学中的基础地位,这是以脆弱性同时进入当代德性论、功利论和义务论为典型标志的。当代英国功利主义哲学家波普尔批判谋求幸福的种种方式都只是理想的、非现实

---

[1] See: Richard Weikart, *From Darwin to Hitler: Evolutionary Ethics, Eugenics, and Racism in Germany* (New York: Palgrave Macmillan, 2004), pp. 71–103.

[2] Alasdair MacIntyre, *Dependent Rational Animals: Why Human Beings Need the Virtues* (Chicago: Carus Publishing Company, 1999), p. 1.

的,认为苦难一直伴随着我们,处于痛苦或灾难之中的任何人都应该得到救助,应该以"最小痛苦原则"(尽力消除和预防痛苦、灾难、非正义等脆弱性)取代古典功利主义的最大多数人的最大幸福原则。①如果说波普尔主要从消极的功利角度关注个体的脆弱性,麦金泰尔的德性论则把思路集中到人类的各种地方性共同体上,认为它们在某种程度上就是以人的生命的脆弱性和无能性为境遇的,因而它们在一定程度上是靠着依赖性的德性和独立性的德性共同起作用才能维持下去的。②当代义务论者罗尔斯批判功利论,把麦金泰尔式的个体德性提升为社会制度的德性,明确提出公正是"社会制度的首要德性",并把公正奠定在最少受惠者的基础上。③在一定程度上,这些重要的理论成果已经把脆弱性引入了科技伦理治理领域。

上述对脆弱性的理论研究跟近年来的天灾人祸和伦理问题(如恐怖事件、金融危机、环境危机、克隆人、人兽嵌合体等)一起,从理论和现实两个层面把人类的脆弱性暴露无遗,彻底摧毁了柏拉图以来的乌托邦式的空想或超人的狂妄,脆弱性不可阻挡地走向前台,深入科技伦理治理的各个领域,尤其是和脆弱性直接相关的生命伦理学领域。

如今,在欧美乃至在世界范围内的科技伦理研究中,对脆弱性的关注和反思,业已形成一股强劲的理论思潮。美国生命伦理专家丹尼尔·卡拉汉(Daniel Callahan)说:"迄今为止,欧洲生命伦理学和生命法学认为其基本任务就是战胜人类的脆弱性,解除人类的威胁,现代斗争已经成为一场降低人类脆弱性的战斗。"④其中,丹麦著名生命伦理学家雅各布·达尔·伦多夫(Jacob Dahl Rendtorff)教授、哥本哈根生命伦理学与法学中心执行主任彼得·坎普(Peter Kemp)教授等一批欧洲学者对脆弱性原则的追求和阐释特别引人注目。他们以自由为线索,把自主原则、脆弱性原则、完整性原则、尊严原则作为生命伦理学和生命法学的

---

① See: Karl R. Popper, *The Oopen Society and Its Enemies*, Vol. I (Princeton: Princeton University Press, 1977), pp. 237–239, pp. 284–285.

② See: Alasdair MacIntyre, *Dependent Rational Animals: Why Human Beings Need the Virtues* (Chicago: Carus Publishing Company, 1999), p. 1.

③ See: John Rawls, *A Theory of Justice* (Beijing: China Social Sciences Publishing House, 1999), p. 3, pp. 302–303.

④ Jacob Dahl Rendtorff and Peter Kemp (eds.), *Basic Ethical Principles in European Bioethics and Biolaw*, Vol. I, Printed in Impremta Barnola, Guissona (Catalunya–Spain), 2000, p. 46.

基本原则,并广泛深入地探讨了其内涵和应用问题。他们不但把脆弱性原则作为一个重要的生命伦理学原则,甚至还明确断言:"深刻的脆弱性是伦理学的基础。"①

对此,智利大学的迈克尔·H.克奥拓(Michael H.Kottow)却不以为然。他特别撰文批评说,脆弱性和完整性不能作为生命伦理学的道德原则,因为它们只"是对人之为人的特性的描述,它们自身不具有规范性"。不过,他也肯定脆弱性是人类的基本特性,认为它"足以激发生命伦理学从社会公正的角度要求尊重和保护人权"②。

克奥拓的批评有一定道理:描述性的脆弱性本身的确并不等于规范性的伦理要求。他的批评引出了人权和脆弱性的关系问题:描述性的脆弱性可否转变为规范性的伦理要求的祛弱权?

克奥拓的批评的理论根据源自英国著名分析哲学家 R. M. 黑尔(R. M. Hare)。黑尔在《道德语言》中主张,伦理学的主体内容是道德判断。道德判断具有可普遍化的规定性和描述性的双重意义,因为只有道德判断具有普遍的规定特性或命令力量时才能发挥其调节行为的功能。③他沿袭休谟与摩尔等区分事实与价值以及价值判断不同于而且不可还原为事实判断的观点。他认为,价值判断是规定性的,具有规范、约束和指导行为的功能;事实判断作为对事物的描述,不具有规定性,事实描述本身在逻辑上不蕴含价值判断,因此单纯从事实判断推不出价值判断。但是,描述性的东西一般是评价性东西的基础,即对事物的真理性认识是对它做价值判断的基础。④道德哲学的任务就是证明普遍化和规定性是如何一致的。⑤我们认为黑尔的观点是有道理的。

现在的任务是,从描述性的脆弱性推出规范性的脆弱性,并把规范性的脆弱性提升为祛弱权(a right to counteract vulnerability)。需要解决的主要问题是,脆

① Jacob Dahl Rendtorff and Peter Kemp (eds.), *Basic Ethical Principles in European Bioethics and Biolaw*, Vol. I, Printed in Impremta Barnola, Guissona (Catalunya-Spain), 2000, p. 49.

② Michael H. Kottow, "Vulnerability: What Kind Of Principle Is It?", *Medicine, Health Care and Philosophy* 7, no. 3 (2005): 281–287.

③ See: Richard Mervyn Hare, *The Language of Morals* (Oxford: Oxford University Press, 1964), p. 311.

④ See: Richard Mervyn Hare, *The Language of Morals* (Oxford: Oxford University Press, 1964), p. 111.

⑤ See: Richard Mervyn Hare, *Freedom and Reason* (Oxford: Oxford University Press, 1977), p. 4, pp. 16–18.

弱性是否具有普遍性？从描述性的脆弱性能否推出价值范畴的规范性的祛弱权？如果能,祛弱权能否作为科技伦理的价值基础？回答了这些问题,也就回答了科技伦理治理的价值基准问题。

第一节　脆弱性之普遍性

每个人都是无可争议的脆弱性存在,脆弱性在人的状况的有限性或界限的意义上具有普遍一致性,这主要体现在三个基本层面:非人境遇之脆弱性、同类境遇之脆弱性以及自我本身之脆弱性。

一、非人境遇之脆弱性

每个人相对于时间、空间以及非同类存在物,如动物、植物等都具有脆弱性,甚至可以说:"我们对外界的倚赖丝毫也不少于对我们自身的倚赖;在疑难情况下,我们宁肯舍弃我们自己自然体的一部分(如毛发或指甲,甚至肢体或器官),也不能舍弃外部自然界的某些部分(如氧气、水、食物)。"[1]

从进化论的角度看,人类是生物学上的一个极为年轻的物种。赫胥黎认为,人类大约在不到50万年前产生,直到新石器时代革命后即1万年前左右,才成为一个占统治地位的物种。人的自然体并非必然如今天的样式,也可以是其他模样。所有占统治地位的物种在其历程开始时都是不完善的,需要经过改造和进化,直到把它的全部可能性发挥殆尽,取得种系发展可能达到的完满结果。[2]不过,种系发生学上的新构造越根本越彻底,其包含的弱点和不足的可能性就越大。据库尔特·拜尔茨(Kurt Bayertz)说,意大利解剖学家皮特·莫斯卡蒂曾从比较解剖学的角度证明了直立行走在力学上的缺陷。皮特博士证明人直立行走是

---

① 库尔特·拜尔茨:《基因伦理学:人的繁殖技术化带来的问题》,马怀琪译,华夏出版社,2000,第211页。
② 参见:库尔特·拜尔茨:《基因伦理学:人的繁殖技术化带来的问题》,马怀琪译,华夏出版社,2000,第217—218页。

违反自然且迫不得已的。人的内部构造和所有四条腿的动物本没有区别,理性和模仿诱使人偏离最初的动物结构直立起来,于是其内脏和胎儿处于下垂和半翻转的状态,这成为畸形和疾病如动脉瘤、心悸、胸部狭窄、胸膜积水等的原因。雷姆也认为虽然能存留下来的物种都是理想的,但造化过于匆忙,给我们的机体带来了四条腿的祖先没有的缺陷,他们的骨盆无须承担内脏的负担,人则必须承担,故而韧带发达,分娩困难,致使人类陷入无数的病痛之中。[①]更何况,今人处在一个新的阶段,有待更长更久更完善的改进和进化。面对无限的时空和无穷的非人自然,每个人每时每地都处于脆弱性的不完善的状况之中。这种非人境遇综合造成的人类的脆弱性,甚至是人类不可逃匿的宿命。不过,我们的当下使命不是抱怨为何没有被造成另外一种理想的样式,更不是无视自身的脆弱性而肆意夸大自身的坚韧性,而应当勇敢地直面自身的脆弱性,把去除脆弱性(dispelling fragility)上升为普遍人权。

二、同类境遇之脆弱性

霍布斯曾描述过人对人是豺狼的自然状态,这种状态实际上暗示了任何人在面对他人时都有一种相对的脆弱性。其实,国家制度等形成的最初目的正是去除个体面对他者的脆弱性。

在每个人的生命历程中,疾病是一种具有普遍性的根本的脆弱性。患者相对于健康者尤其相对于掌握了医学技术和知识的医务人员来讲,是高度脆弱性的存在者。汉斯-格奥尔格·伽达默尔(Hans-Georg Gadamer)在《健康之遮蔽》一书中认为,健康是一种在世的方式,疾病是对在世方式的扰乱,它表达了我们基本的脆弱性,"医学是对人类存在的脆弱性的一种补偿"[②]。医务人员相对于其他领域和专业如教育、行政、管理等方面也同样是脆弱者。任何强者包括科学家、国家元首、经济大亨、体育冠军等在其他领域相对于其他人或团体都可能是脆弱者。如果尼采的超人是人的话,也必然是相对于他者的弱者。诚如卡尔·西奥

① 参见:库尔特·拜尔茨:《基因伦理学:人的繁殖技术化带来的问题》,马怀琪译,华夏出版社,2000,第218-222页。
② Jacob Dahl Rendtorff and Peter Kemp (eds.), *Basic Ethical Principles in European Bioethics and Biolaw*. Vol. I, Printed in Impremta Barnola, Guissona (Catalunya-Spain), 2000, p. 51.

多·雅斯贝斯（Karl Theodor Jaspers）所说：“在今天，我们看不见英雄……历史性的决定不再由孤立的个人作出，不再由那种能够抓住统治权并且孤立无援地为一个时代而奋斗的人作出。只有在个体的个人命运中才有绝对的决定，但这种决定似乎也总是与当代庞大的机器的命运相关联。”[①]由于自我满足的不可能性，绝大多数人由于害怕毁谤和反对而被迫去做取悦众人的事，“极少有人能够既不执拗又不软弱地去依自己的意愿行事，极少有人能够对于时下的种种谬见置若罔闻，极少有人能够在一旦决心形成之后即无倦无悔地坚持下去”[②]。相对于他者，每个人任何时候都是弱者——既有身体方面的脆弱性，又有精神和意志方面的脆弱性，每个人并非任何时候都是强者。没有普遍性的坚韧，却有普遍性的脆弱。就是说，强韧性体现着差异，脆弱性则体现着平等。

三、自我本身之脆弱性

人自身的脆弱性是自然实体（身体）的脆弱性和主体性的脆弱性的综合体。法国哲学家保罗·利科认为，“人存在的典型方式是身体的有限性和心灵或精神欲求的无限性之间的脆弱的综合”[③]。这种脆弱性显示为人类主体的有限性及其世俗的性格，我们必须面对生活世界中作恶的长久的可能性或者面对不幸、破坏和死亡。鉴于此，拜尔茨说：“我们和我们的身体处于一种双重关系之中。一方面，不容置疑，人的自然体是我之存在和我们主观的物质基础；没有它，就不可能有思想感觉或者希望，甚至不可能有最原始的人的生命的表现。另一方面，同样不容怀疑，从我们主观的角度来看，这个人的自然体又是外界的一部分。尽管它也是我们的主观的自然基础，可同时又是与之分离的；按照它的‘本体’状态，与其说是我们主观的一部分，还不如说它是外部自然界的一部分。”[④]

我们作为个体都是身体的实体的有限性和主体性的综合存在，但个体的实

---

① 卡尔·雅斯贝斯：《时代的精神状况》，王德峰译，上海译文出版社，2008，第155页。
② 卡尔·雅斯贝斯：《时代的精神状况》，王德峰译，上海译文出版社，2008，第156页。
③ Jacob Dahl Rendtorff and Peter Kemp (eds.), *Basic Ethical Principles in European Bioethics and Biolaw*. Vol. I, Printed in Impremta Barnola, Guissona (Catalunya-Spain), 2000, p. 49.
④ 库尔特·拜尔茨：《基因伦理学：人的繁殖技术化带来的问题》，马怀琪译，华夏出版社，2000，第210-211页。

体是具有主体性的实体。不仅实体是有限的、脆弱的,而且实体的主体性也是有限的、脆弱的。康德曾阐释人的本性中趋恶的三种倾向:"人的本性的脆弱"即人心在遵循已接受的准则方面的软弱无力;心灵的不纯正;人性的败坏如自欺、伪善、欺人等。[①]其实,这都是主体性本身的脆弱性的体现。另外,人的自然实体(身体)是主体性的基础,它本身的规律迫使主体服从,主体对自身实体的依赖并不亚于对外部自然界的依赖。就身体而言,基因和生理结构形成人的一种无可奈何的命运或宿命。人自婴儿起,就必须发挥其主体性去学会控制其自然实体、本能、欲望和疾病等。自然实体和主体性的对立,身体和精神的矛盾常常体现为心有余而力不足。"这种现象首先被看做是病态,它让我们最清楚、最痛苦不过地想到,有时候,我们的主观与我们的自然体相合之处是何等之少。"[②]每一个人都具有这种普遍的脆弱性。

尽管脆弱性的程度会随着人生经历的不同和个体的差异而有所变化和不同,但基本的脆弱性是普遍一致的,如生理结构、死亡、疾病、生理欲求、无能等不会随着人生境遇的差异而消失,任何人都不可能逃匿自身的这种基本脆弱性。在这个意义上,人是被抛入到脆弱性之中的有限的自由存在,人生而平等(卢梭语)的实质就是人的脆弱性的平等。每一个人都是有限的脆弱的存在者,自我和他人都是处于特定境遇之中的脆弱性主体,不论其地位、身份、天赋、修养等有何不同,概莫能外。因此,普遍的脆弱性"或许能够成为多样化的社会中的道德陌生人之间的真正桥梁性理念"[③]。不过,诚如克奥拓所言,身体生理、理性认识、主体性和道德实践的不足以及缺陷等脆弱性,都只是描述性的,如果它不具有价值和规范意义,就不可能成为价值范畴的人权。同时,另外一个不可回避的问题也出现了:由于脆弱性不可能靠脆弱性自身得到克服,乐观主义伦理学有理由质疑,如果人类只有脆弱性,那么人们凭什么来保障其脆弱性不受侵害呢?

---

① 参见:伊曼努尔·康德:《康德论上帝与宗教》,李秋零编译,中国人民大学出版社,2004,第305-315页。
② 库尔特·拜尔茨:《基因伦理学:人的繁殖技术化带来的问题》,马怀琪译,华夏出版社,2000,第211页。
③ Jacob Dahl Rendtorff and Peter Kemp (eds.), *Basic Ethical Principles in European Bioethics and Biolaw*. Vol. I, Printed in Imprempta Barnola, Guissona (Catalunya-Spain), 2000, p. 46.

第二节 祛弱权何以可能

传统乐观主义伦理学的功绩在于重视人的坚韧性(自由、理性、快乐、幸福等),其问题主要在于夸大坚韧性,忽视甚至贬低脆弱性。的确,人不仅是脆弱性的存在,而且也是坚韧性的存在。人主要靠坚韧性来保障脆弱性不受侵害。

我们认为,描述性的脆弱性或坚韧性不能形成规范性的权利的本真含义是:纯粹坚韧性或纯粹脆弱性都和价值无关,都不具备道德价值和规范性的要求。就是说,只有相对于坚韧性的脆弱性或者相对于脆弱性的坚韧性才具有价值可能性。因此,只有集脆弱性和坚韧性于一身的矛盾统一体(人),才具有产生价值的可能性。换言之,人自身的脆弱性和坚韧性都潜藏着善的可能性和恶的可能性。

一、脆弱性之善恶可能性

脆弱性既潜藏着善的可能性,也潜藏着恶的可能性。脆弱性具有善的可能性在于它内在地赋予了人类生活世界以意义和价值。为简明集中起见,我们以作为脆弱性标志的死亡或可朽为考察对象。

尽管我们梦想不朽以及运用自己的能力完全掌握我们的身体存在而摆脱自然力的控制,但是我们总是被自身的身体条件所限制而使梦幻成空。实际上,如果生命不朽成为现实,它不但会突增烦恼、忧郁,而且必然导致朋友、家庭、工作,甚至道德本身都不必要而且无用,生活乃至整个人生就会毫无意义。因此,"不朽不可能是高贵的"①。康德曾经把道德作为上帝和不朽的基础,实际上应当把作为道德权利的普遍人权作为人生的基础。不朽和上帝的价值仅仅在于,它只能作为一个高悬的永远不可达到的理念,在与可朽以及其他世俗的有限的脆弱性的对比中衬托或对比出后者的价值和意义。

生命(生活)的所有价值和意义都是以可朽(必死)为条件的。似乎矛盾的

---

① Jacob Dahl Rendtorff and Peter Kemp (eds.), *Basic Ethical Principles in European Bioethics and Biolaw*. Vol. I, Printed in Impremta Barnola, Guissona (Catalunya–Spain), 2000, p. 50.

是,在生命科学领域,"一些生物医学科学家不把死亡、极限看作人类本性的根本,而宁可看作我们在未来可以战胜的偶然的生物学事件。但是,这样一来就出现了我们是否能够彻底消除所有脆弱性的问题,诸如来自我们自身的死亡、极限和心理痛苦等问题,以及这样一来会产生什么样的人的问题。因此,极为重要的是,我们必须认识到各种形式的脆弱性对好生活的贡献是如此丰富和重要"[①]。脆弱性和有限性使追求完美人生的价值和德性具有了可能性,"道德的美和崇高在于我们能够捐献自己的生命,不仅是为了好的理由而牺牲,也是为了把我们自己给予他人。如果没有脆弱性和可朽,所有德性如勇敢、韧性、伟大的心灵、献身正义等都是不可能的"[②]。脆弱性不应当仅仅被看作恶,它还应当被看作需要尊重的生命礼物和人类种群的福音。生命意义的根基就在于我们是在不断产生和毁灭的宇宙中生活的世俗存在。脆弱性基于此使善和德性具有了可能性。

脆弱性使善具有可能性本身就意味着它使恶也具有了可能性。因为如果没有恶,也就没有必要(祛恶)求善。恶是善得以可能的必要条件,反之亦然。奥古斯丁在晚年所写的《教义手册》中,曾从宗教伦理的角度阐释了脆弱性与恶的关系。他把恶分为三类:"物理的恶""认识的恶"和"伦理的恶"。"物理的恶"是由于自然万物(包括人)与上帝相比的不完善性所致,任何自然事物作为被创造物都"缺乏"创造者(上帝)本身所具有的完善性。"认识的恶"是由人的理性有限性(主体性)所决定的,人的理性不可能达到上帝那样的全知,从而难免会在认识过程中"缺乏"真理和确定性。"伦理的恶"则是意志选择了不应该选择的东西,放弃了不应该放弃的目标,主动背离崇高永恒者而趋向卑下世俗者所导致的善的缺乏。在这三种恶中,前两者都可以用受造物本身的有限性来解释,属于一种必然性的缺憾;但是"伦理的恶"却与人的自由意志(主体性)有关,它可以恰当地被称为"罪恶"。奥古斯丁说:"事实上我们所谓恶,岂不就是缺乏善吗?在动物的身体中,所谓疾病和伤害,不过是指缺乏健康而已……同样,心灵中的罪恶,也无非是缺乏天然之善。"[③]我们认为,如果去除上帝的神秘性,这三种恶其实就是人的脆

① Jacob Dahl Rendtorff and Peter Kemp (eds.), *Basic Ethical Principles in European Bioethics and Biolaw*. Vol. I, Printed in Impremta Barnola, Guissona (Catalunya-Spain), 2000, p. 48.

② Jacob Dahl Rendtorff and Peter Kemp (eds.), *Basic Ethical Principles in European Bioethics and Biolaw*. Vol. I, Printed in Impremta Barnola, Guissona (Catalunya-Spain), 2000, p. 50.

③ 北京大学哲学系外国哲学史教研室编译:《西方哲学原著选读》(上卷),商务印书馆,1981,第220页。

弱性、有限性的(描述性的)较为完整的概括。如果说(对人来说的)"物理的恶"是自然实体即身体的脆弱性的话,"认识的恶""伦理的恶"则是主体的脆弱性。由于脆弱性使人易受侵害,这就使它潜在地具有恶的可能性。奥古斯丁的错误在于他把描述性的脆弱性和其价值(恶)简单地等同起来,因为脆弱性只是具有恶的可能性,其本身并不就是恶,更何况它还同时具有善的可能性,且其本身也并不等于善。

脆弱性之所以潜藏着善恶的可能性,是相对于与之一体的坚韧性而言的,就是说坚韧性既潜藏着善的可能性,也潜藏着恶的可能性。

二、坚忍性之善恶可能性

坚韧性既潜藏着善的可能性,也潜藏着恶的可能性。1771年,康德对皮特·莫斯卡蒂反对进化论的观点进行了哲学批判,并肯定了坚韧性(主要是理性)的善的可能性。他说,人的进化固然带来了诸多问题,但这其中包含着理性的起因,这种状态发展下去并在社会面前确定下来,人便接受了两条腿的姿势。"这样一来,一方面,他有无限的胜出动物之处;但另一方面,他也只好暂且将就这些艰辛和麻烦,并因此把他的头颅骄傲地扬起在他旧日的同伴之上。"①我们同意康德的观点,即人直立行走等带来的脆弱性的代价赋予了人类独特的理性和自由等坚韧性。与脆弱性相应,坚韧性也体现在三个基本层面:非人境遇中的坚韧性、同类境遇中的坚韧性,以及集生理、心理和精神于一体的自我的坚韧性。坚韧性既有可能保障脆弱性(潜藏着善的可能性),也有可能践踏脆弱性(潜藏着恶的可能性)。

一方面,坚韧性潜藏着善的可能性。如果说"物理的善"的可能性是自然实体即身体的坚韧性,"认识的善"的可能性指理性具有追求无限的可能性,使人具有去除认识不足的可能性,那么"伦理的善"的可能性则是主体坚强的自由意志使人具有克服脆弱性的可能性。就是说,个体的坚韧性使主体自身具有帮助扶持他者的能力,并构成整体的坚韧性如伦理实体、国家、法律制度等的基础。因此,个体的坚韧性使主体去除其脆弱得以可能。因为如果主体自身丧失或缺乏

① 库尔特·拜尔茨:《基因伦理学:人的繁殖技术化带来的问题》,马怀琪译,华夏出版社,2000,第220页。

足够的坚韧性,只靠外在的帮助,其脆弱性是难以根本克服的。不过,坚韧性的这三种善只是潜在的而非现实的。比如,生命科学本身就是人类坚韧性的产物,它使人具有有限的去除脆弱性的可能性。不过,只有科学实现其治病救人、维持健康、保障人权、完善人生的目的和价值时,才会具体体现出坚韧性去除脆弱性的善。

另一方面,坚韧性也潜藏着恶的可能性。坚韧性具有善的可能性,也同时意味着它有能力践踏和破坏脆弱性,即具有恶的可能性——具有"物理的恶"(利用身体控制他人身体或戕害自己的身体)、"认识的恶"(利用知识限制他者的知识、戕害自己或危害人类)和"伦理的恶"(自由地选择为恶)的可能性。这在医学领域特别突出。医学本身是人类坚韧性的产物,但作为纯粹实证科学的医学把各种器官、结构仅仅根据身体功能看作生理过程和因果性的机械装置,把疾病仅仅规定为能够导致人体器官的生理过程的客观性错误或功能紊乱。这种观念植根于解剖学对尸体分析的基础之上:解剖学易于把身体作为一个物件和有用的社会资源,"当身体作为科学和技术干预的客体时,它在医学科学领域中不再被看作一个完美的整体,而是常常被降格为一个仅仅由器官构成的集合体的客体"①。实证的科学技术没有把人的身体看作一个完整的有生命的存在,亦没有把克服人体的脆弱性以实现人体的完美健康作为目的,从而丧失了人性关怀和哲学思考而陷入片面的物理分析,背离了其本真的目的和价值。这样一来,科学技术就会成为践踏人权的可能途径之一。

既然人的脆弱性和坚韧性都同时具有善与恶的可能性,那么祛弱权何以具有人权资格?

三、祛弱权之人权资格

如上所述,描述性的脆弱性是相对于坚韧性而言的,它本身就潜藏着价值(善恶)的可能性。因此,从包含着价值的脆弱性推出作为价值的祛弱权并不存在逻辑问题。真正的问题在于,既然每个人都是坚韧性和脆弱性的矛盾体,他就

---

① Jacob Dahl Rendtorff and Peter Kemp (eds.), *Basic Ethical Principles in European Bioethics and Biolaw.* Vol. I, Printed in Impremta Barnola, Guissona (Catalunya–Spain), 2000, p. 42.

同时具有侵害坚韧性、提升坚韧性、侵害脆弱性和去除脆弱性四种（价值）可能性。何者具有普遍人权的资格，必须接受严格的伦理法则的检验。检验的标准是普遍性，因为人权是普遍性的道德权利，而且道德判断必须具有普遍的规定性。所谓道德普遍性，就是康德的普遍公式所要求的不自相矛盾。康德认为道德上的"绝对命令"的唯一原则就是实践理性本身，即理性的实践运用的逻辑一贯性。因此，"绝对命令"只有一条："只要按照你同时认为也能成为普遍规律的准则去行动。"[①]

在这里，"意愿"的（主观）"准则"能够成为一条（客观的）"普遍法则"的根据在于，意志是按照逻辑上的"不矛盾律"而维持自身的始终一贯的，违背了它就会陷入完全的自相矛盾和自我取消。我们据此检验如下：

其一，侵害坚韧性。必然导致无坚韧性可以侵害的自相矛盾。

其二，提升坚韧性。人类不平等的根源就在于其坚韧性，尤其在后天的环境和个人机遇以及个人努力造就自我的生活世界中，人的坚韧性呈现出千差万别的多样性，且使人的差异越来越大。如果把提升坚韧性普遍化，结果就会走向社会达尔文主义，以同时破坏坚韧性和脆弱性为终结，导致自相矛盾和自我取消。

值得重视的是，虽然提升坚韧性不具有普遍性，不可能成为人权，但可以成为（在人权优先条件下的）特殊权利即增强权。合道德的特殊权利必须以不破坏人权平等为基准，以保障提升人权平等的价值为目的。否则，特殊权利就会导致而且事实上已经导致了人权平等被破坏。《世界人权宣言》等正是对这种破坏的抗议和抵制的经典表述。

其三，侵害脆弱性。如果人们提出了侵害脆弱性的要求，就会危害到每一个人，终将导致人权的全面丧失和人类的灭绝，这是违背人性的自相矛盾和自我取消。

其四，去除脆弱性。如前所述，没有任何一个人始终处在坚韧性状态，每一个人都不可避免地时刻处在脆弱性状态，即每一个人都是脆弱性的有限的理性存在者。从这个意义上讲，去除普遍的脆弱性的价值诉求在道德实践中就转化为具有规范性意义的作为人权的祛弱权。就是说，描述性的脆弱性自身的价值决定了每个作为个体的人都内在地需要他者或某一主管对脆弱性的肯定、尊重、

---

① 康德：《道德形而上学原理》，苗力田译，上海人民出版社，2002，第38—39页。

帮助和扶持,或者通过某种方式得以保障。这种要求或主张为所有的人平等享有,不受当事人的国家归属、社会地位、行为能力与努力程度的限制,它就是作为人权的祛弱权。婴儿、重病人等尚没有行为能力的主体或者丧失了行为能力的主体不因其无能力表达要求权利而丧失祛弱权。相反,正因为他们处在非同一般的极度脆弱性状态中而无条件地享有祛弱权。对于主体来讲,这是一种绝对优先的基本权利。其实质是出自人性并合乎人性的道德法则——因为人性应当是坚韧性扬弃脆弱性的过程。可见,去除脆弱性合乎理性的实践运用的逻辑有一贯性,它有资格成为普遍有效的人权——祛弱权。

这就为科技伦理治理的共识奠定了坚固的价值基础,同时也回应了克奥拓的批评,解决了亚柯比等人的从描述性事实到规定性人权的论证问题。

第三节 何为祛弱权

把握祛弱权的权利内涵,就涉及人权内容的划分问题。1895年,德国公法学家格奥尔格·耶利内克(Georg Jellinek)在其作为人权史上重要文献的论著《人权与公民权宣言》中,将人权区分为消极权利、积极权利和主动权利,为人权内容的完整划分奠定了经典性的基础。我们沿袭这种划分,从消极意义、积极意义和主动意义三个层面阐释祛弱权的要义。

一、消极意义的祛弱权

权利主体要求客体(科学技术专家等)不得侵害主体人之为人的人格完整性的防御权利。这项权利对客体的要求是禁止某些行为,如禁止破坏基因库的完整性,不得把人仅仅看作机器或各种器官的集合,不得破坏人格完整性,等等。客体相应的责任是:不侵害。

"Integrity"（完整性）这一术语源自拉丁文 integrare，它由词根 tegrare（碰、轻触）和否定性的前缀 in 构成。从字面上讲，"integrity"指禁止伤害、损毁或改变。① 人格的完整是生理和精神的完整的统一体。人格主体的经历、直觉、动机、理性等形成精神完整性的不可触动之领域，它不得被看作工具性而受到利用或损害。例如，不得为了控制别人，逼迫或诱导他明确表达出有利于此目的的动机或选择。与精神区域密切相关的是由"身体"构成的生理区域。每个人的身体作为被创造的叙述的生命的一致性，作为生命历程的全体，不得亵渎；每个人的身体作为体验、产生和自我决定（自主）的人格领域，不得以引起痛苦的方式碰触或侵害。

值得重视的是，生理和精神的完整性密切相关，相互影响。斯多葛学派所倡导的不受身体干扰的心灵的宁静的思想，割裂了精神和生理的辩证关系，过高地估计了人的坚韧性，遮蔽了人的脆弱性。事实上，如果生理完整性遭到亵渎或者损坏，人就极难具有生存下去的勇气，其精神完整性也必然受到损害。但这并不意味着对身体绝对不可干涉甚至禁止治病，只是要求以特别小心、谨慎、敬重和综合的方式对待身体，因为"对生理完整的敬重就是对人之生命的权利及其自我决定其身体的权利的尊重"②。为了保障人之为人的人格完整性免于受到伤害、危险和威胁，2005年联合国教科文组织成员国全票通过的《世界生物伦理与人权宣言》第11条规定了不歧视和不诋毁的伦理原则，要求不得以任何理由侵犯人的尊严、人权和基本自由，歧视和诋毁个人或群体。就是说，人格的一致性，不应当被控制或遭到破坏。

目前，极为重要的一个现实问题是，在关涉基因控制和保护基因结构的法律规范的明确表述中，保护人性心理和生理完整性的需求日益成为核心的权利诉求，这就是不得任意干涉、控制和改变人类基因的完整性，反对操纵控制未来人类的基因承传和基因一致性，保护人类"承传不受人工干预而改变过的基因结构影响的权利"③。这并非绝对禁止基因干涉，而是禁止那些不适宜于人的生命的

① See: Jacob Dahl Rendtorff and Peter Kemp (eds.), *Basic Ethical Principles in European Bioethics and Biolaw*. Vol. I, Printed in Impremta Barnola, Guissona (Catalunya–Spain), 2000, p. 42.

② Jacob Dahl Rendtorff and Peter Kemp (eds.), *Basic Ethical Principles in European Bioethics and Biolaw*. Vol. I, Printed in Impremta Barnola, Guissona (Catalunya–Spain), 2000, p. 41.

③ Jacob Dahl Rendtorff and Peter Kemp (eds.), *Basic Ethical Principles in European Bioethics and Biolaw*. Vol. I, Printed in Impremta Barnola, Guissona (Catalunya–Spain), 2000, p. 45.

完整性的基因干涉。如禁止克隆人、严格限制人兽嵌合体等，就是因为其有可能破坏人类基因库的完整性而突破人权底线。

二、积极意义的祛弱权

权利主体要求客体帮助自我克服其脆弱性的权利，主要指主体的生存保障、健康等方面的权利。该权利要求客体积极作为，客体相应的责任是尽职或贡献。

法国哲学家伊曼努尔·列维纳斯（Emmanuel Levinas）把他人理解为通过其面孔召唤"我"去照看他的伦理命令。他在"赤裸"（the nudity）的意义上把脆弱性阐释为人的主体性的内在特质和生命中的基础构成性的东西，如"不得杀人"既是脆弱性的强力标志，也是祛弱权的强力诉求。根据列维纳斯的观点，脆弱性在人与人之间尤其在强者和弱者之间是不平衡的。它要求强者无条件地许下保护弱者的伦理承诺："我从他人的赤裸中接受了他者的诉求，以致我必须帮助他人，且仅仅为了他人之故，而不是为了我，我不应当期望任何（他人）对我的帮助报以感激。"[①]这是对积极意义上祛弱权的有力论证和义务论的道德要求。

由于疾病和健康是每个人的身体的脆弱性和坚韧性的两个基本方面，我们以此为讨论对象。一方面，疾病是对身体本身的平衡及其跟环境关系的毁坏。因为疾病扰乱了"我"和"我"之躯体之间的关系，它不但威胁着"我"的躯体，而且也威胁着人格和自我的平衡。另一方面，健康意味着人之存在的各个尺度之间的和谐融洽，体现着个体生命的身体、智力、心理和社会诸尺度之间的平衡。治疗疾病、恢复健康应当被规定为各部分回到适宜的秩序，恢复人之存在所必需的整体器官的良好功能的平衡。因此，积极意义的祛弱权就意味着病人积极要求医生治愈疾病以便恢复和保障健康的权利，医生则具有相应的贡献自己的专业知识和人道精神的义务。医生既应当注重病人的病体，又应当尊重病人生活经历的一致性，以达到病体之健康目的性要求，即生命器官的内在平衡跟其环境的良好互动关系。生命也因此成为医生和病人一起进行的一场反对毁坏躯体的疾病、积极实践祛弱权的战斗。

---

① Jacob Dahl Rendtorff and Peter Kemp (eds.), *Basic Ethical Principles in European Bioethics and Biolaw*. Vol. I, Printed in Impremta Barnola, Guissona (Catalunya–Spain), 2000, p. 51.

作为治疗艺术的医学应当从主观感知和经验的视角把疾病看作对好的生活的威胁。如今,医学生命科学已经发展为一门精密高端的自然科学,它不断深入躯体,大规模运用其功能如器官移植、基因治疗、克隆治疗、人兽嵌合体、再生技术等,因此,"现代医学比有史以来任何时候对脆弱的人性都负有更大更多的责任"①。医学的重要职责和任务在于把医疗重新恢复并持续保持为一门治愈(治疗)疾病、恢复美怡的健康的伟大的祛弱权的艺术。这已经涉及主动意义的祛弱权了。

三、主动意义的祛弱权

权利主体自觉主动地参与去除自身脆弱性,并主动要求自我修复、自我完善的权利,如增强体质、保健营养、预防疾病、控制遗传疾病等的权利。权利客体相应的责任是尊重与引导。

《世界生物伦理与人权宣言》第8条明确规定:"尊重人的脆弱性和人格""在应用和推进科学知识、医疗实践及相关技术时应当考虑到人的脆弱性。对具有特殊脆弱性的个人和群体应当加以保护,对他们的人格应当给予尊重。"在生物医学对人体的干预范围内,祛弱权要求保护病人权利并提醒医生和其他有关人员,医疗不仅意味着尽可能地恢复其器官和心理的完整,而且意味着尊重病人的自主性——在做出决定的程序中,通过告知信息和征求其同意允许,尊重其知情同意权。《世界生物伦理与人权宣言》的第6条"同意"原则规定:"1.只有在当事人事先、自愿地作出知情同意后才能实施任何预防性、诊断性或治疗性的医学措施。必要时,应征得特许,当事人可以在任何时候、以任何理由收回其同意的决定而不会因此给自己带来任何不利和受到损害。2.只有事先征得当事人自愿、明确和知情同意后才能进行相关的科学研究。向当事人提供的信息应当是充分的、易懂的,并应说明如何收回其则和规定。特别是宣言第27条阐述的原则和规定以及符合国际人权法的国内伦理和法律准则,否则这条原则的贯彻不能有例外。3.如果是以某个群体或某个社区为对象的研究,则尚需征得所涉群体或社区的合法代表的同意。但是在任何情况下,社区集体同意或社区领导或其它主

---

① Jacob Dahl Rendtorff and Peter Kemp (eds.), *Basic Ethical Principles in European Bioethics and Biolaw*. Vol. I, Printed in Impremta Barnola, Guissona (Catalunya–Spain), 2000, p. 53.

管部门的同意都不能取代个人的知情同意。"这可以看作对主动意义的祛弱权的详尽阐释。它要求专家从普遍人权的角度,而不仅仅是从职业规范的角度充分尊重人,尤其尊重人的参与权、知情同意权,并要求专家切实履行利用科学专业知识引导、告知并帮助主体积极主动参与科技活动或科技商谈的神圣职责。就是说,职业规范必须以人权为最高的伦理法则。

要言之,作为普遍人权的祛弱权就是人人平等享有的主体完整性不受破坏和受到保护的权利,以及在主体克服脆弱性的同时,自我修复和自我完善的权利。如此一来,祛弱权作为科技伦理的基础和共识这一问题也就迎刃而解了。

第四节　祛弱权还是增强权

科技伦理治理本质上是人性中的脆弱性和坚韧性这对内在矛盾的要求。脆弱性与坚韧性的矛盾是科技伦理治理得以可能的存在根据。或者说,脆弱性与坚韧性之间的矛盾是科技伦理的内在人性根据。

科技伦理是研究坚韧性应当如何扬弃脆弱性的实践学科。如前所述,(体现差异的)坚韧性扬弃(普遍的)脆弱性,祛弱权是达成共识的选择。祛弱权为科技伦理治理的共识奠定了价值基础。祛弱权确立的同时,也就意味着增强权的出场。现在的任务是,阐释增强权的含义,辨明或确立祛弱权与增强权的词典顺序即它们何者优先的问题。

一、何为增强权

要把握增强权是何种权利,同样涉及人权内容的划分问题。如前所述,1895年,德国公法学家耶利内克在其作为人权史上重要文献的论著《人权与公民权宣言》中,将人权区分为消极权利、积极权利和主动权利。在把握祛弱权的意义时,我们沿袭这种划分。相应地,我们也从消极意义、积极意义和主动意义三个层面阐释增强权的要义。

(一)消极意义的增强权

权利主体要求客体(主要是指科学技术专家等)不得侵害主体的人之为人的坚忍性。这项权利对客体的要求是禁止某些行为,如禁止破坏基因库的完整性,不得把人仅仅看作科技的工具,不得危害隐私,等等。客体相应的责任是不侵害。

高新科技领域中,消极意义的增强权要求人工智能的应用不得危害人类生存环境,不能破坏人的理性能力、情感、自然智能和身体能力等;脑机接口不能危害人类大脑正常功能和人类身体的原有能力,人脸识别技术不能泄漏个人的生物信息等。

从表面看来,消极意义的增强权与消极意义的祛弱权有着诸多共同之处。其实,二者有着严格的区别:消极意义的祛弱权是人人享有的无条件的普遍的正当诉求,消极意义的增强权则是个别人享有的有条件的正当诉求。

(二)积极意义的增强权

权利主体要求客体帮助自我提高其坚韧性的权利,主要指主体的生存保障、健康、发展、交通、食物、环境等方面的增强权利。该权利要求客体积极作为,客体相应的责任是尽职或贡献。

对于个人而言,疾病是脆弱性方面,健康则是坚韧性方面,我们以健康作为积极意义的增强权讨论对象。健康意味着人之存在的各个尺度之间的和谐融洽,体现着个体生命的身体、智力、心理和社会诸尺度之间的平衡协调。保障和促进健康是各部分处于适宜的秩序,保障和促进人之存在所必需的整体器官的良好功能的平衡。因此,积极意义的增强权就意味着健康的人要求提供预防措施、营养食品、良好环境、便利交通等保障健康的措施和手段,医生、生物学家、环境学家、政治家具有贡献自己的专业知识技术、人道精神等义务。健康也因此成为科技工作者和普通人共同积极实践预防疾病、保护身体机能良好状态、提高生存环境质量等增强权的重要的基础性奋斗目标。

如今,科学技术已经发展为精密高端的自然科学,它不断深入躯体、环境、工程、航空、信息等领域,其成果大规模运用于无人机、智能汽车、器官移植、基因治疗、纳米技术等领域。高新科技对提升坚韧性的增强权负有重大的伦理与法律责任。高新科技的重要职责和任务在于持续保持健康、幸福、美好、公正的人类生活和社会发展。这已经涉及主动意义的增强权。

(三)主动意义的增强权

权利主体自觉主动地参与增加自身坚韧性,并主动要求自我维系、自我完善的权利,如增强体质、保健营养、改善环境、出行便利、自我发展、社会进步等。权利客体相应的责任是尊重与引导。

科技主体应当自觉地尊重人的坚韧性,在应用和推进科学技术时应当考虑到提升人的坚韧性,应当主动保护个人和群体的坚韧性,尊重他们的坚韧性诉求。科技专家等要充分尊重人,尤其尊重参与权、知情同意权,切实履行利用科技专业知识引导、告知并帮助主体积极主动参与科技活动或科技商谈的神圣职责。

要言之,增强权就是特定的个人或群体应当享有的提升坚韧性的正当诉求,是一项符合普遍人权的特殊权利。增强权与祛弱权有着内在联系,也有着严格的区别:祛弱权是人权范畴的人人享有的无条件的普遍的祛弱的正当诉求。这就涉及何者优先的问题。

二、何者优先

在科技活动中,祛弱权与增强权何者优先? 这也是二者的词典式顺序问题。此问题的答案有两种选项:祛弱权优先于增强权,增强权优先于祛弱权。

增强权是特殊权利,祛弱权是普遍权利,二者的词典式顺序据此排列。

(一)增强权是特殊权利

如前文所述,人类不平等的根源在于其坚韧性。在后天的环境和个人机遇以及个人努力造就自我的生活世界中,人的坚韧性呈现出千差万别的多样性,使人的差异越来越大。如果把提升坚韧性普遍化,结果就会走向社会达尔文主义,以同时破坏坚韧性和脆弱性为终结,导致自相矛盾和自我取消。

虽然提升坚韧性不具有普遍性,不可能成为普遍人权,但可以成为(在人权优先条件下的)特殊权利即增强权。增强权作为合道德的特殊权利,必须以不破坏人权平等为基准,以保障提升人权平等的价值为目的。否则,特殊权利就会导致而且事实上已经导致人权平等的破坏。《世界人权宣言》等正是对这种破坏的抗议和抵制的经典表述。

(二)祛弱权是普遍权利

祛弱权植根于人的本性,与人类历史相始终。在谈到生殖工程干预的善恶问题时,德国著名生命伦理学家拜尔茨说:"任何这类干预都包含着涉及我们自身和我们后代的决定;不仅他们是否该活,而且他们应该怎样活,都是由我们决定的……我们后代的生命质量和生存机会主要取决于我们进行操纵时所依据的'价值'。当然,我们知识的可靠性和完整性,我们技术的作用范围和完全性也起着重要的作用;但是,一步一步地向前推进使得这些科学技术问题是可以解决的。在此前提下,纳入我们决定中的价值立刻就成了一个中心问题。"[1]其实,所有科技伦理治理问题亦是如此。科技伦理的价值不仅仅是道德的绝对命令,也不仅仅是道德相对主义的多元价值,更不是道德虚无主义的无价值、无立场的狐疑不决。科技伦理价值应当具有普遍性,而且能够直面现实的各种具体的科技伦理冲突并为之提供化解冲突的价值基准。或者说,它应当是一元价值与多元价值有机统一的科技伦理实践规则。祛弱权就是这样的价值诉求。

我们知道,康德曾经试图寻求一种道德绝对命令或道德律。在《实践理性批判》的结尾,康德深刻地写道:"有两样东西,人们越是经常持久地对之凝神思索,它们就越是使内心充满常新而日增的惊奇和敬畏:我头上的星空和我心中的道德律。"[2]这是因为道德律向我展示了一种不依赖于动物性,甚至不依赖于整个感性世界的生活,这些至少都是可以从我凭借这个法则而存有的合目的性使命中得到核准的,这种使命不受此生的条件和界限的局限,而是进向无限的。[3]当康德试图寻求类似自然规律的道德规律时,他把人类的坚韧性几乎发挥到了极致。类似自然规律的道德规律之内涵如谢林所说:"自由应该是必然,必然应该是自

---

① 库尔特·拜尔茨:《基因伦理学:人的生殖技术化带来的问题》,马怀琪译,华夏出版社,2000,第185页。
② 康德:《实践理性批判》,邓晓芒译,人民出版社,2003,第220页。
③ 参见:康德:《实践理性批判》,邓晓芒译,人民出版社,2003,第221页。

由。"①如此一来,人类的脆弱性就被遮蔽在自由规律的绝对命令之内。其实,康德也意识到诸如懒惰之类的禀赋之恶是人类难以摒弃的宿命,他甚至明确地把脆弱规定为人的本性之趋恶的倾向。②可见,寻求科技伦理价值必须正视人类的脆弱性这一基本的经验事实。

出于对人类脆弱性的考虑,拜尔茨不无忧虑地说:"在未来改良人类的计划中,有关目标的确定方面也会出现困难;倘若是围绕着未来的人应该更好地适应不断提高的科学—技术文明之要求这一点,那么对我们的后代在明天的世界上必须具备的素质就应当有所预见。可是,只要看一看未来之规划者部分荒诞不经的错误预测,就会知道,在实现这一意图时,失策的可能性该有多大。"③是故,科技伦理治理应当以研究人的脆弱性为基点,以祛弱权为价值基准,确证人的伦理地位和普遍权利。为此,科技伦理治理从探索科技伦理实践中具有权利冲突性质的重大现实问题入手,从科技伦理的内在逻辑中挖掘祛弱权的深层意蕴,阐明祛弱权的内涵、逻辑,确立祛弱权在科技伦理中的价值基础地位,进而反思祛弱权的科技伦理治理等相互纠葛的学术难题,并积极探求其发展、德性、制度和智慧目的。

(三)祛弱权与增强权的词典顺序

祛弱权与自由和真理是一致的,也是真理和自由的价值基准。一般而言,自由是真理的本质。海德格尔说:"真理的本质乃是自由。"④自由也是伦理的本质。或者说,真理的本质不仅仅是知道真,也不仅仅是知道善,而是应当且能够实践真和善,把真和善落实到此在的经验生存与生命过程之中。自由的具体经验形式之一就是人人具有的正当诉求或人权,祛弱权正是自由的先验本质在生命伦理领域的具体诉求和经验路径的价值根据,也是真理本质在生命伦理领域的实践要求。或许正因如此,祛弱权具有崇高的地位。罗纳德·德沃金(Ronald Dworkin)曾主张权利是"王牌"(trumps),他认为真正的权利高于一切,即使以牺牲公

---

① 谢林:《先验唯心论体系》,梁志学、石泉译,商务印书馆,2009,第275页。
② 参见:伊曼努尔·康德:《康德论上帝与宗教》,李秋零编译,中国人民大学出版社,2004,第305页。
③ 库尔特·拜尔茨:《基因伦理学:人的生殖技术化带来的问题》,马怀琪译,华夏出版社,2000,第93页。
④ 海德格尔:《路标》,孙周兴译,商务印书馆,2000,第214页。

共利益为代价也要实现权利。①值得重视的是,包括祛弱权在内的各种权利需要正义的社会制度予以保障。罗尔斯说:"正义否认为了其他人享有更大的善而丧失某些人的自由是正当的……因此,在一个公平的社会里,基本自由是理所当然的,正义所保障的权利绝不屈从于政治交易或社会利益的算计。"②祛弱权的保障需要正义的社会制度为实体支撑,也需要伦理主体承担相应的责任。牛津大学的詹姆斯·格雷弗(James Griffin)说:"如果知道权利的内容,就因此知道相应的义务内容。"③祛弱权的内容需要相应的义务或责任。人们具有祛弱权,也有责任提供祛弱权的相应保证。每一个人都具有祛弱权,每一个人都有责任保障祛弱权。值得注意的是,这并不是弱者与强者的关系,而是人与人之间的关系,因为每一个人都是脆弱性和坚韧性的统一体,每一个人都是弱者和强者的统一体。

要言之,每人每时每刻都是弱者,每人每时每刻并不都是强者。祛弱权是每人每时每刻都应当享有的无条件的绝对的普遍人权,增强权则是特定的人在特定时间、特定地点、特点条件下应当享有的合乎普遍人权的特殊权利。因此,(1)当祛弱权与增强权发生矛盾冲突时,科技伦理治理秉持祛弱权优先的原则;(2)当祛弱权与增强权协调一致时,科技伦理秉持增强权优先的原则,因为此条件下增强权是祛弱权的保障。把握了这个词典式顺序的价值原则,也就开启了科技伦理治理的辉煌历程。

结语

探索祛弱权、增强权在科技伦理冲突中的实践过程,也是二者不断经受洗礼、验证,乃至深化的过程。我们从祛弱权、增强权的全新视角反思、审视科技伦理领域的重大现实问题,把握死亡权、隐私权、生育权、健康权等之间的关系,不断修正、丰富、完善祛弱权、增强权的丰厚内涵。祛弱权、增强权可以为科技伦理治理提供一种新的尝试、新的方法,也可能为相关问题如人工智能伦理、食品科技伦理、环境伦理、工程伦理、网络伦理等方面的立法提供新的哲学论证和法理依据。

① See: Ronald Dworkin, *Taking Rights Seriously* (Cambridge, Massachusetts: Harvard University Press, 1977), p. xi.

② John Rawls, *A Theory of Justice* (Cambridge, Massachusetts: Harvard University Press, 1971), p. 4.

③ James Griffin, *On Human Rights* (Oxford: Oxford University Press, 2008), p. 108.

第二章

科技伦理治理之正义基础

　　亚里士多德在《尼各马可伦理学》开篇中就说,每一种艺术和研究,每一种行为和选择都以某种善为目的。因此,善乃万物之目的。[①]那么,人类所追寻的善的目的是什么呢? 凭直觉言,这个目的就是正义。或者说,正义是人类追寻的善的目的之一,也是科技伦理治理的价值目的之一。就科技伦理治理而言,正义的价值基准是祛弱权与增强权的伦理诉求,而不是弱肉强食的丛林法则。这一本质精神体现在人类追寻正义的行为和力量之中,体现在科技活动的方方面面。科技伦理治理的正义追寻之路源自对人类历史的深度反思,是正义直面科技伦理治理问题的探索之路。

第一节　正义的经验追寻

　　祛弱权、增强权体现的正义潜藏在其经验追寻的理念中。正义经验追寻主要有两个层面:正义之神的追寻、朴素正义的追寻。

---

① See: Aristotle, *The Nicomachean Ethics*, translated by David Ross, revised by Lesley Brown (Oxford: Oxford University Press, 2009), p. 1.

一、正义之神的追寻

在进入这个正题之前，我们首先回想一下中国的一部小说《西游记》，里面有一件为我们熟知的事情，那就是吃了唐僧肉可以长生不老。但唐僧无论被哪个妖怪捉住，都不能被妖怪吃掉，这是为什么呢？

《西游记》中常常出现这样的情况：唐僧被妖怪抓住以后，往往不会被马上吃掉。妖怪还要想想是蒸着吃，还是煮着吃，甚至还考虑邀请妖亲怪戚一同享用。为什么妖怪不单独直接吃掉唐僧呢？妖怪考虑卫生问题、共享问题，考虑妖怪关系问题。考虑这些问题需要什么呢？需要理性。就是说在《西游记》里这些妖怪都是有理性的动物，只有人才具有理性，也就是说这些妖怪都是人。既然都是人，那就有共同点，追求人类共同性的规则价值。唐僧没有被妖怪吃掉就是因为这些妖怪无论象精也好，狐狸精也罢，都是有理性的动物。他们是人，不是纯粹的动物。人类也是有差异性的，有的人像狮子一样勇猛，有的人像猴子一样聪明，有的人像狐狸一样狡猾，有的人像老鼠一样畏缩。不过，人都有共同点，就是有理性的动物。他们要用理性去思考问题，做一件事情要考虑这件事情的目的，考虑共同追求是什么。这种共同的追求到底是什么呢？这些妖怪的心里面也不明白，在《西游记》里也没有清楚地表达。但是有一点很清楚，那就是人不能吃人。唐僧是人，要吃唐僧的那些妖怪也是人，所以唐僧不能吃，也吃不了，这是一个共识。再往上推，人不能吃人又包含了什么样的目的？这一点我们可以在古希腊神话里看得更清楚些。

大家都知道涉及古希腊神话的几个简单事件，开端是混沌神卡俄斯。卡俄斯生出地神该亚，该亚生出天神乌拉诺斯，天地结合就是自然。自然有一个特征就是生生不息，于是有了万事万物。在万事万物中有一种神，其实也就是原始人了。它是提坦神族，其中有一个叫克洛诺斯，也就是时间。时间标志着人类历史的开端。人类一旦有了历史，历史就会发生变化。这时候该亚怂恿小儿子克洛诺斯（时间）杀死并取代其父乌拉诺斯（天）。这意味着人类对自然的一种超越。用时间来杀死天，杀死自然，也就是说人类由纯粹的动物状态进入了有历史的原始时期。在杀死天以后，在提坦神族的下一代神族里面有一个正义之神宙斯，是克洛诺斯的儿子。后来，正义之神宙斯又把他的父亲时间之神克洛诺斯推翻，自己主宰人类历史和整个宇宙。从此以后,宙斯就没有再被推翻了。众神为什么没有再推翻宙斯呢?因为宙斯是正义之神或者说他是正义的符号。

唐僧没有被吃,因为他是人,妖怪也是人,"人不能吃人"是人类的价值底线。宙斯作为正义之神体现了人类追寻的一种目的——正义。人类追寻正义,所以不会推翻正义,因为这是人类本性对正义之神的渴望。

二、朴素正义的追寻

神话追寻正义的精神,也体现在我们日常的行为中。人们在日常生活中会有一种朴素的也就是自发的、未经理论论证的正义观念,我们可以把它称为朴素的正义观念。

朴素的正义观念虽然有很多种,却可以大致分为两类。如果把人类大致分为强弱,朴素的正义观念则大致可分为强者希望的几何比率正义观和弱者希望的算术平等正义观。不论强者还是弱者都追求对自己有利的目的。强者一般追求一种几何比率的正义观,这种正义观期望拉大差距,主张能力强的人能够得到更多金钱、财富、权利。几何比率的正义观通常有两大类:一种是功利正义观,就是谁的功德多,谁就获利多;另一种是等级主义正义观,谁的地位高,谁就获利多。

相对于强者来说,处于弱势地位的弱者同样也期望自己的利益得到正当保护。弱者的正义观一般有三种:第一种是平均正义观,弱者希望在分配利益时忽视等级地位,平均分配社会财富和资源;第二种是报复正义观,弱者的利益在遭受侵害后,希望有一种对等的报复,希望以其人之道还治其人之身,就是所谓的"以牙还牙,以眼还眼"的争议诉求;第三种是人道正义观,处于弱势地位的弱者期望一种人道关怀的正义观。

强者和弱者的观念其实质都是祛弱权与增强权的不同体现。不过,无论强者还是弱者的正义观念在当时都还没有系统的理论论证。朴素正义的追寻需要理论论证对合理性反思的深刻把握。

第二节　亚里士多德的正义论

人类作为有限的理性存在者,随着社会水平发展到一定的阶段都不自觉地反思这些朴素的正义观并形成一定的理论成果,形成对正义观系统的思考。这个标志性的思想家就是古希腊的亚里士多德。可以说,他是最早对正义进行系统化思考的百科全书式的哲学家。

一、两种正义

亚里士多德对正义的思考最早出现在《尼各马可伦理学》中,他对正义的论证十分的复杂,①现在我们来把它简单化。亚里士多德认为正义大致上有两类。一类是一般的正义。一般正义指政治正义,也包括自然的正义,也就是对现有法律的尊重。亚里士多德认为在这个领域内正义是相对容易实现的,他的侧重点是另一类特殊的正义。

亚里士多德认为特殊的正义有三种:分配的正义、矫正的正义和互惠的正义。矫正的正义就是在事后发现不公正现象再给予矫正。互惠的正义主要是指商品交易,是一种对等交易,比如两只羊换一头猪。这两种正义在亚里士多德看来大致上不会出现太大的问题。

二、亚里士多德的困惑

分配的正义在亚里士多德看来是最难解决的问题。亚里士多德的分配正义主要体现在经济领域中,分为两种。一种是算术意义上的平等,即只要是一个人都应该平均分配的经济利益。此外,人与人之间也存在着差异,这样的差异在亚里士多德看来也应该重点考虑,根据差异所做的分配称为几何比率的平等。

亚里士多德认为人与人之间的差异性才是真价值。差异性是指一个人的能

---

① See: Aristotle, *The Nicomachean Ethics*, translated by David Ross, revised by Lesley Brown (Oxford: Oxford University Press, 2009), pp. 80–101.

力、天赋、出身,乃至一个人的地位影响。比如有人擅长唱歌,有人擅长运动。一个擅长运动的人就更有可能在体育竞赛中获奖,据说柏拉图曾经是奥林匹克运动会的冠军。一个擅长唱歌的人更容易成为歌手。亚里士多德认为在经济利益的分配中应该注重这种差异性。在亚里士多德提出两种分配正义并经过反复思考后,他发现了两个令自己困惑终生也没有得到解决的问题。

第一个问题是两种分配形式应该如何选择?是以算术意义的平等为根据呢,还是以几何比率的平等来作为分配的正义呢?平均分配的存在打击了强者对社会做贡献的积极性,从而也影响社会进步的速度,进而影响弱者的利益。如果以几何比率的平等作为分配的正义,强者的利益得到尊重。然而,强者永远只是少部分,弱者才是大多数。如果弱者的利益遭到损害时,强者的利益也会受到影响。在当今我们依然能够观察到这样的现象。比如说,在个别穷人的仇富心理驱动下,他们往往会采取砸商店、抢银行等毁坏性行动,强者的利益在这样的情况下也会受到伤害。所以,亚里士多德采取了一种折中的办法,这就是体现在《尼各马可伦理学》中的中道思想。亚里士多德的倾向是对两种分配的正义观都予以考虑,并且是以几何比率的分配正义为重点。但怎样平衡两者之间的关系,亚里士多德也没能做出解答。

在这个问题没有得到解决的情况下,亚里士多德又发现了第二个问题。假如我们现在都同意按几何比率的平等来进行分配,那么我们应该根据哪一个真价值来进行分配?根据一个人的天赋、出生、财富、地位等中的哪一个来分配呢?假如我们都按天赋、能力来进行分配,谁的能力强天赋高,谁就能获得更多的经济利益。但是人的天赋、能力也有很多,是按一个人的歌唱天赋来分配呢,还是根据一个人的运动天赋来分配呢?假如按照唱歌的天赋来进行分配,那么有运动天赋的人不会同意,因为他们也是有天赋的。不能按任何一种天赋来进行分配,因为会引起天赋不同的人之间的矛盾。即使我们再退一步,大家都同意以某种天赋来进行分配,这也同样存在问题。亚里士多德举了个例子,一个乐队奏乐需要乐器,乐器之间也有差异,现在有一把最好的笛子,这把笛子应该分配给技术好的人还是技术差一点儿的人?技术好的人说应该给自己,因为自己的技术好。技术差的人也说应该给自己,这样才可以拉近和技术好的人的差距。这依然存在着诸多问题。那么这个标准到底该怎么定呢?这个问题在现实和理论中都很难达成一致。亚里士多德抛出这两个问题虽然有自己的理解,但也不能寻求到真正予以解决得较为满意的答案。

第三节　罗尔斯的回应与诺奇克的反驳

亚里士多德之后,人们对正义的追寻和讨论依然绵延不断,但始终没能真正有力度地解决亚里士多德提出的这两个问题。直到20世纪70年代,美国著名哲学家约翰·罗尔斯(John Rawls)教授的《正义论》系统地研究了正义问题。[①]可以说,《正义论》对亚里士多德的两个问题给予了比较合理的回应。不过,罗伯特·诺奇克(Robert Nozick)也对罗尔斯的正义观提出了反驳。罗尔斯对正义的论证十分复杂,我们围绕亚里士多德提出的两个主要问题来理解罗尔斯的正义观。

一、回应第一困境

对于第一个困境:两种分配形式如何选择? 亚里士多德和罗尔斯都认为算术平等的分配正义观和几何比率的分配正义观都要兼顾。亚里士多德的选择偏重几何比率的分配正义观,罗尔斯在这个问题上与亚里士多德不同,他更看重的是算术平等的分配正义观。所以,罗尔斯把算术平等原则作为第一原则,我们简单地把它称为平等原则,它追求人的自由权利,实际上是要尊重每一个人作为人的自由和权利。

二、回应第二困境

相对而言,亚里士多德偏重选择几何比率的分配正义,注重人与人之间的差异。这种选择困境是我们究竟应该依据哪一个真价值来分配,是依据天赋、出生,还是能力或其他真价值?

---

① See: John Rawls, *A Theory of Justice* (Cambridge, Massachusetts: Harvard University Press, 1971).

　　为了回应这个困境(即第二困境:应当按何种真价值进行分配?),罗尔斯提出了著名"无知之幕"的设想。①罗尔斯首先借鉴了康德的人为自己立法的自律思想。罗尔斯认为,我们在处理按何种真价值来进行分配时,首先要确定正义的原则不是从外部强加于人的,它是我们人类自己的自由选择。也就是说,正义原则是在人类相互协商的基础上的自由选择。

　　古希腊神话表明,人类的共同性追求是超越天地或超越自然,否定或扬弃时间,最后止于宙斯,也就是正义之神。这类似于《大学》中说的"止于至善"。只不过,古希腊神话所指的这个至善是正义之神——宙斯。宙斯主宰人类的历史后,就不再被推翻了。这样一种人类自我追求的正义目的,转换为罗尔斯的话就是:正义不是外在强加于我们自身的目标,而是我们人类自身本性不断追寻的至善目的,是我们自由本性的自由选择,是人与人之间在协商后建立的契约或制度。

　　既然正义原则是我们人类本性的自由选择,那么怎样追求真价值的分配正义原则呢? 为此,罗尔斯提出了著名的"无知之幕"。"无知之幕"的设想源于古希腊罗马神话的正义女神朱斯提提亚(Justitia)的形象。古希腊神话中正义女神的名字叫忒弥斯(Themis),是天与地的女儿,她的名字原意为"大地",转义为"创造""稳定""坚定",从而和法律发生了关系,是掌握法律、正常秩序的女神。忒弥斯手中常持一架天平。后来这位正义女神与万神之袓宙斯(正义主神或正义男神)结合,生下了正义女神——狄凯(Dike)协助她共掌法律、秩序和正义。狄凯掌管着白昼和黑夜大门的钥匙,监视人间的生活,在灵魂转世时主持正义。她的造型是一位手执宝剑的美少女。古罗马兴起后,罗马人接受了希腊的诸神。他们将忒弥斯与狄凯母女二人的形象合而为一,取名为朱斯提提亚。朱斯提提亚双眼蒙布,她一手持天平,一手执宝剑,主持人间正义。从某种意义上讲,"正义"(在拉丁语中写作"Justice")源于朱斯提提亚这位正义的守护神。这位双眼蒙布的朱斯提提亚就是罗尔斯的"无知之幕"的神话原型。或者说,罗尔斯的"无知之幕"就是双眼蒙布的朱斯提提亚的正义精神的哲学语词的学术表达。

　　简单说来,罗尔斯提出,对于特殊价值我们先不予考虑。就是说,在分配时,一个人的天赋、出生、地位、财富等先不考虑,或假定我们在并不知道这些特殊价

---

① See: John Rawls, *A Theory of Justice* (Cambridge, Massachusetts: Harvard University Press, 1971), pp. 136–141.

值的情况下考虑分配的正义原则，使这些特殊性处于无知状态。在抽象掉人的特殊性，抽象掉人的天赋、出生、地位、财富之后，剩下的就是人类的共同性和普遍性。从这一点来建立分配的正义，解决人与人之间的真价值的差异。罗尔斯的这个办法的要害在于寻求人类的共性和共同价值，这就是"无知之幕"。

在这个基础上，他得出了他的第二原则，也就是差异原则。差异原则包括两点。一是社会上所有的职位对所有人都开放，所有人都有平等的权利来求职，而不论其出生、天赋、家庭。只要是一个人，社会的所有职位就应该对他开放。比如在教育资源问题上，假设哈佛大学有招生指标或者是职位，这些指标或者职位就该是对所有人开放的，而不应该考虑一个人来自何处。任何人在求得学位或职位的权利上是平等的。社会上的所有公共资源应对每一个人平等开放。如果强调某些人的特殊价值的优越性，这是不公正的。所以，罗尔斯的"无知之幕"就是在强调公共资源应对每一个人开放，大家公平竞争，不能因为一个人的地域、家庭、能力差异来设置限制。机会要平等，竞争要公平，不能人为地加以限制。人与人的差异性应该体现在平等的机会基础上的竞争当中。比如，某所大学面向全国招生，假设该大学的录取分数是680分，一个人只要考到680分，他就具有进入这所大学的资格，考不到680分的则不具有被此大学录取的资格。这就体现了差异，却是公正的，因为考大学的机会对每一个考生来说都是平等的，教育资源是公平开放的。

此外，罗尔斯还特别强调考虑差异的时候一定要注意不能损害或者说要有利于社会最不利成员的最大利益。在这种差异原则下，公平原则才是正义的。比如，我要建立一个科研基地，需要征收附近居民的住房。我们就不能直接拆掉他们的房子，侵害社会底层老百姓的利益。一个社会的分配正义原则是有底线的，它不能无休止，无底线地牺牲弱者的利益。相反，分配要有利于弱者的最大利益，这是社会公正不能触碰的底线。只有在不伤害弱者的利益并保证最弱者的最大利益的情况下，才能在分配的正义原则中考虑人与人之间的差异性。

实际上，在通常的制度设计者看来，弱者的利益往往被忽视或者不予考虑。因为制度是由强者来设计的，强者往往总是站在自己的利益角度来设计有利于强者利益的制度。不过，这样的制度不按正义原则来进行分配，其损害的不仅仅是弱者的利益，强者的利益也会受到损害。古今中外的历史一再告诫人类：当强者损害弱者的利益,尤其是最弱者的利益达到其不能生存的限度时,弱者就会奋起反抗,乃至爆发暴力革命。如果暴力革命胜利,强者往往被推上断头台。崇祯皇帝在李自成围城之后,手刃自己的家眷,最后在景山上自缢身亡。法国大革命时,国王和王后都被推上断头台。强者伤害弱者到一定程度的时候,弱者就会起来反抗。所以照顾弱者的利益不仅仅是为了弱者,也是为了强者。

正义不是为强者或弱者谋利,而是为所有人谋利。罗尔斯的正义论思想在国际上产生了巨大影响,其对正义的论证是相当复杂,但核心就是他的两个原则。罗尔斯的理论后来遭到他的同事罗伯特·诺齐克的反对,也受到了哈贝马斯等人的批判。限于主题和篇幅,我们这里只反思诺齐克的反驳。

三、诺齐克的反驳

罗尔斯和诺齐克都是哈佛大学的著名教授。从某种程度上讲,诺齐克正是针对《正义论》,出版了其著作《无政府、国家和乌托邦》。诺齐克试图回到亚里士多德几何比率公平优先的立场,他主要反对罗尔斯的平等原则,尤其反对对弱者的补偿。①

诺齐克认为,政府不能对个人的自由和权利进行干涉。一个人的能力强,他就应该多赚钱,政府就不应该收强者的税去弥补弱者。如果弱者什么都不干,强者就没有义务来养活他们。所以,诺齐克特别强调应该按几何比率的平等来进行分配,能力强、天赋好、出生条件优越者就应该多得;相反,就应该少得。诺齐克的这种观点有一定的道理,他注重强者和效率。

罗尔斯的两个正义原则的基点始终是关注弱者,他始终关心的是人类的共同利益,追求共同价值,注重算术平等优先于几何比率公平。诺齐克更强调几何比率的差异原则。

从《正义论》到罗尔斯以及围绕罗尔斯产生的争论已经达到巅峰状态。但是,平等原则和差异原则,或者说算术公正和几何比率公正之间的这样一种矛盾是不是解决了呢?依然没有解决。如果说我们只强调算术公正,就有可能走向平均主义,干和不干一个样,吃大锅饭。曾经有这样的事情:整个社会追求的价

---

① See: Robert Nozick, *Anarchy, State, and Utopia* (New York: Basic Books Inc., 1974), pp. 32-35.

值是以贫穷为荣,以富有为耻。那时的小孩子和今天的小孩子不一样,他们比谁家更穷。如果以贫穷、赤贫作为目的的话,这个社会还是公正的吗?不公正。在这样一种条件下会出现什么样的情况呢?会出现大量的罪恶,因为共同贫穷并不能掩盖人与人之间的差距,强者依然是强者。在共同贫穷的情况下,能力强的人更容易欺诈,更容易剥夺那些能力弱的人,甚至残害他们的生命,这会产生更多的不公正和罪恶。这样的社会是不公正的。仅仅强调人与人之间的平等,抹杀人与人的差距,这是不可能的。如果强制抹杀,会导致很大的不公正,而且会导致对弱者更大的伤害。

但是仅仅强调像诺齐克讲的效率的公正,又会导致贫富差距加大。当贫富差距拉大到一定程度,弱者就会产生仇富心理。并且贫富差距拉大之后,人与人的差距虽然体现出来了,但人与人之间的共同性是不是也被抹杀了呢?抹杀不了。一个亿万富翁和一个乞丐存在巨大的财富差距,但乞丐是一个人,亿万富翁也是一个人。一个乞丐和一个亿万富翁,都是有理性的动物,只是亿万富翁有更多的金钱而已,他们都是人这一点是抹杀不了的。如果说一个社会(或制度)仅仅考虑效率功用的话,它就强制性地抹杀了人之为人的共同性,这样会带来什么样的后果呢?那就是弱者与强者的共同死亡,这样就会爆发恐怖袭击,也可能导致小范围的抢劫害命、大范围的暴力革命,甚至爆发人类历史上最惨烈的世界大战。人类历史上曾经历过两次世界大战。追根溯源,从正义的角度看,正是贫富差距的强烈对比,效率公正占据绝对优势所导致的恶果。最直接地支撑它的理论是社会达尔文主义公正价值观念。社会达尔文主义强调的是弱肉强食,实际上强调的就是绝对的极端的效率公正。当效率公正走向极端爆发革命、战争的时候,弱者就会受到非人类的残酷伤害。我们看到,两次世界大战给人类带来的巨大生命灾难,其数目更是绝对的惊心动魄。这种巨大的伤害,是永远没法弥补的。

在正义原则中算术平等与几何比率平等之间的矛盾是永远存在的。在21世纪的欧洲,就爆发了以"所有的人都不同,所有的人都平等"为口号的运动。这是什么样的运动呢?"所有的人都不同"强调的是人的差异性,每一个人都是独立的。人的理性、天赋、财产、家庭、出生都不一样。可是每一个人都是人,每一个人都是平等的。所有的正义都是围绕人与人之间的平等与差异展开的,这是社会制度追求公正的一个永恒主题。所以罗尔斯在《正义论》的开篇就特别强调："正义是社会制度的第一德性。"①换言之,制度有没有德性,制度是不是善的,就看制度是否正义。

第四节　权利的正义

罗尔斯虽然看到了这一点,但在现实生活中能不能做到绝对公正,能不能做到大家都感到是公平的呢? 其实做不到,绝对的公平是最大的不公平。因为在人的平等和差异全部被抹掉之后,才能做到绝对公平。也就是说,人类灭亡才能达到绝对公平,而人类灭亡则是最大的不公平。人类只要存在一天,或者说有理性的动物存在一天,他都要去追求正义。我们都是人,都是平等的,但是每个人都有差异。什么是公正? 永远有争论。这种争论的过程,恰好是我们对追求人类本身所具有的一种理性的共同的目的(即正义)的过程。对我们个人而言,这是一种自由,这种自由追寻的目的在制度上体现出来就是正义。

正义原则下的人与人之间的平等(同一)与差异的内在张力推动着一代又一代人对正义的追寻。这一过程并不会停止,对正义的追寻一直在路上。随着时间的流逝,随着时代的更替,同一个制度的正义,这一代人认可,下一代人不一定认可。即使普遍都认可的正义,在执行的过程中,也可能一部分人认为这是正义的,另一部分人认为不是正义的。正义在具体实施的时候,会出现巨大的差异。理论在得到思想认可的时候和我们真正做事情的时候,会产生很大的差距。所以,对正义的追寻,永远是一个过程。只要我们人类永远存在,我们就会一直追求。人类存在的过程,就是我们自由地追求正义制度保障我们人性尊严的过程。有人类在,正义就不会停止。人类犹存,对正义的追寻就绝不停止。

我们在这里可以尝试,把正义具体化为一种权利。鉴于两次世界大战带来的对人类的巨大伤害,人类达成了一个共识,共识的成果就是1948年的《世界人

---

① John Rawls, *A Theory of Justice* (Cambridge, Massachusetts: Harvard University Press, 1971), p. 1.

权宣言》。至今,人人都应当享有的权利依然是我们人类所达成的具有最大共识的国际性原则。在人权的基础上,正义把祛弱权作为正义的价值基准,强调共同权利中的祛弱权优先原则,突出增强权的特殊权利地位,注重科技伦理治理的权利商谈原则。

一、祛弱权优先原则

科技伦理治理正义的根本原则是共同权利中的祛弱权优先原则(即算术平等原则)。我们都是人,我们具有共同的权利。这个共同权利的基础是祛弱权。这个权利应当优先,这就是算术平等。我们把算术平等优先转变为共同权利的祛弱权优先。一个社会制度的公正应当首先考虑人类共同祛弱权的公正。比如说,要在五年之内赚五百亿元。在赚这五百亿元的时候,可能会伤害某些人的生命。要建一个化工厂、一个核电站,可能会危害一些人的生命。每个人的生命都不应当受到伤害,健康都不应当受到伤害。这样的祛弱权应当优先。究竟是赚钱优先,还是维护我们的祛弱权优先呢? 这是很明确的,一个正义的制度优先考虑的是人类的祛弱权不受伤害,在获得财富、追求 GDP 的时候应该优先考虑祛弱权不受危害。如果危害了祛弱权,这些行为就应该停止。在人类共同的祛弱权优先的情况下,也就是算术平等原则优先的情况下,我们再来考虑几何比率的公正原则。

二、增强权合道德原则

增强权是特殊权利,是几何比率的公正原则的正当诉求。人类除了共同权利之外,还有特殊权利,比如医生具有治病救人的特殊权利,教师有上课的特殊权利,学生有读书的特殊权利。这些权利是某一部分人拥有的,不是共同具有的普遍人权。某些人甚至是某一个人所拥有的权利,相对于我们人类的共同权利而言,可以称为特殊权利。特殊权利是在不危害普遍权利的情况下享有或行使的,特殊权利必须是合道德的。医生虽然享有治病救人的权利(不是医生,就不享有这样的权利），但不能危害祛弱权，这样行使医生的权利就是公正的。相反，如果一个人的病本来可以治好，结果被医生越治越严重，最后病人被治死了，这样特殊权利的行使就危害了人类的共同利益，这就是不公正的。科技伦理治理就应该拒斥这样的特殊权利。

一个掌握公共权力（特殊权利的一种）的人，比如一个法官、一个行政官员，行使公共权力的时候有一个原则：不能践踏祛弱权，不能危害公民的普遍权利，不能危害生命权、受教育权、健康权等。比如，掌握公共权力的人利用这种权力把某一块地批给他的亲戚开发或批给那些送礼的人开发，并因此收获一吨黄金存在家里。这样的特殊权力严重危害了祛弱权和共同利益，它是不正当的，并且应当受到法律的制裁。如果法律没有对其进行制裁，就是不正义的。

罗尔斯说："正义所保障的权利不屈从于政治交易或社会利益的算计。"[①]在特殊权利中，最违背公正的特殊权利就是极权。极权是权力的一种极端滥用，是对祛弱权、增强权的严重践踏。极权不仅危害人类的福祉，还使成千上万的人的生命被剥夺。因此，极权这样的特殊权利，是极其不道德的。在科技伦理治理中，极权必须绝对地，无条件地加以剔除。

三、权利的民主商谈原则

虽然我们可以用普遍权利和特殊权利的保障或祛弱权优先于增强权原则作为设计科技伦理治理的一个有力价值支撑，但是现实问题是非常复杂的，每个人都有不同的想法，每个人都有不同的家庭背景和能力，对于科技伦理治理有着不同的考量。对于同一个科技伦理治理的实践方案，有的人会觉得公正，有的人会觉得不公正。发生公正冲突时该怎么办？必须要有具体的实践方法，不能停留在空谈上。科技伦理治理的实践要靠一定的途径或程序，当秉持权利的民主商谈原则。

民主商谈原则以祛弱权为价值基准，以增强权为主要价值目的，虽然不能保证所有的人都认为是公正的，但是可以最大限度地降低不平等，这是我们能切实做到的。在公平和差异遇到矛盾的时候，祛弱权与增强权发生冲突时，民主商谈

---

① John Rawls, *A Theory of Justice* (Cambridge, Massachusetts: Harvard University Press, 1971), p. 4.

的实践程序能够最大限度地降低不公正。在这一过程中,逐渐抵近正义原则。比如学生在期末评选奖学金的时候,有一个一般原则:以大家上课的课时、考试的成绩、发表论文的多少或发表论文的档次作为标准。假如没有这个原则,那么评比之后,肯定会有一部分人觉得不公正。当出现这种情况的时候怎么办?那只有通过以祛弱权为价值基准的民主商谈解决。在评奖学金的时候,不能说班主任或某一个人说了算,还应该有评奖学金的工作小组,有学生、有领导、有老师,大家共同商量。这样虽然不能保证奖学金评选的绝对公正,但可以最大限度地降低评选过程中的不公正,这是切实可行的。如果让一个人来做决定,不公正的风险就会提高。

人类既有共同性、脆弱性,又有差异性、坚韧性。权利正义以祛弱权为价值基准,以增强权为主要伦理目的,既考虑每个人的普遍权利,又关注每个人特殊性的天赋和贡献,同时采取民主商谈的程序予以具体的实践。科技伦理的一部浩浩青史,在某种程度上就是人类在科技活动中永无停息地寻求以祛弱权为价值基准、以增强权为伦理目的的正义之路的不朽进程。

结语

科技伦理治理以祛弱权、增强权为权利基础,以正义为权利保障基础。至此,科技伦理治理的基础理论部分已经完成,已经触及实践篇的前沿。科技伦理治理实践篇的使命是在理论篇的前提下,深入探究科技伦理的各个具体领域的实践问题。

第二编

实践

科技伦理治理实践篇的使命是在理论篇的前提下,深入探究各个具体领域的实践伦理问题。这就要求首先确定科技伦理的历史方位。

通常而言,所有的理性知识既是形式的又是质料的,质料又分为自然部分和自由部分。古希腊哲学把哲学分为逻辑学、物理学、人理学(值得注意的是,通行的哲学教科书常常把人理学译为"伦理学")三大类。逻辑学是研究普遍形式的哲学。物理学是理性研究(人之外的)物的自然法则的哲学,即自然哲学或科学哲学,它主要研究自然科学领域相关的哲学问题。人理学则是理性研究人的自由法则的哲学,它主要研究人的存在的根本哲理和自由法则。所以,古希腊哲学意义上的"伦理学"翻译是不准确的,其准确的表达应该是人理学。人理学的研究领域包括伦理学或道德哲学、宗教哲学、法律哲学、历史哲学等人文社会科学领域和科学技术领域的问题,即科技伦理问题。

科技伦理属于应用伦理范畴。应用伦理学分为两大领域:物理应用伦理学与人理应用伦理学。与人文社会科学密切相关的应用领域,可称为人理应用伦理学。这一领域主要包括宗教伦理学、法律伦理学、政治伦理学、国际关系伦理学、经济伦理学、管理伦理学、企业伦理学、媒体伦理学等。

科技伦理学就是指与自然科学技术密切相关的应用伦理领域,可称为物理应用伦理学。科技伦理领域主要包括医学伦理学、生命伦理学、人工智能伦理学、食物伦理学、工程伦理学、生态伦理学、网络伦理学、核伦理学、纳米伦理学等。当然,这种区分和归类都是相对的,而非绝对的,因为各个领域之间都具有内在的联系。

由此看来,科技伦理的历史方位可以确定为应用伦理学的物理应用伦理学。确立了科技伦理的历史方位后,当下和未来的科技伦理都可以为它找到一个恰当的位置。因此,没有必要也不可能研究所有的科技伦理治理领域。我们选择五大典型领域进行研究,就足以把握科技伦理治理的本质,为科技伦理治理提供一个宏观轮廓和大致走向。

科技伦理治理是科技活动关涉人自身、人之外以及内外综合的伦理精神的价值秩序的实践活动。因此,科技伦理治理可以分为三大类别或三大领域:(1)外在型科技伦理:人类自身之外的自然环境领域的科技伦理,如生态伦理治理、水伦理治理、农业伦理治理等;(2)自在型科技伦理:跟人类自身直接相关的科技伦理治理,如医学伦理治理、生命伦理治理、食物伦理治理等;(3)中介型(或桥梁型)科技伦理:联系人类自身与外在要素的中介或桥梁的科技伦理,如人工智能伦理治理、工程伦理治理、网络伦理治理等。

　　医学伦理治理、生命伦理治理和人工智能伦理治理是当下三大前沿领域,需要专著予以单独的深度研究。是故,选择三大类型的五个领域予以具体探究:(1)生态伦理治理(外在型科技伦理的环境伦理领域);(2)食物伦理治理(自在型科技伦理的自然生命伦理领域)、人造生命伦理治理(自在型科技伦理的人工生命伦理领域);(3)工程伦理治理(中介型科技伦理的现实领域)、网络伦理治理(中介型科技伦理的虚拟领域)。这些领域的研究与医学伦理治理、生命伦理治理和人工智能伦理治理的研究相互支撑,互为参照,通过多角度、多维度、立体化地深度反思,充分展现了科技伦理治理的有机体系。

第三章

生态伦理治理

生态伦理治理,属于人类生存的外在要素的环境或生态的科技伦理治理实践。在生态文明已成为普遍共识的今天,生态环境问题所引发的有关生态伦理学的广泛、激烈而持久的学术论战愈演愈烈,难以达成伦理共识。选择何种生态伦理治理的基础问题也因此似乎成了悬案。

生态伦理学争论的焦点集中在自然是否具有内在价值,或者是否只有人才具有内在价值,进而自然是否具有道德主体性,最终归结到自然是否有权进入道德共同体。这一貌似简单的问题,贯穿于人类中心论和自然中心论相互颉颃,以及各种超越论的尝试和失败的整个过程中。各方为之争论不休的根本原因在于它涉及伦理学的深层问题:休谟问题。这也是生态伦理治理何以可能的根基性问题。只有回答了这个问题,才能深入把握生态伦理治理的内在张力——人类中心论和非人类中心论的冲突,进而回答相关的争论。

第一节　生态伦理治理奠基

生态伦理治理的根本问题是对休谟问题的祛魅。生态伦理学领域各方争论不休的根本原因在于相互指责对方犯了自然主义谬误。人类中心论认为,生态中心论把自然的存在属性当作自然拥有内在价值的根据之观点,显然是把价值论同存在论等同起来了,犯了摩尔所说的从"是"推出"应该"的自然主义谬误。[1]
非人类中心论反驳说,割裂事实与价值、是与应该是西方近代伦理学和哲学的传统,只是逻辑实证论的一个教条。事实上,人类中心论也在做着同样的推理,即把人的利益(实然)当作保护环境这一伦理义务(应然)的根据。[2]人类中心论同样犯了自然主义谬误。

自然主义谬误的实质是休谟问题,即事实与价值的关系问题,能否从"是"中推出"应当"的问题。如果不能,"应当"就失去了存在的根据,对"是"做"应当"判断的伦理学就不能成立,生态伦理学也必然随之土崩瓦解。能否解决休谟问题,直接决定着生态伦理治理的命运。

一、休谟问题的附魅

休谟以前或同时代的不少哲学家认为,道德可以如几何学或代数学那样论证其确实性。然而,休谟在论述道德并非理性的对象时却有一个惊人的发现:"在我所遇到的每一个道德学体系中,我一向注意到,作者在一个时期中是照平常的推理方式进行的,确定了上帝的存在,或是对人事作了一番议论;可是突然之间,我却大吃一惊地发现,我所遇到的不再是命题中通常的'是'与'不是'等联系词,而是没有一个命题不是由一个'应该'或一个'不应该'联系起来的。这个变化虽是不知不觉的,却是有极其重大的关系的。因为这个应该与不应该既然表示一种新的关系或肯定,所以就必须加以论述和说明;同时对于这种似乎完全不可思议的事情,即这个新关系如何能由完全不同的另外一些关系推出来的,也应该举出理由加以说明。"[3]这段话便是公认的伦理学或价值论领域休谟问题的来源。就是说,休谟认为,在以往的道德学体系中,普遍存在着一种以"是"或"不是"为系词的事实命题,是以"应该"或"不应该"为系词的伦理命题(价值命题)的思想跳跃,而且这种思想跳跃既缺乏相应的说明,也缺乏逻辑上的根据和论证。

在休谟之后,英美分析哲学家们试图把这个问题逻辑化、规则化。元伦理学

① 参见:刘福森:《自然中心主义论生态伦理观的理论困境》,《中国社会科学》1997年第3期。
② 参见:杨通进:《争论中的环境伦理学:问题与焦点》,《哲学动态》2005年第1期。
③ 休谟:《人性论》(下册),关文运译,商务印书馆,1980,第509–510页。

的开创者摩尔认为,西方伦理学自古希腊以来大致可分为两类:自然主义伦理学,即用某种自然属性去规定或说明道德(或价值)的理论;非自然主义伦理学或形而上学伦理学,其特点是用某种形而上的、超验的判断作为伦理或价值判断的基础。自然主义伦理学从事实中求"应该",使"实然"与"应然"混为一体;形而上学伦理学又从"应该"中求实在,把"应该"当作超自然的实体。这两类伦理学都在本质上混淆了善与善的事物,并以自然性事实或超自然的实在来规定善,即都犯了"自然主义谬误"①。这就是生态伦理学各方所谓的自然主义谬误的理论来源。后来,英国著名分析哲学家黑尔沿袭了休谟与摩尔等区分事实与价值以及价值判断不同于而且不可还原为事实判断的观点。他认为,价值判断是规定性的,具有规范、约束和指导行为的功能;事实判断作为对事物的描述,不具有规定性,单纯从事实判断推不出价值判断。在《道德语言》中,他具体地研究了他称之为"混合的"或"实践的"三段论的价值推理。这种三段论的大前提是命令句,小前提是陈述句,而结论是命令句。黑尔提出了掌握这种推理的两条规则:第一,如果一组前提不能仅从陈述句中有效地推导出来,那么从这组前提中也不能有效地推导出陈述句结论;第二,如果一组前提不包含至少一个命令句,那么从这组前提中不能有效地推导出命令句结论。黑尔认为,在伦理学或价值论中,第二条限定性规则是极其重要的,根据这一规则,从事实判断中不能推出价值判断。②至此,事实与价值关系问题就被具体化为一条逻辑推导规则——"休谟法则"。事实与价值二分对立的图景随着分析哲学的盛行和哲学的"语言学转向",在哲学界盛极一时,其影响迄今仍根深蒂固。人类中心论者和自然中心论者相互指责对方犯了自然主义谬误,就是受其影响的结果。

黑尔站在非认知论立场上思考价值或道德问题,否认价值判断是对客观事实的反映,他囿于其逻辑与语言分析方法,企图仅仅通过分析价值语言来解决一切价值问题,从未考虑价值语言的实践根据,也谈不上从实践中去寻找作为大前提的价值原理,结果并没有说明推理中作为大前提的价值判断从何而来,即那种基本的、具有"可普遍化性"和规定性的价值判断从何而来。其实,休谟问题的真正内涵在于,从两个单纯的事实判断中不能推导出价值判断。我们可以由此引

---

① G. E. Moore, *Principia Ethica* (Cambridge: Cambridge University Press, 1993), p. 61.

② See: Richard Mervyn Hare, *The Language of Morals* (Oxford: Oxford University Press, 1964), p. 28.

出如下结论。第一,和价值无关的纯粹事实或者不进入研究主体领域的事实,既不是有价值的,也不是无价值的——这是休谟问题的消极意义。第二,价值(判断)具有鲜明的主体性,它与事实(判断)存在着实质性的区别。因此,价值科学(伦理学)不能用和事实科学一样的方式来建立。哲学史上一直有人试图用自然科学的方法来建构价值科学。例如,笛卡尔希望建立一门类似数学的道德科学;莱布尼兹发展了霍布斯"推理就是计算"的思想,企图把一切科学包括道德科学都归于计算;斯宾诺莎曾依照"一切科学的范例"——欧氏几何的方法,推导、建构其伦理学;休谟直接以"人性论——在精神科学中采用实验推理方法的一个尝试"作为《人性论》一书的全部标题;等等。然而,这一系列的尝试都失败了。这从反面警示我们,价值科学的研究需要有不同于事实科学的方法和途径,因为伦理学的研究对象遵循的是自由规律,事实科学研究对象遵循的是自然规律——这是休谟问题由消极价值通向积极价值的中介。第三,休谟问题的积极价值:价值判断和事实判断的区别正是基于价值判断和事实判断是有内在联系的基础上的,因为如果二者毫无关系,它们之间就不会存在所谓的区别。如果能够在寻求事实和价值的内在联系的基础上把二者统一起来,从事实判断推出价值判断就具有了可能性。休谟问题绝不仅仅是一个简单的逻辑推理问题,而是伦理学的元问题。换句话说,休谟问题即事实判断和价值判断的关系的终极内涵是自然和自由的关系问题——这正是生态伦理学的根本,其内在根基在于它们都是在感性实践的基础上,同一个主体对同一个对象做出的不同层面(事实或价值)的判断。

从表面看,伦理学的研究对象是价值,事实科学的研究对象是纯粹的和价值无关的事实。实际上,在所谓逻辑推理的背后潜藏着其价值根基,凡是进入研究领域之中的事实都必然渗透着研究主体的目的、精神和价值理念。和价值完全无关的纯粹事实是没有进入研究领域的事实,人们既不会对它做价值判断,也不会对它做事实判断。没有任何一个事实(判断)是和价值完全无关的事实(判断)。事实判断本身正是价值判断的产物,研究它、知道它都是研究主体的价值理念在起作用。就是说,任何研究事实判断的科学(自然科学)都同时渗透着价值判断;反之,任何研究价值判断的科学(人文科学)包括伦理学,都是从渗透着价值的事实中做出价值判断的。没有研究和价值无关的纯粹事实的自然科学,也没有研究和事实无关的纯粹价值的人文科学。正如休谟法则所表明的,和价值无关的纯粹事实与和事实无关的纯粹价值一样,都是无意义的。所以,马克思曾说,在终极的意义上,真正的自然科学就是真正的人文科学。

这样,把逻辑和感性实践相结合,在研究自然和自由的内在逻辑的基础上解决休谟法则的途径(这也正是解决生态伦理学奠基的途径)就呈现出来了。

二、休谟问题的祛魅

人们通常从外延的角度,把自然看作由人和非人自然组成的整体,把人看作自然界的一部分。这种抽象的自然科学唯物论的观点把人的感性存在抽象掉了,他们只看到人的存在基于他人(父母、祖父母等)的存在,基于外在的自然界的存在,因而陷入了自然因果律的无穷追溯。一方面,这个过程在人提出"谁产生第一个人和整个自然界"这一问题之前会驱使人不断地寻根究底,"造物"这个观念就会出现在人们的意识中,这就必然导致神秘论。诚如康德所说:"一切成见中最大的成见是,把自然界想像为不服从知性通过自己的本质规律为它奠定基础的那些规则的,这就是迷信。"[①]自然主义谬误或休谟问题本质上正是这种神秘论的当代产物。另一方面,仅仅局限于二者的外在关系,割裂自然和人的内在关系,必然导致否定人的主体性和价值理念对自然事实的深刻影响。休谟问题就是对这种观念的逻辑化、抽象化、理论化的产物。

但从内涵上看,自然是外在自然(非人的自然)向内在自然(人的自由)生成的过程。整个自然界潜在地具有思维的可能性,人是自然界一切潜在属性的全面实现和最高本质,因为只有在人身上才体现出完整的自然界。由于人是全部自然的最高本质,全部自然都成了人的一部分或人的实践的一部分。我们可从世界历史、人的本性和感性实践三个方面加以论证。

(一)从世界历史的角度看

一般说来,"任何一个存在物只有当它立足于自身的时候,才在自己的眼里

① 康德:《判断力批判》,邓晓芒译,人民出版社,2002,第136页。

是独立的,而只有当它依靠自己而存在的时候,它才算立足于自身"①。整个自然界只有产生出了人,才真正是立足于自身的独立存在。在此之前,各种自然物不是独立的,每个自然物都完全依赖另一个自然物而生成和瓦解。或者说,自然界的独立性还是潜在的,是未得到证明和证实的。潜在于自然本身之中的自然的最高本质属性,是有待于产生出人类并通过人类而发展出来的"思维着的精神"。自然在它的一切变化中永远不会丧失任何一个属性,它必定会以"铁的必然性"把"思维着的精神"产生出来(恩格斯语)。就是说,"全部历史都是为了使'人'成为感性意识的对象和使'作为人的人'的需要成为[自然的、感性的]需要所做的准备。历史本身是自然史的一个现实的部分,是自然界生成为人这一过程的一个现实的部分"②。整个自然界成为一个产生人、发展到人的合乎目的的系统过程,成为人的(实践活动的)一部分。全部世界史就是自然界通过人的感性实践对人的生成。

(二)从人的本性的角度看

人是自然的本质部分,人性问题也就是自然的本质问题。人是(迄今为止所知道的)唯一具有自由和理性的自然存在者。

从静态的角度看,人集自然和自由于一体,同时具有物性和神性两个要素。人的物性不仅仅包括生理和心理要素,因为各种感官的功能如视觉、听觉、嗅觉等不仅仅是感官自身,而是跟自然的光线、震动频率等连接在一起的,时间和空间作为人的内感官和外感官的形式本身也是人的感官的构成部分。可见,人的物性包括人自身的自然(生理和心理要素)和人之外的自然。同时,基于物性的人的理性或神性也就不仅仅是人自身的理性,而是自然之灵秀,即本质上是自然的理性或神性。

从动态的角度看,人性是神性不断扬弃物性的过程。它有两个基本含义:自由不断扬弃人之外的自然的过程;自由不断扬弃人自身的自然的过程。具体说来,完整的实践的人(我)有三个层面:抽象的我——我的精神、身体和另一个身体(即自然);社会的我——我和另一个我(他人);本质的我——包括前两个环节

① 马克思:《1844年经济学—哲学手稿》,刘丕坤译,人民出版社,1979,第82—83页。

② 马克思:《1844年经济学—哲学手稿》,刘丕坤译,人民出版社,1979,第82页。

的具有个性的我。正是实践的人使自然成为自然,使人成为人,使人和自然成为本质的我。或者说,本质的我是"创造自然的自然",是自然的最内在的真正本质。自然的内在本质最终体现为人的自由,体现为自由和自然的统一,即世界历史,但它同时又是感性的实践自我证明的人性和历史。

(三)从感性实践的角度看

人的感性实践是具体生动的、自由自觉的感性活动,是人的本质力量的对象化和对象的人化——这也是联结事实与价值的桥梁。不与人的感性实践发生关系的抽象的自然界本身是无目的、无意义的,和价值无关,因而它是一种"非存在物"——这就是休谟问题的消极含义。与人的感性实践发生关系的感性自然是人的生命活动的材料和无机的身体,同时也是人的"精神的无机自然界"或"精神食粮",因此具有价值和意义——这就是休谟问题的积极含义,即从事实推出价值的根据。

感性实践既是感性知觉或感性直观,又是感性活动,所以它同时具有一种证明和肯定客观世界的主体性能力。一方面,人的实践活动并不仅仅把自己的某个肢体当作工具,也不仅仅把某个自然物当作工具,而是能够把整个自然当作工具,如嫦娥一号奔月,就是有意识地利用了天空星体的位置关系。另一方面,整个自然也只有通过人才意识到了自身,才能支配自身,才成为自由的、独立的自然或内在的必然。[①]人的感性活动本身把外部对象世界(自然界)的客观存在作为自身内部的一个环节包含于自身,它是包含人与自然、主体与客体在内的单一的(直接感性的)全体。感性在自己的活动中证明了在感性之外有一个自然界存在,它为自己预先提供质料。这个证明不是逻辑推论,而是它直接体验到它自己就是这个质料(物质)的本质属性,它在对象上确证的正是它自己。因为这个对象由它自己创造出来,所以在自己之外的对象仍然是对象化了的自己:自然界是自己的另一个身体,他人是另一个自己,自己则是包含自然界和他人于自身的全面的完整的自我。主体(主观)的感性活动唯一可靠地证明了客体(客观)世界在主体之外的存在。自然界由此获得了真正的彻底的独立性,人(包括他的"无机身体"的人)也具有了本质的自然丰富性和完整性。

[①] 参见:黑格尔:《小逻辑》,贺麟译,商务印书馆,1980,第105页。

从完整的意义上看,本质的人即实践的人,即自然就是自然本身,所以其超越性就是自然界本身自我超越、自我否定的过程。人自己的这种超越正是自然界最内在的真正本质。由人的感性活动所证实的这个客观世界、自然界,反过来也就带上了人化的感性的性质。它不仅为人在自然界中的存在定了位,而且本身也成了为人的存在而存在,以人的存在为目的。这样,实践的人的感性实践证明其自身就是作为价值判断的大前提的主体性根据,本质的人就把自然和自由、事实和价值联结起来了。

可见,自然和自由的关系在于,自然是自在的自由,自由是自为的自然,整个自然史包括世界史就是自然通过其本质部分人的感性实践而不断自我否定、不断深入自由的过程。正是感性实践把非人自然和人的主体性连接起来,把非人自然作为人自身的一个环节而成为和主体相关的事实,即成为包含着价值的事实,而不再是和价值主体无关的非存在。就是说,价值的事实根据就在感性实践之中,这就是人性的神性扬弃物性或自由扬弃自然的实践所证明的主体性,这种主体性就是作为价值判断的根据的大前提,即人性的自由完善对自然的扬弃——它既是事实,又是价值。因此,价值判断可从这种(非命令句中的)大前提中被合乎逻辑地推出,从事实判断推不出价值判断的休谟问题也就不能成立了。

这就是我们对由"是"推出"应该"的理由和说明,即对休谟问题的回答。

休谟问题的解决,至少有三个方面的重要意义。其一,消极意义。自然主义谬误本身也是谬误,其谬误在于把感性实践抛开,人为地把事实和价值绝对分开而无视二者的内在联系。人类中心论者和非人类中心论者相互指责对方犯了自然主义谬误,实际上就是因为都没有搞清楚休谟问题:要么割裂存在论和价值论的关系,要么否定利益和价值的内在联系。其二,积极意义。积极意义在于引导我们重新认识人和自然的内在关系,把实践的主体立足于感性的实践的人而不是抽象的人或抽象的自然,进而深入把握伦理学或价值论乃至自然科学的本质,为研究生态伦理学奠定坚实的理论基础。其三,去除了自然主义谬误的神秘色彩,就可以走向伦理学本身——人的存在,它既是事实(实然)的前提,又是价值(应然)的根基。因此,生态伦理学关注的生态平衡(事实)的实质是"为人"的生态平衡(价值),我们绝不应当为保护生态而保护生态。相反,应当为人而保护生态——这就是生态伦理治理的价值根基和实践要义。

第二节　生态伦理治理之争

有关休谟问题的争论集中扩展为生态伦理治理的争论焦点:(1)自然是否具有内在价值,进而(2)自然是否具有道德主体性,最终归结到(3)自然是否有权进入道德共同体。这一貌似简单的问题,贯穿于人类中心论和自然中心论的论战以及各种超越论尝试的整个过程中。要解答这些问题,必须首先把握生态伦理的内在张力。

生态伦理的内在张力在于人类中心论和自然中心论的尖锐冲突:人类中心论由功利论的人类中心论发展到以义务论的人类中心论为典范,它认为自然不具有内在价值,不具有道德主体性,应当被排除到道德共同体之外。与人类中心论不同,自然中心论由功利论的动物中心论发展到以义务论的自然中心论为典范,它认为由于人类中心论把人视为自然界的主宰,把自然逐出了伦理王国,才导致了生态危机。为了摆脱危机,必须确立非人存在物的道德地位,并将其纳入道德共同体。生态伦理的内在张力具体体现在如下几个方面。

一、功利论的失败

功利论的人类中心论即通常说的强人类中心论,它以近代机械论世界观为哲学基础,把人与自然机械对立起来,认为人是自然的征服者、统治者,人对自然有绝对支配的权利。只有人才具有内在价值,人之外的其他一切存在物都只有工具价值。因此,只有人才是道德主体,非人存在物都不在道德关怀的范围之内。它过分夸大了人的功利性,认为人的利益决定一切乃至整个自然,这就在实践上导致了生态环境问题,在理论上遭到了非人类中心论和义务论的人类中心论的双重否定。

功利论的非人类中心论(主要是动物中心论)反对功利论的人类中心论,它试图运用功利论的基本原理,赋予动物以内在价值,把道德关怀对象扩展到动物。功利论者主张人具有内在价值的根据是"对苦乐的感受性"。辛格、雷根等认为,动物也具有"对苦乐的感受性"或感受苦乐的能力,所以动物也具有内在价值和道德主体性,也应当成为道德关怀的对象。问题在于,它在扩张道德关怀范围,把道德权利赋予动物的同时,也降低了胎儿、婴儿、残疾人、植物人的道德地位,甚至否定了丧失苦乐感受能力的智障婴儿的生存权。这必然遭到义务论的非人类中心论和义务论的人类中心论的双重诘难。

二、义务论的困境

义务论的人类中心论即通常说的弱人类中心论,它坚持以人为目的的根本观点,一方面,否定了功利论的人类中心论;另一方面,又否定了非人类中心论以自然为目的的观点。帕斯摩尔、诺顿等认为,生态环境问题并不产生于人类中心论本身,而是由于对其做了功利性的狭隘理解。在人类中心论的基础上同样可以建立起保护环境的责任。他们明确主张保护自然,但认为关爱自然是为了人类,并不意味着自然本身是人类道德关怀的对象或者自然本身具有内在价值和道德主体性。这是义务论的自然中心论所不能容忍的。

义务论的自然中心论坚持以自然为目的的根本观点,一方面否定了功利论的非人类中心论,另一方面又否定了人类中心论以人为目的的观点。为了克服功利论的自相矛盾,生命中心论者(施韦泽、泰勒等)主张以康德义务论所要求的道德律的普遍性为根据,利用"生命的目的性"来确证道德关怀对象。他们认为,所有生命个体都拥有自身生命的目的性,这就是它们"自身的善",即其固有的内在价值,所以,道德关怀的对象应该扩展到所有的生命个体。生态中心论者(利奥波德、奈斯、罗尔斯顿等)更进一步,认为自然界自身有其内在价值,人类保护环境正是出于对其内在价值的尊重。因此,道德主体和道德共同体的范围应该扩展到整个自然生态系统,使"道德共同体"和"自然生态共同体"在外延上等同起来。在个体与共同体的关系上,生态中心论主张整体价值高于个体价值,就是说,生态整体具有最高价值,个体的价值是相对的,生命共同体成员(包括人)的价值要服从共同体本身的价值。

综上所述,我们可以得出三点基本结论:

其一,两种义务论具有相同点。在形式上,两种义务论都坚持为义务而义务;在内容上,都反对把自然仅仅作为人的工具,都承认应该关爱自然。其二,两种义务论又具有根本差异。义务论的人类中心论的基本观点是:为人的义务而义务,它要求以人为目的,而不仅仅把人作为手段,主张为人而自然,反对为自然而自然。它强调人与自然的区别,而对其内在联系认识不足。其潜在的推论是:可以以非人自然为手段,这就容易导致功利论的人类中心论。从这个意义上讲,它依然是抽象的义务论。与之不同,义务论的非人类中心论的基本观点是:为自然的义务而义务,它要求以自然为目的,而不仅仅把自然作为手段。它关注自然的道德地位,反对为人而自然,强调人与自然的联系而试图抹杀其区别。其潜在的推论是:为了自然,可以以人类为手段,这就容易导致功利论的非人类中心论,甚至环境法西斯主义。其三,一个不容回避的困境出现了。当两种义务论发生冲突时,以人为目的还是以自然为目的? 选择自然义务论还是人类义务论? 由于二者尖锐对立,无论选择哪一方都会遭到另一方的强烈反对,似乎只有开辟一条超越于二者之上的路径才能解决问题,于是就有了超越论的尝试。

三、超越论的尝试

面对困境,生态伦理学的思路由西方转向了东方,试图从古老的中国哲学中寻求出路。目前,万物一体论、无中心论和发生主体论等是具有一定影响的超越论。

首先,以"民胞物与"为基础的万物一体论,以"天人合一"为基础的无中心论比生态中心论高明之处主要在于,在承认自然和人的差异的基础上,主张整体价值高于个体价值:"大我"(即万物一体的价值)高于"小我"(即人的价值),"小我"服从"大我"。人和非人自然的整体大于部分,人和非人自然都服从于"大我"的整体。①但由于人和非人自然相比,在外延上人是极小部分,非人自然是极大部分,部分服从整体的实质依然是人服从于自然,这在根本价值取向上依然属于义务论的自然中心论。它启示我们不能囿于人和自然的外延,应该深入把握人和自然的内涵。其次,如果说前述超越论总体上属于静态分析的生态中心论的话,

---

① 参见:张世英:《人类中心论与民胞物与说》,《江海学刊》2001年第4期;曾小五:《无中心主义的环境伦理理念——建构环境伦理学的一种新尝试》,《自然辩证法研究》2006年第10期。

发生主体论则试图把自然和自由在生物的动态过程中结合起来。[1]但它只是一种对自然发生的描述,没有从哲学的角度论证人和自然如何结合,对如何解决冲突也没有提出有创见的令人信服的观点。此论的价值在于,突破了静态的分析论证模式,转向了动态把握的辩证思路,它启示我们应当从动态的自然和自由的辩证关系中探求生态伦理学的可能性。最后,从总体上看,超越论本质上仍然属于生态伦理学的整体决定论,这就注定了它的失败,但它试图突破生态伦理的内部张力去寻求新出路的努力是值得肯定的。

反思生态伦理学的内部张力,存在的主要问题有三。其一,中西对立的思维模式是一种误导。生态伦理问题的研究应该立足于人(自由)和自然,而不是某国人和自然,即立足于伦理学而不是某类人的伦理学。其二,用非伦理学(尤其用自然科学)的方法研究伦理学,和伦理学无关的讨论往往淹没了对伦理学自身的探讨。我们必须从伦理学自身的角度研究伦理学,诸如对生态学等非伦理学领域的讨论只能从属于这个根本原则。其三,尤其对伦理学的基础理论问题(自然和自由的内在关系)研究不够深入。

这些问题共同导致了各方在内在价值、道德主体、道德共同体诸方面的尖锐对立。只有回到伦理学本身,深入探究自然和自由的内在逻辑即伦理学的基础,才有可能消解各方的对立,为生态伦理学的可能寻求出路。

如前所述,在休谟问题的解蔽中,我们知道,整个自然史包括世界史就是自然通过部分人的感性实践而不断自我否定、不断深入自由的过程。正是感性实践把非人自然作为人自身的一个环节并使其成为和道德主体相关的对象。就是说,道德主体立足于感性实践的人(本质的此在的我)而不是(人类中心论的)抽象的人或(自然中心论的)抽象自然。当我们把自然看作一个自然向人生成的过程或物性向神性提升的过程(同时也是神性不断扬弃物性的过程)时,自然中心论就必须提升到真正的人类中心论来理解,既然人是自然的自然(本质),真正的自然中心论就只能是人类中心论,由此把我们引向排除义务论的自然中心论、目的论的自然中心论、目的论的人类中心论和抽象义务论的人类中心论,理性地选择具体义务论的人类中心论的澄明之境。

---

[1] 参见:袁振辉、曹丽丽:《发生主体论:超越人类中心主义和非人类中心主义——环境伦理学的复杂性视野》,《江南大学学报》(人文社会科学版)2007年第1期。

四、生态人权论的选择

自然中心论的根本错误在于用自然科学的分析方法研究伦理学,把人和自然绝对分离,从外延的角度看待人和自然的关系,进而把人看作自然的一部分并认为自然高于人。它以自然为目的,以人作为自然的工具,强调自然的权利和尊严。这在理论上违背自然和自由的逻辑,在实践上则违背人性和自然规律。

(1)义务论的自然中心论(包括超越论)本质上是魔鬼型的人类中心论。上帝对偷吃禁果的人只能惩罚,也不能把人变为动物。义务论的自然中心论竟然要抹杀自然规律和自由规律,把精神、人等同于非人自然。这种随意摆布、重新安置自然秩序的狂妄无异于把(本来属人的)自我当作上帝的上帝。因此,它实质上是非理性的魔鬼型的人类中心论。它仅仅在为义务而义务的意义上被称为义务论,但由于缺失了为义务而义务的道德主体,它只能是"无根"的空洞的义务论,甚至是虚假的义务论。

(2)目的论的自然中心论的实质是天使型的人类中心论,它以动物的代言人自居,为动物求解放,争取权利和道德地位——实质是人为自然的某一部分即动物立法,它彰显的是天使般的拯救型的人类中心意识。与义务论的自然中心论相比,其内涵要具体些,其狂妄性要弱一些,因为它仅仅把人贬低为动物,而没有把人贬低为非人自然,但二者以人性自身贬低人性的狂妄自大和自相矛盾则是一致的。

可见,非人类中心论的实质是非理性的人类中心论,它妄想通过非理性来消灭理性。诚如甘绍平所说:"这些人以动植物及整个生态系统之'权益'与'尊严'的代言人自居,利用生态伦理学的讲坛,对'剥削'、'奴役'、'掠夺'大自然的人类进行声讨和审判。其言辞之激烈、声势之浩大真是令人惊异令人震颤。"[①]由于非人自然本身不具有自我证明的独立性、自觉性,其目的、内在价值和道德标准只不过是非人类中心论者这个主体狂妄的强加而已,非人自然本身对这个强加的东西既不能证明也不能证伪。非人类中心论的实质是自然通过其自身的神性部分来自我确证其自身的存在及价值——自然通过人为自己立法或人为自然立

---

① 甘绍平:《应用伦理学前沿问题研究》,江西人民出版社,2002,第144页。

法。以自然为目的的真实含义是以人(非人类中心论者)的妄想为目的。这样一来,非人类中心论煞费苦心的论证恰好是为具体义务论的人类中心论所做的另一个角度的证明——证明非人类中心论的不可能性,以便为具体义务论的人类中心论扫清地基。这正是非人类中心论自我否定走向真正的人类中心论的必然途径,也是其(消极性的)价值所在。

(3)目的论的人类中心论比自然中心论的合理之处在于,它以人为非人自然的目的,但它片面地强调人的物性,和自然中心论一样把人和非人自然对立起来,没有从完整的自然和自由的角度把握人和非人自然的关系,没有看到真正的完整的自然是人和非人自然的有机统一。它以抽象的人为目的,以非人自然为工具。其实质是人的物性对神性的主导或者说自然的神性在人这里的非完全的体现。它因此有可能导致破坏自然环境并影响人类生存——生态伦理学最初关注的就是这个问题。

(4)抽象义务论的人类中心论最为接近具体的人类中心论,它以人为非人自然的目的,但它片面地强调人的神性,和前三类中心论一样把人和非人自然对立起来,且囿于传统理论伦理学的思路,没有从完整的自然和自由的角度把握人和非人自然的关系。

正是这四类人类中心论的矛盾——生态伦理的内在张力的自我否定使生态伦理学走向生态人权论。

(5)生态人权论的人类中心论(简称生态人权论),因为生态义务的根据在于作为人权的生态权利——人人都应当享有良好的有利于身心健康的生存环境(包括自然环境和人文环境)的权利,或者说生态人权是保护生态的义务的目的。诺伯特·坎帕尼亚(Norbert Campagna)说:"在人与人的关系中,证明行为正当性的理念起着至关重要的作用。如果这种人际关系中的一方不想以此理念为行为指导的话,这种关系就不再是人际关系。权利存在于保护我们免受他人伤害之处,而不是遭受动物损害之处。"①这一点毋须烦琐复杂的理论阐释,因为"人的存在"这一基本事实就足以击溃任何反对者的论证和理论,并确证生态人权之合理性和正当性。

---

① Norbert Campagna, "Which Humanism? Whose Law? About a Debate In Contemporary French Legal and Political Philosophy", *Ethical Theory and Moral Practice* 4 (2001): 285–304.

前述四类生态伦理学片面研究环境伦理,是一种无我的、无社会的残缺狭隘的环境伦理学,而不是融合自我、它我和他我于一体的生态伦理学,因为没有个人和国家政府参与的生态伦理学是不可能的——2009年的哥本哈根世界气候峰会为此提供了实证性的有力论据。与此不同,生态人权论则要求以生态人权为价值基准,以民主商谈为伦理程序,以道德主体和伦理实体如国家、社会组织等为重要实践力量,理性地对待非人自然、他者和自我,保护和改善自然环境和人文社会环境,最终完善人性,提升人性——其实质也是完善自然,实现自然的本质。

据上所述:(1)(2)(3)(4)(5)的序列体现了作为自然本质的人的理性扬弃物性水平的不断提升的过程,至(5)而达到了合理明确的正当的价值诉求。反之,(5)(4)(3)(2)(1)的序列则体现了作为自然本质的人的自然性、动物性压制理性强度不断增加的过程,至(1)而达到了狂妄自大的非理性的顶端。因此,生态伦理的理性选择,应当依次排除(1)(2)(3)(4):首先应该无条件排除(1),可有条件地根据(5)对(2)(3)(4)加以限制改造,但只能选择(5)作为生态伦理治理的道德法则和理论基础。至此,生态人权论把其他四类中心论彻底地排除出生态伦理治理。

生态人权论应当是完整的自然中心论,与上述各种中心论把自然仅仅看作非人自然不同,其自然指非人自然和人的统一。它既把理性置于人的自然性之上,也把人的理性置于非人自然之上。它要求理性地对待非人自然、他人和自我,最终完善人性,提升人性——其实质就是完善自然,实现自然的本质。它以具体的人(的权利和尊严)为目的,也就是以完整的自然为目的,它既不为非人自然而贬低人,也不为抽象的人而破坏非人自然,而是理性地通过感性实践把非人自然和人统一起来,把自然规律和自由规律统一起来,把人权作为生态伦理治理的价值基准。从这个意义上讲,完整的自然中心论也就是真正的理性的人类中心论——生态人权论。

第三节 生态伦理治理路径

不容回避的生态伦理问题是：选择生态人权论，必须回答抽象义务论的人类中心论和非人类中心论互相争论的几个核心问题（自然的内在价值问题、主体和道德主体问题、道德共同体问题等），以消解生态伦理学的内在张力。

一、生态伦理治理问题

生态伦理相关问题的争论者们，在论证方法上相互指责对方犯了自然主义谬误，其争论主要集中在自然的内在价值问题、道德主体和道德共同体问题。

自然的内在价值问题就内在价值来讲，人类中心论者认为，价值本来就是主观的，它是由人赋予物或对象的，是客体对于主体的效用，是人依据自身需求或某种标准对对象所做的评价。[①]因此，自然不可能拥有内在价值，不具有主体性。非人类中心论者则认为，人类中心论者站在效用价值论的立场来反驳自然的内在价值是立不住脚的，因为根据效用价值论，人的价值大小也取决于他是否能够满足他人或社会的需要及其贡献大小。婴儿、老人或残疾人就只有很小的价值，甚至没有价值。然而，现代民主社会显然不是依据人的效用价值来判断其基本价值的，而是依据人是具有内在价值的目的存在物，而赋予所有的人都享有人的尊严和基本权利的。[②]非人类中心论者看来，"内在价值就是主体所追求或趋附的不作为任何其他目的之手段的目的，即主体的纯粹目的，如人之追求幸福，生物之保全生命"[③]。自然具有的内在价值就是"它能够创造出有利于有机体的差异，使生态系统丰富起来，变得更加美丽、多样化、和谐、复杂"[④]。即使没有人类，非人存在者也具有独立于人类的内在价值或固有价值。自然中心论讲的自然的

[①] 参见：韩东屏：《质疑非人类中心主义环境伦理学的内在价值论》，《道德与文明》2003年第3期。

[②] 参见：杨通进：《争论中的环境伦理学：问题与焦点》，《哲学动态》2005年第1期。

[③] 卢风：《应用伦理学——现代生活方式的哲学反思》，中央编译出版社，2004，第120页。

[④] 霍尔姆斯·罗尔斯顿：《环境伦理学——大自然的价值以及人对大自然的义务》，杨通进译，中国社会科学出版社，2000，第303页。

内在价值的实质是指非人自然的内在价值,从完整意义的自然(人和非人自然的统一体)的角度看,它是不能成立的。

就道德主体和道德共同体而言,人类中心论者否认人之外的自然存在物是道德主体或道德共同体的成员。原因在于,首先,道德是富有理性的人类为了维护自身利益并对利益之间的冲突进行调节而创造的,它源于人们之间的契约。只有拥有理性、自我意识的人才会有对道德的要求,才能签订契约、行使道德权利和履行道德义务。[1]所有参与道德共同体者都必须拥有理性的能力。其次,尽管从生态学的角度看,人和植物、动物、土地等的确组成了一个相互关联的系统,"但是,如果说成员拥有共同的利害且承认彼此间的责任是一个共同体成立的必要条件的话,那么,人和植物、动物、土地这四者并没有组成一个共同体。例如,细菌和人既没有承认对方的责任,又没有共同的利害"[2]。如果人类确认动植物、矿物以及荒野等具有内在价值,把它们纳入人类的道德共同体并在实践中完全按道德主体那样对待它们是荒谬的。最后,人类对自然环境的责任,并不是出于自然本身有什么道德主体性,而是出于人所具有的管理和协助自然的责任。人对自然的态度可以有两种:绝对的支配——类似于主人对奴隶的绝对统治;有责任的支配——在尊重自然规律基础之上的合理控制。摒弃前一种极端的态度,采取第二种相对温和的态度,人类就有希望避免或解决环境问题(帕斯摩尔)。[3]

非人类中心论者反驳说:其一,从契约论角度对道德所做的这种"元伦理预设",只是众多规则伦理预设中的一种,而规则伦理只是各种伦理范式之一,它并没有,也不可能穷尽理解和把握人类道德生活的所有途径。如果真的把理性和道德自律能力当作成为道德共同体成员的必要条件,那么,那些不具备这些能力的人(如婴儿、精神病患者、植物人、深度昏迷者或高龄老人)将被排除在道德共同体之外。因此,契约并不是所有的义务和权利的唯一来源。[4]其二,非人类中心论认为,自然的内在价值体现并证明了自然具有主体性。[5]人类中心论否认人

---

① 参见:甘绍平:《生态伦理与以人为本》,《首届中国环境哲学年会论文集》,2003年10月。

② John Passmore, *Man's Responsibility for Nature: Ecological Problems and Westen Traditions* (New York: Charles Scribner's Sons, 1974), p. 116.

③ 参见:韩立新:《环境价值论》,云南人民出版社,2005,第42—47页。

④ 参见:杨通进:《争论中的环境伦理学:问题与焦点》,《哲学动态》2005年第1期。

⑤ 参见:余谋昌:《自然内在价值的哲学论证》,《伦理学研究》2004年第4期。

之外的某些存在物(特别是高等动物)是追求自己的目的的主体,那就很难回应现代系统论和自组织理论的挑战:目的性和主体性并不是人类独有的特征,而是所有自组织系统普遍具有的性质,尽管它们具有高低不同的等级层次。[①]在生态中,既有以人为主体的生态和以生物为主体的生态,又有以生物圈所有生物为主体的生态。[②]地球上不同组织层次的生命,它同人一样是生存主体,所有物种追求自己的生存,生存表示它们成功,因为它们同人一样,具有"价值评价能力",具有智慧,具有主动性、积极性和创造性。[③]所以,应当把动物、山川乃至整个自然界作为道德主体,即纳入人类的道德共同体。其三,"有责任的支配"与"绝对的支配"都是人利用自然的方式,它们的界限是相对的,前者随时可能变成后者。而且,建立在尊重自然规律基础之上的、以实现自己的利益为中心的有责任的支配是以世界彻底可知为前提的。然而,对于现实的人类而言,这个前提只不过是一种理想或一个无限进行的过程。从理论上讲,人类无法确切知道其"所行"是否越出了其"所知",无力负担起"有责任的支配"的责任。[④]

针对这些问题,根据生态人权论,我们的基本观点如下。

二、自然的内在价值

其一,非人自然具有独立于人的内在价值的观点违背了最基本的哲学常识:对于独立于人的感性实践的抽象自然来说,它不对什么东西发生"关系",而且根本没有"关系",更谈不上有伦理"关系",也就无所谓价值。

其二,非人自然的内在价值只是人(非人类中心论者)为自然立的法,它只是相对于人而言的依赖于人的外在价值或工具价值。因为内在价值只能靠价值主体独立地自我证明,而非人自然的价值却是靠人赋予的甚至是强加的,非人自然自身既不能接受也不能辩驳。这恰好证明了非人自然没有内在价值。

其三,自然中心论忽视外在价值和内在价值的区别,直接把外在价值等同于

① 参见:佘正荣:《生态智慧论》,中国社会科学出版社,1996,第240页。
② 参见:霍尔姆斯·罗尔斯顿:《哲学走向荒野》,刘耳、叶平译,吉林人民出版社,2000,第93页。
③ 参见:余谋昌:《自然内在价值的哲学论证》,《伦理学研究》2004年第4期。
④ 参见:曾小五:《无中心论的环境伦理理念——建构环境伦理学的一种新尝试》,《自然辩证法研究》2006年第10期。

内在价值。实际上,外在价值本身是相对于内在价值而言的。自然的外在价值是自在的内在价值,内在价值是自在自为的外在价值。外在价值向内不断深入,就是向内在价值的不断深入。自然的内在本质最终在自由和理性中得到实现,真正自然的内在价值是人的自由和理性。人这个有理性的动物不仅仅作为(外在价值的)工具,而且应当作为(内在价值的)目的。从这个意义上讲,非人自然的内在价值只能是人的内在价值,其外在价值就是非人自然相对于人的工具价值。

三、道德主体

非人类中心论者把外在价值混同于内在价值,进而错误地把主体等同于道德主体:他们认为,自然的内在价值就是其目的性,而目的性加能动性就是主体性,凡有目的性和能动性的存在者皆为主体。因此,认为仅对人才需要讲道德,只有人才是道德主体,是一种偏见。非人存在者也是道德主体,对非人存在者也应该讲道德。①实际上,主体并不等于道德主体,它包括非道德主体和道德主体。道德主体是独立之人格、自由之思想、自主之角色的有机统一,它必须具有道德的能动性和目的性。非人自然遵循自然律,至多是自然主体,而不是自由的道德主体。和非道德主体如动物的主体性截然不同的是,道德主体的主体性体现为自由的感性实践。当我思考、实践大自然时,不仅发生了人和自然的关系,而且本质上发生了人和人(另一个对象化了的自己,即人化自然)的关系。反过来说,人的本质是整个自然界的本质,人和人的关系才真正是人和自然的关系,即人的自我关系,亦即自然界的自我关系。人正是在人的单个的、感性的独创性活动中进行着社会的活动,人的个体性本身体现着社会的总体性,人的感性实践活动在否定对象的活动中肯定了对象在感性之外的独立存在。这就是道德主体的自由实践的本质。非人存在者只能在道德主体的实践中被否定、被证明,而不能自我证明,因此"非人存在者也是道德主体"的说法是无根的。对非人存在者应该讲道德并非因为它是道德主体,而是因为道德主体应当把非人存在者当作自己的另一个身体来对待——其实质依然是对道德主体自身讲道德。

---

① 参见:卢风.《应用伦理学——现代生活方式的哲学反思》,中央编译出版社,2004,第118–127页。

更有甚者,非人类中心论不但把主体等同于道德主体,而且还认为"人类需要再来一次伟大的'伦理学革命',需要像解放奴隶一样,解放动植物或'大地'"①。这与其说是"伦理学革命",不如说是"革伦理学之命"。奴隶毕竟具有道德主体的基本要素——意志自由,动植物、大地则没有意志自由,不可能成为道德主体。如果硬说非人自然也有道德,这无异于取消道德和伦理学。

尽管如此,并不能否认非道德主体可以进入道德共同体。为什么呢? 这就涉及道德共同体问题。

四、道德共同体

据前述可知,自然和自由的关系问题是伦理学的"根"。换言之,伦理学是研究自由应当扬弃自然的实践哲学:理论伦理学主要在天人相分的基础上研究作为自然的一部分的人(抽象的我、社会的我)的"应当";应用伦理学则主要研究作为自然本质的人(本质的此在的我)的"应当"。由于完整的人性必须提升到自然的自然——自由的高度才能真正得到体现,所以理论伦理学必须提升为应用伦理学。因此,应用伦理学是包含理论伦理学的"有根"的实践哲学。

从理论伦理学的角度看,"道德共同体"这一概念源于康德在《纯然理性界限内的宗教》中提出的伦理实体的思想。康德认为伦理实体也就是按照彼此之间权利平等和共享道德上善的成果的原则的那种联合。②黑格尔发挥了这一思想,把伦理实体提升为伦理有机体,即现实的道德共同体。新康德主义者柯亨批判康德的伦理实体缺少对道德成员的交往商谈以及运行机制方面的研究,为弥补此缺陷,他在《康德的伦理学论证》中明确提出了"道德存在者的共同体"的思想。③概言之,理论伦理学范畴的道德共同体是由道德主体组成的共同体,这也是人类中心论否定非人自然进入道德共同体的理论根据。

从应用伦理学领域的科技伦理学角度看,道德共同体应当是由道德主体和道德关怀对象构成的合理性的道德秩序。不过,道德主体和道德关怀对象不同。

① 卢风:《应用伦理学——现代生活方式的哲学反思》,中央编译出版社,2004,第128页。
② 参见:伊曼努尔·康德:《康德论上帝与宗教》,李秋零编译,中国人民大学出版社,2004,第452页。
③ 参见:谢地坤主编:《西方哲学史》(学术版),凤凰出版社,江苏人民出版社,2005,第231页。

道德关怀对象只是道德主体给予道德关怀的客体,它既可以是道德主体,也可以是非道德主体,如动植物、大地等。从理论伦理学视角来看,道德关怀对象就是人,包括道德主体、自在的道德主体(如婴儿、老弱病人等)。从科技伦理学的角度讲,道德关怀对象则从人扩大到非道德主体,如动植物等。道德共同体的核心是道德主体,因为道德关怀的程度和范围都取决于道德主体。若无道德主体,就不可能有道德关怀对象,也不可能有道德共同体存在。科技伦理学的道德共同体和道德主体的总体(即理论伦理学的道德共同体)不同之处在于,它是由道德主体的总体和其他道德关怀对象如婴儿、动物等非道德主体的总体共同组成的道德联合体。厘清了道德主体和道德共同体的内涵,有关道德共同体问题之争的是非就清楚了:问题主要在于,各方都把道德主体和道德关怀对象混为一谈,进而把道德共同体和道德主体的集合混为一谈。非人类中心论主张自然进入道德共同体似乎可行,但它把论证方法和理论根据建立在自然是具有内在价值的道德主体基础上是根本错误的,这就导致了其道德共同体思想的荒谬。人类中心论否定自然进入道德共同体的观点是有问题的,但它肯定人是自然的目的则是对的——由此理论基点出发,在深入把握自然和自由关系的基础上可以改造提升为科技伦理学(生态人权论)的道德共同体。

五、有责任的支配

针对人类中心论在人和自然的关系上同意"有责任的支配",反对"绝对的支配"的观点,非人类中心论反驳说,由于它们的界限是相对的,"有责任的支配"随时可能变成"绝对的支配"。而且,有责任的支配是以世界彻底可知为前提的,但现实的人类无法确切知道其"所行"是否越出了其"所知",无力负担起"有责任的支配"的责任。我们认为,可知都是相对的可知,彻底可知是不存在的幻象,"有责任的支配"的责任也是建立在相对可知的基础上的相对责任,建立在彻底可知基础上的完全责任是不可能的,也是不必要的。伦理责任只能是建立在相对可知的基础上的相对责任,而不存在绝对的无限的伦理责任。如果伦理责任是这样的话,那就等于取消了任何伦理责任,伦理学也就不复存在了。这同时也决定着"绝对的支配"是不可能的,只存在相对的有责任的支配或相对的无责任的支配,我们真正要摒除的是相对的无责任的支配——即目的论的人类中心论。更为重要的是,生态人权论把人权作为价值基准,人权就成了责任的道德底线,这就从根本上遏制了绝对支配的可能性。

可见,生态人权论的人类中心论足以把其他四类中心论彻底地排除出生态伦理学。

结语

在生态环境日益紧迫的当今视域中,具有神秘色彩的自然中心论已很难有立足之地。显然,生态平衡并不是自然界本身的要求,而是人为了自身的权利而为自然立的法;保护环境、维持生态平衡也不是自然界本身的要求,而是人为了自身的权利而为自己立的法。对非人自然来说,物种毁灭、宇宙爆炸、春天死寂等一切状态都不能说是违背或符合生态平衡。但同样的问题在人看来,就是生态不平衡,这无非是因为它危及到了人类的存在和权益而已。如果失去人的存在这个前提,主体、价值、责任、道德都失去了根基,也就无所谓生态平衡。就是说,生态平衡的实质是"为人"的生态平衡。因此,绝不应当为生态而保护生态;相反,应当为人权而保护生态。生态人权论的要义就在于,通过理性地利用、改造和保护生态环境和人文社会环境,为人类保持并创造良好的生存空间,进而达到保障人权、提升人性、完善人性之目的。换言之,这就是生态伦理治理得以可能的根据。

第四章

食物伦理治理

食物伦理治理是关乎人类自身存在的科技伦理领域,它与医学伦理治理、生命伦理治理属于科技伦理治理的同一类型,即自在型科技伦理。

食物是人类日常生活的基本要素,亦是人类生命存在的基本条件。[①]食物也给生命带来诸多问题,所谓"病从口入""饥不择食"等主要就是指食物给生命带来的负面后果。《孟子·告子上》所谓:"食,色,性也。"朱熹则认为:"饮食者,天理也。"[②]亚里士多德也说:"欲求食物乃自然本性。"[③]或许正因如此,与食物相关的吃喝似乎是理所当然、毋庸置疑之事,好像是和伦理无甚关联的自然行为。诚如费尔巴哈所言:"吃和喝是普通的、日常的活动,因而无数的人都不费精神、不费心思地去做。"[④]与(充满神秘感、不可知的)死亡的伦理反思相比,对(日用不知、维系生存的)食物伦理的追问似乎成了某些哲学家不屑一顾的形而下的边沿话题。

食物伦理的雏形蕴含在人类的食物习俗之中。一般说来,人类的食物习俗倾向于健康快乐的自然目的,并逐步形成相应的节制德性。当食物习俗和节制德性追求社会目的时,节制德性也就突破自身限制,走向外在食物伦理规范的轨

---

① 需要特别说明的是:食物通常指未经加工的可食用之物,即自然食物。食品通常指人工加工的可食用之物,即人工食物。在不严格的意义上,食品也包括自然食物,因为任何自然物要成为食物都不能完全避免人工(如挑选、剥皮等)。

② 参见:黎靖德编:《朱子语类》,中华书局,1986,第224页。

③ Aristotle, *The Nicomachean Ethics*, translated by David Ross, revised by Lesley Brown (Oxford: Oxford University Press, 2009), p. 57.

④ 北京大学哲学系外国哲学史教研室编译:《西方哲学原著选读》(下卷),商务印书馆,1982,第488页。

道。在特定历史阶段(主要是中世纪),食物习俗和节制德性转化为神圣食物法则与世俗食物伦理的颉颃。二者的颉颃在农业科技大变革的历史境遇中演进为食品科技对人类伦理精神的挑战和后者对前者的反思。在此进程中,食物伦理应运而生。食物伦理治理既应当为人类健康快乐的个体生活提供理性行为规则,也应当为食品立法提供哲学论证和法理支撑,亦能够为科技伦理治理开拓出深刻宽广的研究领地。

第一节　食物伦理演进

"食物"(food)与"伦理学"(ethics)似乎是两个毫无关联的概念。伦理学属于实践哲学,食物则是满足饥饿需求的可食用之物。或许正因如此,直到20世纪末,人们才把food和ethics组合为"food ethics"(食物伦理学)。不过,食物伦理学绝非凭空而来,它具有传统食物伦理生活的深厚历史根基。诚如胡塞尔所说:"在实际生活中,我具有的世界是作为传统的世界。"[①]食物伦理学正是源自人类实际生活中具有伦理传统的食物生活世界,它具有其独特的内在逻辑和历史进程。那么,食物伦理学是如何生成的呢?

一、食物习俗与节制德性

如同伦理学源于风俗习惯一样,食物伦理学的最初形式就蕴含在人类的食物习俗中。人类的食物习俗倾向于健康快乐的自然目的,并逐步形成了相应的节制德性。

(一)食物习俗何以可能

食物的本质不仅仅是食物自身独自具有的,而且是相对于食者而言的。人之外的其他动物是自然食物的被动消费者,因为它们摄入食物时依赖其自然偏

---

① 胡塞尔:《欧洲科学的危机与超越论的现象学》,王炳文译,商务印书馆,2001,第356页。

好和本能需求。人的生活不是被动接受自然食物的本能活动。人不仅是自然食物的被动消费者,还是自然食物的选择改造者。在长期的食物实践过程中,人们逐步认识到好(善)的食物就是能够给食者带来健康快乐的食物。

自然提供的食物常常需要人类的加工提炼。如果人们摄入未经加工的粗糙食物,很有可能带来诸多可怕的痛苦疾病,甚至严重损害身体健康乃至威胁生命。为了避免自然食物带来的痛苦疾病、维系人类健康,食物选择成为人类生活的日常行为。人所具备的理性能力使人能够主动自觉地把理性精神渗透到自然食物之中,使自然食物成为人的对象性客体。为此,人们必须发现、判断并选择适宜日常生活和身体健康的潜在食物,进而自觉栽培乃至改造自然作物,使之成为适宜人类美好生活的食物来源。在选取、生产和消费食物的生活实践中,人类逐步成为自然界天然食物的主人。这种行为是为了保持生命健康以抗争自然的利己利人的生存实践活动。在这样的实践中,人们逐步认同某些生活规则,达成某种程度的行为共识,形成一定范围内适宜个人生理结构和生存需求的食物习惯或风俗。食物习俗作为人类生活的最基本生存方式,蕴含着丰富的食物伦理内涵。

食物习俗伦理奠定在未经反思的日常行为之上,因此各个部落、各个民族或国家的食物规范呈现出千差万别的形态。尽管如此,普遍共识依然存在:保持健康快乐是人类食物习俗的基本目的。在谈到饮食习惯时,毕达哥拉斯特别强调:"不要忽略你的身体的健康。"①人们为了健康目的而听命于某一种食物习俗,以此逐步培育相应德性并确证自身的道德身份。

(二)食物习俗中的节制德性

在食物习俗中,健康快乐是对食者而言的。这也就不难理解,营养学(dietetics)是食物伦理学的主要古典理论形式。在古希腊营养学(Greek Dietetics)中,古希腊基本的道德原则——依据自然(本性)生活和行动——同样适用于古希腊食物伦理。在人类的食物活动中,为了健康快乐,基本的行为规范就是避免食物的过度和不及,选择禁止与放纵之间的所谓中道,这就是节制。节制有两个层面的基本要求:一是注重避免食物的不及和过度,二是履行食物的中道或适度原则。换言之,节制是饮食有节的生活德性。

---

① 周辅成编:《西方伦理学名著选辑》(上卷),商务印书馆,1964,第18页。

节制首先是对不节制食物行为的拒斥。不节制的生活方式"摇摆于过度和不及之间,有时消费过多饮食,有时又陷于饥饿和匮乏"[①]。节制常常以诫命的形式要求禁止食用某些特定的食物。孔子讲到祭品的准备和礼仪时就说:"食饐而餲,鱼馁而肉败,不食。色恶,不食。臭恶,不食。失饪,不食。不时,不食。割不正,不食。不得其酱,不食。肉虽多,不使胜食气。惟酒无量,不及乱。沽酒市脯,不食。不撤姜食,不多食。"(《论语·乡党》)毕达哥拉斯曾经要求其弟子禁食豆类、动物心脏等,他对弟子们说:"要禁食我们所说的食物。"[②]禁食常常和某种行为规范联系起来,如孟子所说:"非其道,则一箪食不可受于人。"(《孟子·滕文公下》)。禁食还要求拒斥饮食过度或口腹之欲的享乐放纵。朱熹说:"盖天只教我饥则食,渴则饮,何曾教我穷口腹之欲?"[③]放纵供给的是豪奢失当的筵席,穷口腹之欲、追求美味悖逆自然之道,是应当禁止的行为。

满足基本的生理需求是食物行为的自然之道。为了尊重生命或其他道德目的,在拒斥过度或不及的前提下,节制就是顺从自然,饮食有节。朱熹说:"'饥食渴饮,冬裘夏葛',何以谓之'天职'? 曰:'这是天教我如此。饥便食,渴便饮,只得顺他。'"[④]和自然一致的生活就意味着节制的生活,节制的生活就是理性和道德的生活。[⑤]节制的底线要求是不给身体带来苦难或伤害。毕达哥拉斯说:"饮,食,动作,须有节。——我所说有节,即不引来苦难之程度。"[⑥]在避免苦难的前提下,人们应当知足,应当顺应自然生活。伊壁鸠鲁说:"凡是自然的东西,都是最容易得到的,只有无用的东西才不容易到手。当要求所造成的痛苦取消了的时候,简单的食品给人的快乐就和珍贵的美味一样大;当需要吃东西的时候,面包和水就能给人极大的快乐……不断地饮酒取乐,享受童子与妇人的欢乐,或享用有鱼的盛筵,以及其他的珍馐美饭馔,都不能使生活愉快;使生活愉快的乃是清

---

① Hub Zwart, "A Short History of Food Ethics", *Journal of Agricultural and Environmental Ethics* 12 (2000): 113-126.

② 周辅成编:《西方伦理学名著选辑》(上卷),商务印书馆,1964,第17页。

③ 黎靖德编:《朱子语类》,中华书局,1986,第2473页。

④ 黎靖德编:《朱子语类》,中华书局,1986,第2473页。

⑤ See: Aristotle, *The Nicomachean Ethics*, translated by David Ross, revised by Lesley Brown (Oxford: Oxford University Press, 1980), pp. 57-59.

⑥ 周辅成编:《西方伦理学名著选辑》(上卷),商务印书馆,1964,第18页。

醒的理性。"①增进健康的一大因素是"养成简单朴素的生活习惯"②。饮食有节的人用灵魂和理性引领健康的饮食习惯。人们通过节制和生活的宁静淡泊达到增进健康快乐的目的。

节制供给的不仅是健康适度的筵席,它还把道德精英和大众或普遍的食品消费者区别开来,"绅士在任何境遇中都保持所认为良好的生活方式,既不完全沉溺于欲望,也不完全放弃欲望"③。可见,节制在食物行为中造就人的身份和地位。这是因为健康快乐的目的不仅仅是私人的,同时也是社会的。或者说,食物伦理行为总是在特定境遇中的社会行为,不仅仅是孤零零的个体行为。

一般而言,我们的生活总是蕴含着他者的期望。如勒维纳斯所说:"我们把这称为他者伦理学呈现出的我的自发性存在的问题。"④善的生活不仅是我自己的生活,而且也包括他者的善的生活。如果没有他者的善的生活,我的善的生活就失去了存在的根基和价值。同理,食物伦理是食物习俗和节制德性在我和他者的交互呈现中形成的。当食物习俗和节制德性追求社会目的时,节制德性也就突破自身限制,走向外在食物伦理规范的轨道。

二、神圣食物法则与世俗食物伦理

人类历史的发展逐步呈现出食物的社会性,食物习俗和节制德性必然受到社会群体规则的冲击和影响。在特定历史阶段(主要是中世纪),人自身的健康快乐失去了食物的目的性地位,取而代之的是某种外在的行为法则:符合某种法则的食物是被允许的,悖逆某种法则的食物则是被禁止的。就是说,食物伦理推崇的不是私人的节制德性,而是特定团体(如宗教团体)的规则诫命,因而呈现出明显的外在他律倾向。这种倾向的典型现象就是神圣食物法则与世俗食物伦理的颉颃(或者食物禁欲主义与食物纵欲主义的冲突)。

---

① 周辅成编:《西方伦理学名著选辑》(上卷),商务印书馆,1964,第104页。

② 周辅成编:《西方伦理学名著选辑》(上卷),商务印书馆,1964,第104页。

③ Hub Zwart, "A Short History of Food Ethics", *Journal of Agricultural and Environmental Ethics* 12 (2000): 116.

④ Emmanuel Levinas, *Totality and Infinity*, translated by Alphonso Lingis (Pittsburgh: Duquesne University Press, 1969), p. 43.

在《希伯来圣经》中,食物伦理的根据不再是个人的健康快乐、营养或其他实用的世俗目的。《希伯来圣经》引入了一个新的食物伦理的重要规则:"食品被看作从根源上被污染了,不是因为它们不健康,无味道,难于消化,或诸如此类的缘故,而是因为它们自身是非法的。和古希腊的'多些'和'少些'不同,我们面对的是禁止和允许的二元对立的逻辑。"①这种规则追求的是遮蔽身体健康的超验宗教目的:它要求教徒们通过遵守食物法则把自己与异教徒区别开来,在自我与他者的对立中确立自己的身份认同,进而获得与众不同的伦理身份和宗教地位。从其道德逻辑看,最为重要的禁止食用某种食物的原因仅仅是因为他律的法的禁止。达尔文在《人类起源》中说,当时的印度人也具有类似情形:"一个印度人,对于抗拒不了诱惑因而吃了脏东西的悔恨,与其对偷盗的悔恨,很难区别开来,但前者可能更甚。"②就是说,外在的团体行为法则成为衡量食物道德价值的根据:合乎道德法则的食物是洁净的,违背道德法则的食物则是肮脏的。质言之,根据某种团体认同的法则判定为洁净的食物是合乎道德的,判定为肮脏的食物则是违背道德的。

这样一种食物伦理思想在《圣经·新约》的《福音书》中得到强化并走向极端,食物的自然价值(健康快乐)在道德上彻底失去了举足轻重的价值地位,比食物和生命更为重要的是超验的上帝和希望。诚如胡布·兹瓦特(Hub Zwart)所说:"基督把所有希望寄托在上帝王国之中,祂只是要求追随者摒弃所有对食物生产和消费的关切。"③对于基督的追随者而言,根本不必关心食物或饮料,因为食物和人的道德身份无关,只有上帝才是终极目的。中世纪僧侣的食物伦理在某种意义上接近基督原则,即食物本身是不重要的,食物及其摄入仅仅是戒律训练的工具。如此一来,古希腊的食物节制德性被食物禁欲主义所取代,食物道德规则遭到漠视、践踏甚至废弃。僧侣对食物的漠视逐步达到极端性的入魔状态,节食甚至成为自身正当目的或宗教使命。为了上帝这个终极目的,食物伦理致力于对肉体的塑造和对所有欲望的灭绝。

① Hub Zwart, "A Short History of Food Ethics", *Journal of Agricultural and Environmental Ethics* 12 (2000): 117.
② 周辅成编:《西方伦理学名著选辑》(下卷),商务印书馆,1987,第287页。
③ Hub Zwart, "A Short History of Food Ethics", *Journal of Agricultural and Environmental Ethics* 12 (2000): 117.

禁欲主义规则不可避免地和现实纵欲主义发生了尖锐冲突。过度禁欲节食悖逆了基本的人性要求,带来的是截然相反的现实生活世界的纵欲享乐。过度禁欲主义的官方意识形态在现实中造就了吃喝无度的纵欲形象:大腹便便、饕餮贪吃的僧侣随处可见。僧侣的禁欲食物伦理在16世纪遭到了文艺复兴时期精英们的无情批判。爱拉斯谟尖锐地批评说,基督教似乎与智慧为敌,教士弃绝快乐,饱受饥饿痛苦,乃至恶生恋死,"由于教士和俗人之间存在着如此巨大的差异,任何一方在另一方看来都是疯狂的——虽然根据我的意见,的确,这个字眼用于教士比用于别人要正确些"①。这些精英们拒斥中世纪僧侣的禁欲生活,推崇世俗道德生活,试图恢复古罗马奢华美艳的烹饪传统,开始出现更为积极地欣赏推崇食品的思潮。拉伯雷借高康大之口说,人们不是根据法律、宪章或规则生活,而是根据自愿和自由,"想做什么,就做什么",喜欢什么时候吃喝,就什么时候吃喝,"没有人来吵醒他们,没有人来强迫他们吃、喝,或者做任何别的事情"②。食物伦理不再仅仅追求满足自然需求和简单回归古希腊的健康和节制,而是逐渐提升到追求美味和快乐。古典时代的"美味"或"人欲"由贬低、禁止转变为一种生活时尚和身份标志。这一时期,精英们主张抵制饥饿、满足口腹之欲给身体带来快乐。他们通过消耗大量肉类把自己和乡村大众区别开来,肉类及其食用方式也因此得到社会精英的关注。

为了更好地享用肉类食品,人们在食用前把肉分成小块、剥皮,然后加工成美味以供享用。相应地,食品的生产加工地点和食用地点的距离增加。食品生产和消费距离的加大"成为疏远和怀疑的根源,促发了食品生产自身正当性的道德关照"③。屠杀动物的道德顾虑开始出现并日益增强,结果导致了素食主义的忧虑和反驳。在素食主义者看来,被拒绝的污染性食物不是自然意义的污染而是道德意义的污染。肉类不是因为不健康、无味道、难以消化,而是因为源自动物,"这是一种内在污染的形式"④。这种素食主义观点在一定程度上能够受到现

---

① 周辅成编:《西方伦理学名著选辑》(上卷),商务印书馆,1964,第398页。

② 周辅成编:《西方伦理学名著选辑》(上卷),商务印书馆,1964,第403页。

③ Hub Zwart, "A Short History of Food Ethics", *Journal of Agricultural and Environmental Ethics* 12 (2000): 119.

④ Hub Zwart, "A Short History of Food Ethics", *Journal of Agricultural and Environmental Ethics* 12 (2000): 123.

代科学的支持。食品科学表明,猪牛等动物消耗的卡路里比它们产出的多,降低肉类消费就意味着减轻全球食物匮乏问题。在此境遇中,古典的"君子远庖厨"之类的道德直觉有可能成为自觉的伦理行为规则。一旦进入现代科学视域,禁欲主义与纵欲主义的冲突也就彻底唤醒了人类的食物伦理意识,人类食物伦理学的建构也就提上了议事日程。

三、食物伦理学出场

17世纪以来,科技要素日益融入日常生活中的食物领域。到了20世纪,传统农耕生活形式基本消失,取而代之的是农业工业化的质的转变。人类依靠农业机械化较为有效地消解了食物匮乏带来的全球性饥饿威胁。从此,"农业成为和其他工业密切相关的一个生产单元"①。在农业科技大变革的历史境遇中,禁欲主义与纵欲主义的颉颃演化为食品科技对人类伦理精神的挑战和后者对前者的反思。人类共同的食物道德意识被逐步唤醒,对食物伦理的哲学反思日益深化。这就为食物伦理学的出场奠定了坚实的理论和实践基础。

(一)科技唤醒人类共同食物伦理意识

从总体上讲,"古代营养学基本上是一种私人道德"②。17世纪以来,古代营养学发展为现代养生学或美食学,其主要著作如:意大利医师散克托留斯(Sanctorius)的《医学静力学格言》(1614年出版)、德国柏林大学克里斯托弗·威尔海姆·胡弗兰(Christoph Wilhelm Hufeland)教授的《益寿饮食学》(1796年出版),等等。诸如此类的现代养生学著作或理论不但是医学科学的理论和技术进展(如研究摄入食物和饮用、睡眠、谈话等其他生活习惯对体重的影响等),而且把医学、道德和延年益寿联系起来,力图把道德因素渗透于日常饮食生活的养生健身活动中。现代营养学依靠精确的测量(体重观察)和食品标签,告知饮食消费者相关食品的成分和元素、身体需要维他命和蛋白质的数量限制等,把食品生产、

① Christian Coff, *The Taste for Ethics: An Ethic of Food Consumption*, translated by Edward Broadbridge (Dordrecht: Springer, 2006), p. 69.

② Hub Zwart, "A Short History of Food Ethics", *Journal of Agricultural and Environmental Ethics* 12 (2000): 114.

食物摄入卡路里和体重(磅或公斤)体现在一种直接的数学关系中。现代营养学为饮食摄入和现代食物伦理提供了科学技术的新元素,把饮食营养和食物节制德性转化为一种可以被量化的客观标准和科学要求,使传统的食物节制德性摆脱了个人主观经验的偶然性和随意性,为寻求涉及人类的共同食物伦理法则奠定了基础。

17世纪末至19世纪,食物供应的社会水平开始成为国际争论的重要话题。全球规模的饥饿灾难威胁着人类的生活,食物成为人类面对的主要生存和道德问题。托马斯·罗伯特·马尔萨斯(Thomas Robert Malthus)在《人口论》中提出:"所有生命的增长都具有超越为之提供营养的界限。就动物而言,其数量的增长迟早会被食物匮乏所限制,人类或许可以依赖远见、算计和道德寻求一种更为理性的解决途径。通过当下的牺牲,或许可以阻止全球灾难和饥饿。所以欲望中最强烈的是食物欲望,紧随其后的是两性间的欲求。"[①]食物匮乏不仅仅是个人问题,也不仅仅是某些领域或某些地域的社会问题,而是关乎全球食物需求和人类生存的重大国际问题。幸运的是,马尔萨斯的可怕预测被新的食品科技所阻挡而未能成为现实。19世纪,托马斯·科尔(Thomas Cole)、布莱克韦尔(Blackwell)等人成功地发展食品技术。在食品科技的推动下,食品生产体系发生了重大转变。农业产品大幅度增产,全球饥饿的可能灾难得到有效遏制。先进精良的食品生产技术在避免灾难、促进道德的同时,也增强了人类对生命和环境的控制力量。新的食物污染形式随之出现,农药、人工饲料、转基因、防腐剂以及其他形式的生物技术产生了道德上令人质疑的至少是潜在的食品生产问题。面对备好的食品,"我们关注其经济和技术的起源,因为这是决定其道德地位的"[②]。出于对安全原因和生物多样性的考虑,人们开始担心食品科技是否会导致物种灭绝、环境污染以及其他全球问题。这就表明:食品科技和人类生存重叠交织的历史进程共同唤醒了人类共同价值追求的食物伦理意识,这种意识最为深刻地体现在对食物的哲学反思和道德批判之中。

---

① Hub Zwart, "A Short History of Food Ethics", *Journal of Agricultural and Environmental Ethics* 12 (2000): 121.

② Hub Zwart, "A Short History of Food Ethics", *Journal of Agricultural and Environmental Ethics* 12 (2000): 124.

(二)对食物的哲学反思和道德批判

现代营养学和食品科技带来的食物伦理问题引发了哲学领域的深刻反思。早在18世纪,德国古典哲学的开创者康德就把普遍性人类意识抽象提升为著名的哲学问题:"人是什么?"①这既是哲学的根基问题,也是食物伦理必备的理论追问。在康德看来,人是有限的理性存在者。人们把食品科技运用于健康只是技术应用,而非道德实践。与此相关的福利或健康仅仅是饮食审慎的生理消费后果,并非实践理性或伦理行为。②因此,食物和食品科技不具有道德价值,营养学也不是伦理学的形式。康德的这一观点遭到了费尔巴哈等人的激烈反对。

在"人是什么?"这个问题上,费尔巴哈并不认同康德的观点,他主张"人是其所食(Man is what he eats)"③。食品科学给费尔巴哈的这一极端命题提供了一定程度的科学证据:摄入铁元素少的食物的人,则血液中缺铁;摄入脂肪多的食物的人,则肥胖;吃简单食物的人,则消瘦;吃健康食物的人,则健康;等等。事实上,我们知道我们并不完全成为我们所食的东西,"人和其所食大不相同"④。不过,费尔巴哈并没有简单地把人等同于其所食,而是赋予食物以伦理意蕴。费尔巴哈认为,根据道德(包括康德的道德),延续自己的生命是义务。因此,"作为延续自己的生命的必要手段的吃饭也是义务。在这种情况下,按照康德的说法,道德的对象只是与延续自己的生命的义务相适应的吃的东西,而那些足够用来延续自己的生命的食品就是好的东西"⑤。和食物相关的吃喝等行为是道德养成的必要途径,人"吸食母亲的奶和摄取生命的各种要素同时,也摄取道德的各种要素,例如,相互依恋感、温顺、公共性、限制自己追求幸福上的无限放肆"⑥。无独有偶,斯宾塞在1892年出版的《伦理学原理》中也把母亲喂养婴孩食物作为绝对正当的行为,"在以自然的食物喂养婴孩的过程中,母亲得到了满足;而婴孩有了

---

① 康德:《逻辑学讲义》,许景行译,商务印书馆,1991,第15页。

② 参见:李秋零主编《康德著作全集》(第6卷),中国人民大学出版社,2007,第436-438页。

③ Christian Coff, *The Taste for Ethics: An Ethic of Food Consumption*, translated by Edward Broadbridge (Dordrecht: Springer, 2006), p. 9.

④ Christian Coff, *The Taste for Ethics: An Ethic of Food Consumption*, translated by Edward Broadbridge (Dordrecht: Springer, 2006), p. 9.

⑤ 周辅成编:《西方伦理学名著选辑》(下卷),商务印书馆,1987,第460页。

⑥ 路德维希·费尔巴哈:《费尔巴哈哲学著作选集》(上卷),生活·读书·新知三联书店,1959,第573页。

果腹的满足——这种满足,促进了生命增长,以及加增享受"①。费尔巴哈还把食物、美味和道德密切联系起来,他认为如果有能力享受美味,"并且不因此而忘记对他人的义务和责任,那末吃美味的东西无论何时也不会就是不道德的;但是,如果剥夺别人或不让他们享受如你所享受的那样好,那末,这就是不道德的"②。在此意义上,食物甚至是"'第二个自我',是我的另一半,我的本质"③。其实,食物是一系列行为的产物,其中关键的一环是"吃"。在某种程度上,人类通过"吃"确证自我的存在方式。用萨特的话说:"吃,事实上就是通过毁灭化归己有,就是同时用某种存在来填充自己。"④对食物的综合直观本身是同化性毁灭,"它向我揭示了我将用来造成我的肉体的存在。从那时起,我接受或因恶心吐出的东西,是这存在物的存在本身,或者可以说,食物的整体向我提出了我接受或拒绝的存在的存在方式"⑤。吃或食物作为人的重要存在方式,在一定程度上彰显人的本质。人的本质也在吃或食物中得到一定程度的磨砺和实现。问题是,在食品科技境遇中,食品生存实践是如何把人的存在和本质联结为一体的?

(三)公平与自律的双重建构

在食品科技境遇中,食物成为工业化产品,也就意味着不从事食品生产的人们只是远离食品生产体系的消费者。因此,食品生存实践把人的存在和本质联结为一体的基本途径在于:(1)为了维系人人应当享有的食品权益,(2)食品生产者必须考虑消费者的喜好和正当诉求,(3)食品消费者(食品生产者同时也是食品消费者)应当具有相应的食品知情选择的权利。这就需要个体自律和社会公平的双重建构。

食物和人的存在是处于社会结构中的自我与他者的交互实践。因此,"必须把食物伦理看作在公平的食品生产实践中,和他者一起为了他者的好的生活的

---

① 周辅成编:《西方伦理学名著选辑》(下卷),商务印书馆,1987,第308页。
② 周辅成编:《西方伦理学名著选辑》(下卷),商务印书馆,1987,第479页。
③ 路德维希·费尔巴哈:《费尔巴哈哲学著作选集》(上卷),生活·读书·新知三联书店,1959,第530页。
④ 萨特:《存在与虚无》,陈宣良等译,生活·读书·新知三联书店,2007,第743页。
⑤ 萨特:《存在与虚无》,陈宣良等译,生活·读书·新知三联书店,2007,第743页。

观点"①。只有公平的社会制度,才可能达此目的。罗尔斯特别强调说:"公平是社会制度的首要德性。"②

在公平的社会制度中,食物伦理遵循为了自我和他者的善的生活的道德观念,古典的节制德性转化为食品自律(或者甚至是"自主权")。罗尔斯说:"自律行为是出自我们作为自由平等的理性存在者将会认同的、现在应当这样理解的原则而做出的行为。"③自律在本质上和正当客观性一致,它是"要求每一个人都遵循的原则"④。自律是一个补偿诚信遮蔽的食物伦理原则,这个原则的价值基准是人人生而具有的食品人权。食物伦理权益的保障也就是对食品负责的追求。胡塞尔说:"人最终将自己理解为对他自己的人的存在负责的人。"⑤这种责任是对食物权益的重叠综合性的回应和承担,主要包括食品消费者和食品生产者的责任、食品生产销售监督等相关机构的责任乃至国家政府和国际组织的相应责任。自律和公平共同构成追求食物权益、维系食物伦理以及把存在与本质联为一体的伦理实践力量。

人类共同食物价值的维系、食品科技的道德批判、食物伦理权益的诉求和对相应的责任体系的思考建构奠定了食物伦理学的基本理论框架。在食物伦理的实践诉求和理论反思的双重推动下,食物伦理学呼之欲出。

(四)食物伦理学应运而生

食物伦理学深深植根于饮食风俗习惯中,食物风俗习惯既能呈现分歧差异,又能强化共识联系。古典节制德性正是中道的共识联系,它所抵制的是不及和过度两个极端。中世纪的食物禁欲主义和纵欲主义是古典节制德性所反对的两个极端。食品科技的冲击、食物伦理的反思是对禁欲主义和纵欲主义两个极端的实证消解和理论批判,而自律和公平则是在此前提下解决节制和极端(禁欲主

---

① Christian Coff, *The Taste for Ethics: An Ethic of Food Consumption*, translated by Edward Broadbridge (Dordrecht: Springer, 2006), p. 24.

② John Rawls, *A Theory of Justice* (Cambridge, Massachusetts: Harvard University Press, 1971), p. 3.

③ John Rawls, *A Theory of Justice* (Cambridge, Massachusetts: Harvard University Press, 1971), p. 516.

④ John Rawls, *A Theory of Justice* (Cambridge, Massachusetts: Harvard University Press, 1971), p. 516.

⑤ 胡塞尔:《欧洲科学的危机与超越论的现象学》,王炳文译,商务印书馆,2001,第324页。

义和纵欲主义)的冲突、寻求良好的善的生活的食物伦理建构。如此一来,食物伦理学也就水到渠成了。

20世纪末,作为应用伦理学重要分支领域的食物伦理学应运而生,其标志性著作是1996年出版的《食物伦理学》(Food Ethics),该书由本·密赫姆(Ben Mepham)主编。密赫姆特别强调,在诸多应用伦理学领域,食物伦理关涉普遍的、长期的、具有说服力的伦理问题。①自《食物伦理学》出版以来,食物伦理学的研究和实践日益成为重要的国际课题。一些重要的食物伦理组织机构相继成立:1998年,食物伦理委员会(the Food Ethics Council)在英国成立;1999年,欧洲农业和食品伦理学协会成立;2000年,荷兰创办农业和食品伦理学论坛,联合国食品和农业组织成立了研讨食物伦理学和农业的杰出专家小组;等等。②同时,一些重要著作也相继出版,如:荷兰科尔萨斯的《追问膳食——食品哲学与伦理学》(2004年出版)、丹麦科夫③的《味道伦理学:食物消费的道德》(2006出版)、德国戈德瓦尔德、尹晋希玻和曼哈特主编的《食品伦理学》(2010年出版)。尤其值得注意的是美国汤姆森和凯普兰主编的巨著《食品和农业伦理学百科全书》——该书于2014年出版,近2000页,几乎囊括了食物伦理学涉及的主要问题,堪称当下食物伦理学的百科全书。

时至今日,食物伦理学凭借其理论成就和实践业绩已经成为应用伦理学的重要分支领域。随着食品科技的日益发展和国家间经济文化政治的深刻交融,食品问题凸显出前所未有的复杂景象。因此,食物伦理学依然任重而道远。

食物伦理治理是以食品人权为价值基准,以寻求食品实践和食品行为之善为目的的学问。它既能够为健康快乐的个体的生活提供理性行为规则,也能够为食品立法提供哲学论证和法理支撑,亦能够为应用伦理学和哲学的发展开拓出深刻宽广的领地。

---

① See: Ben Mepham, *Food Ethics* (London: Routledge, 1996), p. xiii.

② Christian Coff, *The Taste for Ethics: An Ethic of Food Consumption*, translated by Edward Broadbridge (Dordrecht: Springer, 2006), p. 21.

③ 又译柯弗等。

第二节　食物伦理律令

继罗尔斯的《正义论》之后,国际伦理学界的另一学术盛事是德里克·帕菲特(Derek Parfit)的皇皇巨著《论重要之事》,以及一批当代重要伦理学家围绕此著所进行的热烈、持续而深刻的研讨。[①]这些学者共同关注的重要伦理问题可以用帕菲特的话概括如下:为了"避免人类历史终止"[②],维系理智生命存在,应当如何面对各种生存危机? 遗憾的是,正如帕菲特本人坦率地承认的那样,该著对此类大事的直接讨论极其薄弱。[③]其实,人类历史延绵的要素固然复杂,依然可以将其归为两类:A.人类历史延绵的基础要素;B.人类历史延绵的发展要素。 显然,当且仅当A得以保障,B才有可能。 所以,A优先于B。

就A来说,人类历史延续的两大基础要素包括C.饥饿与D.繁殖。比较而言,饥饿是人人生而固有且终身具有的现实能力要素,生殖则并非如此,如婴幼儿或没有生殖能力的成年人等都具有饥饿能力。 换言之,饥饿是生殖得以可能的必要条件:当且仅当C得以可能,D才有可能。 如果没有或丧失了饥饿能力,人类必然灭亡。 就此而论,解决生存危机、延续人类历史的首要问题是饥饿问题。饥饿问题不能仅仅依赖人类自身予以解决,也不能仅仅依赖外物予以解决,只有在人与物的关系中才可能得以解决。饥饿与外物之关系的可能选项是:

E.饥饿是否与所有外物无关? 如果答案是否定的,那么

F.饥饿是否与任何外物相关? 如果答案是否定的,那么

G.饥饿如何与外物相关?

---

① See: Peter Singer (ed.), *Does Anything Really Matter? Essays on Parfit on Objectivity* (Oxford: Oxford University Press, 2017). 参与讨论的学者主要有: Larry S. Temkin, Peter Railton, Allan Gibbard, Simon Blackburn, Michael Smith, Sharon Street, Richard Yetter Chappell, Andrew Huddleston, Frank Jackson, Mark Schroeder, Bruce Russell, Stephen Darwall, Katarzyna de lazari-Radek and Peter Singer。

② Derek Parfit, *On What Matters*, Volume Two (Oxford: Oxford University Press, 2011), p. 620. 其他相关论述请参看 Derek Parfit, *On What Matters*, Volume One (Oxford: Oxford University Press, 2011), p. 419;Derek Parfit, *On What Matters*, Volume Three (Oxford: Oxford University Press, 2017), p. 436.

③ See: Derek Parfit, *On What Matters*, Volume Three (Oxford: Oxford University Press, 2017), p. 436. 在第三卷中,帕菲特承诺在第4卷对此予以重点讨论。遗憾的是,他在2017年1月1日就去世了。不过,其三卷本著作所提出的问题已足以引起学界的重视。

众所周知,外物并不自在地拥有与饥饿相关的目的,因为外物"自身根本不具有目的,只有其制作者或使用者'拥有'目的"①。人们根据满足饥饿的目的,把外物转变为一种是否选择的食用对象。或者说,在满足饥饿目的的生活选择的实践境遇中,外物成为一种是否应当食用的对象。借用福柯的话说:某一外物是否成为应当食用的对象(食物)"不是一种烹饪技艺,而是一种重要的选择活动"②。与此相应,饥饿与外物关系的可能选项E、F、G分别转化为食物伦理的三个基础问题:

H.是否应当禁止食用任何对象? 如果答案是否定的,那么

I.是否应当允许食用任何对象? 如果答案是否定的,那么

J.应当食用何种对象?

把握它们蕴含的食物伦理关系就是食物伦理律令所要回应的问题。③食物伦理第一律令、第二律令、第三律令分别回应这三个问题。回答了这三个问题,事关人类历史延绵的食物伦理律令也就水到渠成了。

一、食物伦理第一律令

凭直觉而论,食物伦理第一律令可以暂时表述为:为了生命存在,不应当禁止食用任何对象或不应当绝对禁食。这既是去除饥饿之恶的诉求,又是达成饥饿之善的期望,亦是饥饿之善恶冲突的抉择。

(一)去除饥饿之恶的诉求

饥饿是每个人生而具有的在特定时间内向消化道供给食物的生理需求与自然欲望,因此也构成人类先天固有的脆弱或欠缺。在弥补和抗衡这种脆弱或欠

---

① Hans Jonas, *The Imperative of Responsibility:In Search of an Ethics for the Technological Age*, translated by Hans Jonas with David Herr (Chicago & London: Chicago University Press, 1984), pp. 52—53.

② Michael Foucault, *Ethics: Subjectivity and Truth*, edited by Paul Rabinow, translated by Robert Hurley and Others (New York: The New Press, 1997), p. 259.

③ 需要特别说明的是:在不与人发生直接联系的境遇中,人之外的其他生命的食物是延续和保持其自然生命的自然物,几乎无所谓道德问题。鉴此,我们这里所讨论的食物范围主要限定在与人类相关的食物。

缺的绵延历程中,"饥饿可能成为恶"①。饥饿之恶既有其可能性,又有其现实性。

强烈的满足饥饿欲求的自然冲动可能使善失去基本的生理根据,为饥饿之恶开启方便之门。虽然受到饥饿威胁的人不一定为恶,但是饥饿及其带来的痛苦却能够严重削弱甚至危害为善的生理前提与行为能力,因为"痛苦减少或阻碍人的活动的力量"②。在极度饥饿的状态下,个人被迫丧失正常为善的生理支撑,乃至没有能力完成基本的工作甚或正常动作,如饥饿使医生很难做好手术,教师很难上好课,科学家很难做好试验等。相对而言,忍饥挨饿比温饱状态更易倾向于恶,不受饥饿威胁比忍饥挨饿的状态更易倾向于善。尽管为富不仁、饱暖思淫欲之类的恶可能存在,但是饥寒为盗、穷凶极恶之类的恶则具有较大的可能性。更为严重的是,在食物不能满足饥饿欲求的境遇中,大规模的饥饿灾难可能暴戾出场。饥饿灾难还极有可能诱发社会动荡甚至残酷战争,给人类带来血腥厄运与生命威胁。设若没有食物供给,饥饿则必然肆虐,人与其他生命可能在饥饿的苦难煎熬中走向灭绝。从这个意义看,饥饿首先带来的是具有可能性的恶——为善能力的削弱甚至缺失,以及为恶契机的增强。

饥饿不仅仅囿于可能性的恶,在一定条件下还能造成现实性的恶。在食物匮乏的境遇中,饥饿具有从可能的恶转化为现实的恶的强大动力与欲望契机。饥饿能够引发疾病,破坏器官功能,危害身体健康,使人在生理痛苦与身心折磨中丧失生命活力和正常精力。一旦饥饿超过身体所能忍受的生理限度,人体就会逐步丧失各种功能并走向死亡(饿死)。对此,拉美特利描述道:人体是一架会自己发动的机器,体温推动它,食料支持它。没有食料,心灵就渐渐瘫痪下去,突然疯狂地挣扎一下,终于倒下,死去。③值得注意的是,对于未成年人来说,饥饿还会导致其身体发育不良(或畸形),使其在极大程度上失去或缺乏基本的生存能力,也有可能因饥饿而夭折。诚如奈杰尔·道尔(Nigel Dower)所说:"饥饿是苦

① Nigel Dower, "Global Hunger: Moral Dilemmas", in *Food Ethics*, edited by Ben Mepham (London:Routledge, 1996), pp. 6-7.

② 斯宾诺莎:《伦理学·知性改进论》,贺麟译,上海人民出版社,2009,第109页。

③ 参见:北京大学哲学系外国哲学史教研室编译:《西方哲学原著选读》(下卷),商务印书馆,1982,第107页。

难中的极端形式。"①出于对饥饿等痛苦的伦理反思,斯宾诺莎甚至把恶等同于痛苦。他说,所谓恶是指一切痛苦,特别是指一切足以阻碍愿望的东西。②显然,斯宾诺莎不自觉地陷入了自然主义谬误,因为痛苦(事实)并不等同于恶(价值)。尽管如此,依然不可否认:在自我保存和自由意志的范围内,饥饿带来的疾病、死亡等痛苦直接危害甚至剥夺个体生命的存在,因而成为危及人类和生命存在的现实性的恶。

饥饿直接危害甚至剥夺生命的同时,也严重损害道德力量与人性尊严。在某些地域的某些时代,饥饿与痛苦成为穷人的身份象征,饱足与快乐则成为富人的身份象征。爱尔维修说,支配穷人、亦即最大多数人行动的原则是饥饿,因而是痛苦;支配贫民之上的人、亦即富人行动的原则是快乐。③在一般情况下,人仅仅接受食物的施舍,其尊严就已经在某种程度上受到损害,更遑论乞食。极度饥饿可以迫使人丧失尊严,甚至剥夺试图维系尊严者的生命。对此,费尔巴哈说:"饥渴不仅破坏人的肉体力量,而且损害人的精神力量和道德力量,它剥夺人的人性、理智和意识。"④饥饿(尤其是极度饥饿)逼迫人丧失理智,摧毁人的意志,使人在自然欲望的主宰下无所顾忌地蔑视或践踏行为准则与法令规制。拉美特里痛心疾首地说:"极度的饥饿能使我们变得多么残酷!父母子女亲生骨肉这时也顾不得了,露出赤裸裸的牙齿,撕食自己的亲骨肉,举行着可怕的宴会。在这样的残暴的场合下,弱者永远是强者的牺牲品。"⑤人们常常在极度饥饿的痛苦煎熬中丧失理智和德性,蜕变为弱肉强食的自然法则之工具。

然而,人不应当仅仅是饥饿驱使下的自然法则之奴仆,还应当是自然法则与饥饿之主人。在极有可能被饥饿夺去生命的境遇中,依然有不愿被饥饿奴役者。为了维护人性尊严,他们与饥饿誓死抗争,即使饿死也绝不屈从。在尊严抗争饥饿的过程中,人的自由意志和德性彰显出善的光辉。这正是达成饥饿之善的期望之根据。

① Nigel Dower, "Global Hunger: Moral Dilemmas", in *Food Ethics*, edited by Ben Mepham (London: Routledge, 1996), p. 3.
② 参见:斯宾诺莎:《伦理学·知性改进论》,贺麟译,上海人民出版社,2009,第111页。
③ 参见:北京大学哲学系外国哲学史教研室编译:《西方哲学原著选读》(下卷),商务印书馆,1982,第179页。
④ 北京大学哲学系外国哲学史教研室编译:《西方哲学原著选读》(下卷),商务印书馆,1982,第488页。
⑤ 北京大学哲学系外国哲学史教研室编译:《西方哲学原著选读》(下卷),商务印书馆,1982,第108页。

（二）达成饥饿之善的期望

在边沁看来,自然把人类置于两位主公——快乐和痛苦——的主宰之下。只有它们才指示我们应当干什么,决定我们将要做什么。尽管饥饿及其带来的痛苦更倾向于恶,但并不能完全遮蔽其善的潜质。饥饿及其带来的痛苦更易于摧毁道德的自然根基,但也可能成为建构道德的感性要素。另外,饥饿也能带来相应的快乐。赫拉克里特曾说:"饿使饱成为愉快。"①这种快乐使人可能倾向于善。更为重要的是,饥饿既是人之存在的原初动力,也是人类生活价值的自在根据。就此而论,饥饿之善依然是可以期望的。

如果说人是有欠缺的不完满的存在,那么饥饿则是人先天固有的根本性欠缺。在萨特看来,存在论(或本体论)揭示出饥饿之类的欠缺是价值的本源。他说:"本体论本身不能进行道德的描述。它只研究存在的东西,并且,从它的那些直陈是不可能引申出律令的。然而它让人隐约看到一种面对困境中的人的实在而负有责任的伦理学将是什么。事实上,本体论向我们揭示了价值的起源和本性;我们已经看到,那就是欠缺。"②作为生命本源的欠缺,饥饿是自然赋予人与其他生命自我保持、自我发展的基本机能之一。在某种程度上讲,人之存在就是一个持续回应饥饿诉求、追求免于饥饿的绵延进程。在此进程中,饥饿成为人类生活价值的自在根据之一。

饥饿首先是人类存在的原初要素之一。从生命存在的形上根据而言,缺乏是生命之为生命的必要条件。诚如黑格尔所言:"只有有生命的东西才有缺乏感。"③作为缺乏的一种基本要素,饥饿无疑是生命存在的必要条件。从经验的角度看,"饥饿是人的一种自然需要,满足这种需要的欲望是一种自然而且必要的感情"④。欠缺意味着需求,没有饥饿的缺乏感,人将丧失生存的本原动力。爱尔维修深刻地指出:"如果天满足了人的一切需要,如果滋养身体的食品同水跟空气一样是一种自然元素,人就永远懒得动了。"⑤缺乏或丧失饥饿的欲求,食物将

---

① 北京大学哲学系外国哲学史教研室编译:《西方哲学原著选读》(上卷),商务印书馆,1981,第24页。
② 萨特:《存在与虚无》,陈宣良等译,生活·读书·新知三联书店,2007,第754页。
③ 黑格尔:《自然哲学》,梁志学等译,商务印书馆,1980,第536页。
④ 北京大学哲学系外国哲学史教研室编译:《西方哲学原著选读》(下卷),商务印书馆,1982,第227页。
⑤ 北京大学哲学系外国哲学史教研室编译:《西方哲学原著选读》(下卷),商务印书馆,1982,第179页。

不复存在,人也将不成其为人,并将蜕变为失去生命活力和存在价值的非生命物。正是饥饿启动生命机体欲求食物的发条,使之转化为生命存在和自我发展的原始动力。在饥饿欲求的自然命令下,人类学习并掌握最为基本的生存技巧。毫不夸张地说,"在各个文明民族中使一切公民行动,使他们耕种土地,学一种手艺,从事一种职业的,也还是饥饿"①。可见,饥饿是人类和其他生命得以存在并延续的诉求和命令之一。

在维系生命存在的过程中,饥饿及其带来的快乐在某种条件下转化为有益人类与生命存在的善。为了满足自身存在的饥饿欲求,人们永不停歇地劳作。在劳作过程中,饥饿不仅带来痛苦,还带来追求食物和生存的愉快和动力。尽管"痛苦与快乐总是异质的"②,但实际上"痛苦与快乐极少分离而单独存在,它们几乎总是共同存在"③。相对而言,快乐比痛苦更倾向于善,因为"快乐增加或促进人的活动力量"④。饥饿带来的快乐为善奠定了某种程度的自然情感基础。斯宾诺莎把痛苦等同于恶的同时,亦把快乐直接等同于善。他说:"所谓善是指一切的快乐,和一切足以增进快乐的东西而言,特别是指能够满足欲望的任何东西而言。"⑤尽管快乐(事实)并不等同于善(价值),但是,当人们获得饥饿满足的快乐的时候,更易倾向于善。饥饿带来的用餐愉悦、生存动力等快乐在自我保存和行为选择中可能具有一定程度的善的道德价值。

(三)饥饿之善恶冲突的抉择

去除饥饿之恶、达成饥饿之善是饥饿之恶与饥饿之善相互冲突的抉择历程。饥饿之恶与饥饿之善的矛盾集中体现为绝对禁食(饥饿之恶的表象)与允许用食(饥饿之善的表象)的剧烈冲突,其实质则是食物伦理领域的生死矛盾。

以"敬畏生命"著称的施韦泽曾提出生命伦理的绝对善恶标准:"善是保存生命,促进生命,使可发展的生命实现其最高价值。恶则是毁灭生命,伤害生命,压

---

① 北京大学哲学系外国哲学史教研室编译:《西方哲学原著选读》(下卷),商务印书馆,1982,第178页。
② John Stuart Mill, *On Liberty & Utilitarianlism* (New York: Bantam Dell, 2008), p. 166.
③ Jhon Sruart Mill, *On Liberty & Utilitarianlism* (New York: Bantam Dell, 2008), p. 202.
④ 斯宾诺莎:《伦理学·知性改进论》,贺麟译,上海人民出版社,2009,第109页。
⑤ 斯宾诺莎:《伦理学·知性改进论》,贺麟译,上海人民出版社,2009,第111页。

制生命的发展。这是必然的、普遍的、绝对的伦理原理。"①这一绝对伦理原理在饥饿之善与饥饿之恶的冲突面前受到致命的挑战。人与其他生命既可能是食用者,也可能是被食者(食物)。在饥饿驱使下,各种生命相互食用,生死博弈势所难免。诚如科夫所说:"吃是一场绵延不绝的杀戮。"②如此一来,绝对禁食或允许用食似乎都不可避免地悖逆自然之善——保存生命的基本法则,③因为人类必然面临如下伦理困境:

其一,如果绝对禁食,则必定饿死或被吃而丧失生命。

其二,如果允许用食,则意味着伤害其他生命。值得一提的是,极端素食主义者毕竟是极少数。而且,植物也是有生命的,至少是生命的低级形式。就此而论,素食其实也是伤害生命。

其三,无论绝对禁食还是用食,都意味着生死攸关的生命选择:杀害其他生命或牺牲自己的生命。

那么,应当如何抉择呢?显而易见,这种生死冲突的根源是饥饿。饥饿促发的绝对禁食与允许用食的冲突本质上是生死存亡之争:"饥饿要么导致我们的死亡,要么导致他者的死亡。"④化解这种生死冲突的抉择必须回应两个基本问题:绝对禁食是否正当?允许用食是否正当?

绝对禁食是否正当?

绝对禁食从表面看来似乎是尊重(被食者)生命的仁慈行为,实际上违背了生命存在的基本法则与自然之善的基本要求,无异于饥饿之恶的肆虐横行。因为绝对禁食既是对饥饿这种自然命令的悖逆,也是对用食(吃)这种自然功能的完全否定。如果一个人绝对禁食被饿死,这是对个体免于饥饿权的践踏,更是对人性的侵害和对生命权(最为基本的人权)的剥夺。诚如斯宾诺莎所言:没有人出于他自己本性的必然性而愿意拒绝饮食或自杀,除非是由于外界的原因所逼

① 阿尔贝特·施韦泽:《敬畏生命——五十年来的基本论述》,陈泽环译,上海社会科学院出版社,2003,第9页。

② Christian Coff, *The Taste for Ethics: An Ethic of Food Consumption*, translated by Edward Broadbridge (Dordrecht: Springer, 2006), p. 9.

③ 此命题的相关论证将在后文进行。

④ Christian Coff, *The Taste for Ethics: An Ethic of Food Consumption*, translated by Edward Broadbridge (Dordrecht: Springer, 2006), p. 12.

迫而不得已。如果所有人绝对禁食被饿死，人类就陷入彻底灭亡的绝境。灭亡人类是比希特勒式的灭亡某个种族更大的恶，因为它是灭绝物种的恶。如果所有生命绝对禁食，人类和其他所有生命都将灭绝，这是生命整体死亡的绝对悲剧。可见，绝对禁食既违背了去除饥饿之恶的诉求，又践踏了实践饥饿之善的目的，还悖逆了保持生命的自然之善法则的伦理诉求。换言之，绝对禁食是饥饿之恶对饥饿之善的践踏，因为它杜绝了自然赋予生命存在的基本前提，绝对彻底地践踏了自然的最高善——保持生命。汉斯·尤纳思（Hans Jonas）特别强调说，伦理公理"绝不可使人类实存或本质之全体陷入行为的危险之中"[①]。绝对禁食是以毁灭个体为目的的嫉恨生命，由此带来的毁灭生命不但使人类实存或本质之全体陷入行为的危险之中，而且直接导致人类历史终止的严重后果。是故，绝对禁食是否定生命存在正当性进而毁灭生命的终极性的根本恶，拒斥绝对禁食是食物伦理的绝对命令。

那么，允许用食是否正当？饥饿是最为经常地支配人类行动的自然力量，"因为在一切需要中，这是最经常重视的，是支配人最为紧迫的"[②]。饥饿是食物得以可能并具有存在价值的原初根据，达成饥饿之善的关键途径是食物。人类历史经验所积累的食物价值基于一个自明的事实："食物即生命。为了继续活着，所有生命必须消耗某种食物。"[③]虽然未加反思的盲目地吃（事实上也大致如此）会杀死个别生命，甚至可能灭绝个别物种，但是它使人类和所有生命获得生存机会，并有效地避免或延迟生命整体灭亡的残酷后果或绝对悲剧。

在弱肉强食、适者生存的自然法则中，弱肉强食只是手段，适者生存才是目的。如果弱肉强食是目的，最强大的动物如恐龙之类就不会灭绝。事实恰好相反，弱肉强食最终必然导致超级食者（如恐龙之类）因无物可食而逐步走向灭绝。就个体而言，保存自我是人和其他生命的内在本质，饥饿正是这种内在本质的原初力量。斯宾诺莎说："保存自我的努力（据第三部分命题七）不是别的，即是一

---

① Hans Jonas, *The Imperative of Responsibility:In Search of an Ethics for :he Technological Age*, translated by Hans Jonas with David Herr (Chicago & London: Chicago University Press, 1984), p. 37.

② 北京大学哲学系外国哲学史教研室编译：《西方哲学原著选读》(下卷)，商务印书馆，1982，第178页。

③ Gregory E. Pence, *The Ethics of Food: A Reader for the Twenty-First Century* (Lanham and New York: Rowman & Littlefield Publishers, Inc., 2002), p. vii.

物的本质之自身。"①正因如此,康德把以保存个体为目的的爱生命规定为最高的自然的善。②密尔也认为,最大幸福原则的终极目的就是追求那种最大可能地避免痛苦、享有快乐的存在。他说,终极目的是这样一种存在(an existence):在量和质两个方面,最大可能地免于痛苦,最大可能地享有快乐,其他一切值得欲求之物皆与此终极目的相关并服务于这个终极目的。③食物的价值在于满足生命存在的饥饿欲求,避免饥饿之恶的痛苦威胁,达成维系生命存在和活力的目的。免于饥饿、获取足够食物以维系生命,是珍爱生命的最为基本的要素,是最高的自然善的基本内涵,亦是适者生存法则的内在要求。可以说,用食(吃)以血腥的恶(杀死生命)作为工具,是为了达成保存生命之善的目的。因此,允许用食或拒斥绝对禁食是自然之善法则的应有之义,也是适者生存法则下化解生死存亡冲突的实践律令。

鉴于上述理由,我们把直觉意义上的食物伦理第一律令修正为:不应当绝对禁食,因为生命存在是最高的自然善;绝对禁食既是对生命的戕害,亦是对自然善的践踏;绝对禁食必然导致人类历史的终止,因而是对人类最为重要之事的最大危害。

二、食物伦理第二律令

如上所论,不应当绝对禁食也就意味着应当允许用食。我们自然要问:是否应当允许食用任何对象? 此问题涵纳两个基本层面:是否应当以人之外的所有对象为食物? 是否应当以人为食物? 食物伦理第二律令对此予以回应。

人类具有一套精密的消化系统与强大的消化功能,并借此成为兼具素食与肉食能力的杂食类综合型生命。或者说,人类能够享有的食物类别与范围远远超出地球上的其他生命,是名副其实的食者之王。值得注意的是,尽管人的生理结构与消化功能赋予人强大的食物能力,但是这种能力在无限可能的自然中依然具有脆弱性。对人而言,每一种食物都不是绝对安全的,都具有不同程度的危

---

① 斯宾诺莎:《伦理学·知性改进论》,贺麟译,上海人民出版社,2009,第159页。
② 李秋零主编:《康德著作全集》(第7卷),中国人民大学出版社,2008,第270-271页。
③ See: John Stuart Mill, *On Liberty & Utilitarianlism* (New York: Bantam Dell, 2008), p. 167.

险性。既然人类的食物能力是有限的,而且每一种食物对人而言都具有危险性,那么人的食物对象必定有所限制。

(一)是否应当以人之外的所有对象为食物

这个问题可以从人的身体功能及食物规则两个层面予以思考。

1.从身体功能来看,人不应当食用(人之外的)所有对象

身体功能的脆弱性、有限性、差异性,决定着人不能食用(人之外的)所有对象。

饥饿并非身体之无限的生理欲求。就是说,身体生理功能所欲求的食物的量是有一定限度的。一旦达到这个限度,食欲得到满足,食物就不再必要。如果超越这个限度,身体便不能承受食物带来的消化压力与不良后果。一般而论,身体对于满足饥饿的直接反应是,饥饿感消失即不饿或饱足状态。此时,不得强迫身体过度进食。亚里士多德早就认为,用食过度是欲望的滥用,因为"自然欲望是对欠缺的弥补"[①]。孟子也说:"饥者甘食,渴者甘饮,是未得饮食之正也,饥渴害之也。"(《孟子·尽心上》)饥不择食、渴不择饮之类的生活方式,因其过量而增加了危害健康的可能性。如果不加限制地进食,还可能加剧病菌等有害物对身体的危害,使身体受损,甚至死亡。

身体对于食物的质亦有严格要求。食物成为满足人类饥饿需求、维系生命的物质,是以食物的质为前提的。从身体或生理的层面看,满足饥饿需求、有益身体健康是选择食物的第一要素。没有基本质量保证的食物可能使人呕吐或反胃(恶心),给人带来疾病、痛苦与危害。如果食物包含肮脏成分,或者食物配备不当,人就可能遭受食物污染甚至食物中毒,严重者可能因此失去生命。面对食物欲求与食物危险之间的紧张关系,人们必须根据一定的质的标准(有益健康)谨慎严格地选择、生产、消费食物。不但人如此,"其他动物也区分不同食物,享用某些食物,同时拒绝某些食物"[②]。一般而言,所有人都不可食用的东西即对身

---

① Aristotle, *The Nicomachean Ethics*, translated by David Ross, revised by Lesley Brown (Oxford: Oxford University Press, 2009), p. 57.

② Aristotle, *The Nicomachean Ethics*, translated by David Ross, revised by Lesley Brown (Oxford: Oxford University Press, 2009), p. 58.

体健康有害无益的东西如毒蘑菇、石头、铁等,被排除在食物之外。对人体健康有益无害的东西,才可能成为人们食物选择的对象。比如,人们选择某类水果、谷物或动物等作为自然恩赐的天然食物,主要原因是它们可以维持生命与健康,甚或提升快乐与满足感。

身体功能的自然限制决定着人类的食物不可能是任何自然物,即人类的食物只能是有所限定的某些自然物。这也是食物规则形成的自然基础。

2.从食物规则来看,人不应当食用人之外的所有对象

从表面看来,每种食物源于自然又复归于自然。究其本质,食物既是自然产物,也是自由产物。费尔巴哈在分析酒和面包时说:"酒和面包从质料上说是自然产物,从形式上说是人的产物。如果我们是用水来说明:人没有自然就什么都不能做,那么我们就用酒和面包来说明:自然没有人就什么都不能做,至少不能做出精神性的事情;自然需要人,正如人需要自然一样。"[1]面包之类的食物作为自然产物和自由产物的实体是离不开人的,否则就不能成为人的食物。在人类生产、制作与享用食物的过程中,食物成为人们赋予各种价值要求和食用目的的价值载体,各种食物规则也随之形成。

作为食物消费者,人既食用自己生产的食物,又享用他者生产的食物。农业时代的乡村生活方式,常常体现在以面包、馒头、啤酒、白酒乃至红酒等为媒介所构成的各类社会团体之中。在工业时代,啤酒甚至成为公众场合表达社会团结和谐的桥梁。食用方式或食物种类,标志并确证着食物主体的个体身份和价值认同。莱斯利·戈夫顿(Leslie Gofton)说:"共同享用食物,是最为基本的人类友爱、和善的表达方式。"[2]共同进食者通过这种行为方式建立一种具有权利与义务的食物规则共同体。于是,人们自觉或不自觉地造就并归属于各种不同的食物规则共同体,比如西餐规则共同体、中餐规则共同体等。每一个规则共同体都有自己的食物判断、选择、生产与消费规则体系和行为规范。在食物规则共同体中,人们根据自己赋予食物的价值意义,设置并遵守一定的食物行为规则(比如允许食用某类食物或禁食另一类食物),而不是毫无规则地盲目食用任何食物。

---

① 北京大学哲学系外国哲学史教研室编译:《西方哲学原著选读》(下卷),商务印书馆,1982,第487页。

② Leslie Gofton, "Bread to Biotechnology: Cultural Aspects of Food Ethics", in *Food Ethics*, edited by Ben Mepham (London: Routledge, 1996), p. 121.

孔子讲到祭品的准备和礼仪时说:"食不厌精,脍不厌细。食饐而餲,鱼馁而肉败,不食。色恶,不食。臭恶,不食。失饪,不食。不时,不食。割不正,不食。不得其酱,不食。肉虽多,不使胜食气。惟酒无量,不及乱。沽酒市脯,不食。不撤姜食,不多食。"(《论语·乡党》)格雷戈里·E.彭斯(Gregory E. Pence)也说:"基督教要求食用之前,必须祷告祈福。"①人们通常用传统习俗去规定食物的途径和形式,以此解决各种食物伦理问题。基于饥饿及其带来的快乐和痛苦的自然情感,人们逐渐认识到:"对食物进行选择,取用食物时有所节制,则是理性的结果;暴饮暴食是违背理性的行为;夺去另一个人所需要的并且属于他的食物,乃是一种不义;把属于自己的食物分给另一个人,则是一种行善的行为,称为美德。"②在回应饥饿诉求的进程中,人类不断反思趋乐避苦的各种食物行为,逐步形成并完善各种饮食习俗与行为规则如节制等,进而把饥饿从自然欲求转化为具有某种道德价值的力量。

需要注意的是,同一种(类)食物对不同食物规则共同体的人具有不同的价值。由于价值的差异,常常出现"一(类)人之美味可能是另一(类)人之毒药"的伦理冲突。我们不禁要问:这些食物行为是否蕴含着普遍的基本道德法则呢?黑格尔道出了其中的真谛,他说:"瘦弱的素食民族和印度教徒不吃动物,而保全动物的生命;犹太民族的立法者唯独禁止食血,因为他们认为动物的生命存在于血液中。"③把某些动物作为禁食食品的基本伦理法则是保存生命。如今,虽然各种允许和禁止食物的传统习俗受到严重挑战,但是人类仍然根据当下食物规范进行判断和选择,而非毫无限制地吃任何东西。设置并遵守食用规则是人类自由精神融入自然食物的标志,人类通过这些规则使食物成为自然产物和自由产物的实体。食用规则意味着食物的选择和限制:其根本目的是维系健康与保存生命,其伦理底线则是不得伤害健康,更不允许危害生命。

简言之,为了维系健康和保存生命,人不能以人之外的所有对象为食物。

---

① Gregory E. Pence, *The Ethics of Food: A Reader for the Twenty-First Century* (Lanham and NewYork: Rowman & Littlefield Publishers, Inc., 2002), p. viii.
② 北京大学哲学系外国哲学史教研室编译:《西方哲学原著选读》(下卷),商务印书馆,1982,第227-228页。
③ 黑格尔:《自然哲学》,梁志学等译,商务印书馆,1980,第513页。

（二）是否应当以人为食物

既然不能以人之外的所有对象为食物，那么是否应当以人为食物？

不可否认，作为自然存在者，人的身体既具有把其他生命（如羊、牛、猪等）或自然物（如盐、水等）作为食物的可能性，也具有成为人或其他生命（如狼、老虎、豹子等）的食物的可能性。在历史和现实中，也不乏某些人成为他人或其他生命之食物的实证案例。就是说，人既可能是食用者，又可能是被食用者。因此，我们必须回答由此带来的重大食物伦理问题：是否应当以人为食物？这个问题可以分为两个层面：1.人是否应当成为其他生命（主要指食肉动物）的食物？ 2.人是否应当成为人的食物？或者人是否应当吃人？

1.人是否应当成为其他生命的食物

具体些说，人是否应当被人之外的其他动物（尤其是狮子、老虎等）猎杀而成为其他动物的食物？或人是否应当被饿死而成为其他动物的食物？

如果人仅仅是自然实体，人与其他生命一样可以成为食物。因为人的肉体作为可以食用的自然实体，具有成为其他食者食物的可能性。但是，人之肉体（自然实体）同时也是其自由实体，因为人同时还是自由存在者。诚如费尔巴哈所说："肉体属于我的本质；肉体的总体就是我的自我、我的实体本身。"[①] 人的肉体因其自由本质而是自在目的，并非纯粹的自然工具。康德甚至主张："人就是这个地球上的创造的最后目的，因为他是地球上惟一能够给自己造成一个目的概念、并能从一大堆合乎目的地形成起来的东西中通过自己的理性造成一个目的系统的存在者。"[②] 如果人成为其他动物的食物，那么这不仅仅是其自然实体（肉体）的湮灭，同时也是其自由实体的消亡。或者说，人成为食物意味着把人仅仅看作自然工具而不是自由目的。然而，人作为自由存在的目的否定了其成为其他动物的食物（自然工具）的正当性。换言之，人的自由本质不得被践踏而降低为自然工具，免于被其他动物猎杀或食用是人生而具有的自然权利或正当诉求。

---

① 北京大学哲学系外国哲学史教研室编译：《西方哲学原著选读》（下卷），商务印书馆，1982，第501页。
② 康德：《判断力批判》，邓晓芒译，人民出版社，2002，第282页。

当下突出的一个现实问题是:当人命和珍稀动物的生命发生冲突时,何者优先? 究其本质,动物保护乃至环境保护的根本目的是人,而非动物或环境。[①]人不仅仅是动物保护的工具,也不仅仅是珍稀动物保护的直接工具——食物,人应当是动物保护的道德目的。当珍稀动物与人命发生冲突时,不应当以保护珍稀动物或者动物权利等为借口,置人命于不顾。相反,应当把人的生命置于第一位。作为自由存在者,人不应当被其他生命(包括最为珍贵的珍稀动物)猎杀或食用。

同理,人也不应当被饿死而成为其他生命的食物。

2. 人是否应当成为人的食物

同类相食在自然界极为罕见。仅凭道德直觉而论,人类相食(人吃人)违背基本的道德情感和伦理常识。不过,这种道德直觉需要论证。

首先,在食物并不匮乏的情况下,人是否应当人? 事实上,即使食物并不匮乏,个别野蛮民族或个人也可能会把俘虏、病人、罪犯、老人或女婴等作为食物,某些民族甚至有易子而食的恶习。这是应当绝对禁止的罪恶行为。诚如安德鲁·约翰逊(Andrew Johnson)所说:"人们普遍认为吃人是不正当(错误)的。"[②]有食物时,依然吃人的行为是仅仅把人当作(食用)工具或仅仅把人当作物。或者说,吃人者与被吃者都被降格为丧失人性尊严的动物。在具备食物的情况下,不吃人必须是一条绝对坚守的道德法则,也应当是人类食物伦理的基本共识或道德底线。

其次,在食物极度匮乏甚至食物缺失的困境中,如果不吃人,就会有人被饿死;如果吃人,就会有人被杀死。那么,面临饿死威胁的人是否应当食人? 或者说,人命与人命发生冲突的生死时刻,人是否应当食人? 这大概是人类必须直面的极端惨烈的食物伦理困境。

一般说来,在没有任何其他食物、不吃人必将饿死的境遇中,人们面临两难抉择:

(1)遵循义务论范式的绝对命令:尊重每个人的生命和尊严,绝对禁止以人

---

① 人是环境和动物保护目的的相关论证,请参看任丑:《人权应用伦理学》,中国发展出版社,2014,第144-147页。

② Andrew Johnson, "Animals as Food Producers", in *Food Ethics*, edited by Ben Mepham (London: Routledge, 1996), p. 49.

为食物。其代价是在场的所有人都可能饿死,这似乎与保持生命的自然善的法则是矛盾的。

(2)遵循功利论范式的最大多数人的最大善果原则:以极少数人(某个人或某些人)为食物,保证其余的最大多数人可能不会饿死。其代价是践踏极少数人的生命和尊严,同时贬损其余最大多数人的人性尊严并把他们变为低劣的食人兽。

面对这个挑战人性尊严的极其尖锐的终极性伦理问题,我们应当如何抉择呢?

从表面看来,既然其他动物可以被人吃,如果人仅仅作为自然人或纯粹的动物,好像并没有正当理由不被人吃。另外,在食物极度匮乏的情况下,人吃人的行为和现象也是存在的。然而,这并不能证明此种行为是应当的。

大致而论,在自然界的食物链中,植物是食草动物的食物,食草动物是食肉动物的食物。食草动物抑制植物过度生长,食肉动物限制食草动物贪吃而使植物得到保护,免于毁灭,也使食草动物免于饥饿而灭绝。同时,食草动物的存在也为食肉动物提供了生存的食材,食肉动物的猎杀行为最终维系着其自身的生存。人则是综合并超越食草动物和食肉动物的自由存在者,"人通过他追捕和减少食肉动物而造成在自然的生产能力和毁灭能力之间的某种平衡。所以,人不管他如何可以在某种关系中值得作为目的而存在,但在另外的关系中他又可能只具有一个手段的地位"①。作为有限的理性存在者,人具有超越于物(包括食物、肉体)的精神追求与道德地位。在人与物的关系中,人是物的自在目的(所以,人不应当成为动物的食物,如前所述);在人与人的关系中,人不仅仅是手段,而且还是目的。作为目的的人就是具有人性尊严的人。②

在面临饿死威胁的境遇中,人命与人命冲突的实质是人的自然食欲和人性尊严的冲突。人命是自然食欲的目的,同时又是人性尊严的手段。所以,自然食欲是人性尊严的手段,人性尊严是自然食欲的目的。就是说,人性尊严优先于自然食欲。当人性尊严和自然食欲发生冲突之时,应当维系人性尊严而放弃自然食欲:即使饿死或牺牲自己的生命也绝不吃人。在这个意义上,个体生命成为人

① 康德:《判断力批判》,邓晓芒译,人民出版社,2002,第282页。
② 有关人性尊严的讨论,请参看任丑的《人权视域的尊严理念》,《哲学动态》2009年第1期。

性尊严的手段,人性尊严则成为个体生命的目的。值得注意的是,绝不吃人不仅仅是尊重可能被食者的人性尊严,亦是尊重那些宁愿饿死也不吃人者的人性尊严。在任何情况下,人具有不被人吃的自然权利,同时也必须秉持不得吃人的绝对义务。就此而论,饥饿或极度饥饿是考验道德能力和人性尊严的试金石,而非推卸责任与义务的理由。这也在一定程度上意味着功利论范式不具有正当性。

功利论范式的选项是以极少数人作为最大多数人的食物,也就是以极少数人的死亡或牺牲换取最大多数人的生命。其根据可以归纳为:极少数人生命之和的价值小于最大多数人生命之和的价值。从表面看来,这似乎是无可辩驳的正当理由,实则不然。在食物伦理领域,自然食欲是功利论的基础。饥饿与食欲相关的痛苦、快乐或幸福等必须严格限定在经验功利的工具价值范围内,一旦僭越经验功利的边界,它就失去存在的价值根据。物或工具价值可以量化,可以比较大小。但是,人的生命不仅仅是物,也不仅仅具有工具价值。人既是自然人(具有工具价值),又是自由人(具有目的价值)。是故,诚如康德所言:"人和每一个理性存在者都是自在目的,不可以被这样或那样的意志武断地仅仅当作工具。"①基于自由的人命具有目的价值,并非仅仅具有工具价值,故不可以用数量比较大小。就是说,人命并非经验领域内可以计量的实证对象,其价值和意义超越于任何功利而具有神圣的人性尊严,故不属于功利原则的评判范畴。设若把极少数人作为最大多数人的食物,就把被吃者和吃人者同时仅仅作为饥饿欲望的工具,进而野蛮地践踏人性尊严。如此一来,一方面,极少数人(被吃者)在被吃过程中仅仅成为最大多数人(吃人者)维系生命的纯粹工具(食物),其人性尊严被完全剥夺;另一方面,最大多数人(吃人者)在贬损他者为食物的同时,也让自己堕落为低劣无耻的食人兽,把自己异化为满足饥饿食欲的自然工具。在这个意义上,吃人者完全丧失了自己的人性尊严,把自己降格为亚动物——或许这就是人们所说的禽兽不如。归根结底,支配这种行为的是弱肉强食的丛林法则,而非尊重人性尊严的自由法则。值得一提的是,动物行为无所谓善恶,动物吃人不承担任何责任。人命和人命冲突的境遇属于目的价值领域,人吃人是大恶,吃人者必须承担相应的法律责任与道德义务。

① Immanuel Kant, *Foundations of the Metaphysics of Morals*, translated by Lewis White Beck (Beijing: China Social Sciences Publishing House, 1999), p. 46.

即使从功利主义角度看,以极少数人(某个人或某些人)作为其他最大多数人食物的选项也是难以成立的。鉴于最大多数人最大幸福的原则而严重忽视甚至践踏少数人的幸福,功利主义集大成者密尔把这一原则修正为"最大幸福原则"。此原则明确主张功利主义的伦理标准"并非行为者自己的最大幸福,而是所有人的最大幸福"①。显然,以极少数人的死亡或牺牲作为其余最大多数人食物的选项悖逆了最大幸福原则。另外,从牺牲本身来看,密尔认为,没有增进幸福的牺牲是一种浪费。唯一值得称道的自我牺牲是对他人的幸福或幸福的手段有所裨益。因此,"功利主义道德的确承认,人具有一种为了他人之善而牺牲自己最大善的力量。它只是拒绝认同牺牲自身是善"②。显而易见,我们这里所说的人命与人命冲突中的极少数人的死亡或牺牲(作为其他人的食物)并非自我牺牲,即使是自我牺牲也不会对其他人的幸福有所裨益,唯一可能的似乎只不过是对其他人幸福的手段有所裨益。然而,这种可能违背最大幸福原则,因而是不能成立的。

有鉴于此,应当尊重每个人(自己和他人)的生命和人性尊严,拒斥把人作为食物或把人贬低为食人兽的恶行。是故,我们选择(1)而拒绝(2)。质言之,无论食物是否匮乏,都应当绝对禁止把人当作食物(不得吃人)。或者说,人性尊严是食物行为的价值目的,人在任何情况下均不得被贬损为工具性食物。禁止吃人是食物伦理的绝对命令。

综上,是否应当以所有对象为食物?答:不应当以所有对象为食物,尤其不得以人为食物,因为人性尊严是食物的价值目的。这就是食物伦理第二律令。

三、食物伦理第三律令

既然不能以所有对象为食物,那么应当食用何种对象呢?或者说,以何种对象为食物的伦理律令是什么?这是食物伦理第三律令要回应的问题。此问题可以分解为三个层面:人与物关系中的食物伦理规则是什么?人与自己关系中的食物伦理规则是什么?人与他人关系中的食物伦理规则是什么?

---

① John Stuart Mill, *On Liberty & Utilitarianlism* (New York: Bantam Dell, 2008), p. 167.

② John Stuart Mill, *On Liberty & Utilitarianlism* (New York: Bantam Dell, 2008), p. 173.

(一)人与物关系中的食物伦理规则

我们这里所说的"人与物"中的"物"是指(人之外的)具有食用可能性或现实性的对象,它本质上是人的可能食物或现实食物。

在自然系统中,自然是人得以可能的根据,人是其消化系统得以可能的实体。消化系统是饥饿、食欲与食物得以可能的有机系统,也是生命得以可能的关键。没有自然,就没有人类及其消化系统,遑论饥饿、食欲或食物。反之亦然!没有饥饿、食欲与食物,就没有消化系统、生命或人类,同时也就没有人类意义上的自然。库尔特·拜尔茨说:"自达尔文以来,有关人类起源的进化理论都首先指出,人的自然体是从非人自然体起源的,在生物学上我们是一种哺乳动物。即便把所有的进化起源问题抛开,单就我们作为自然生物的继续存在以及作为人之主体的继续存在来说,我们对外界的倚赖丝毫也不少于对我们自身的倚赖;在疑难情况下,我们宁肯舍弃我们自然体的一部分(如毛发或指甲,甚至肢体或器官),也不能舍弃外部自然界的某些部分(如氧气、水、食物)。"[1]因为食物是人赖以生存的必要条件,在特定条件下,舍弃食物,就等于放弃生命。那么,"我们的食物中到底含有什么宝贵的东西使我们能够免于死亡呢"[2]?这是诺贝尔物理学奖得主埃尔温·薛定谔发出的关于食物价值的科学追问。薛定谔认为,自然界中正在发生的一切,都意味着它的熵的增加。从统计学概念的意义来看,熵是对原子无序(混乱)性的定量量度,负熵是"对有序的一种量度"[3]。生命有机体在不断增加自己的熵或产生正熵,"从而趋向于危险的最大熵状态,那就是死亡"[4]。生命活着或摆脱死亡的根据是,不断地从环境中吸取负熵,因为"有机体正是以负熵为生的",或者说"新陈代谢的本质是使有机体成功消除了它活着时不得不产生的所有熵"[5]。一个有机体使自身稳定在较高有序水平(等于较低的熵的水平)的策略就在于从其环境中不断吸取秩序。这种秩序就是那些为有机体"充当食物的较为复杂的有机化合物中那种极为有序的物质状态"[6]。食物凭借负熵使生

---

① 库尔特·拜尔茨:《基因伦理学:人的繁殖技术化带来的问题》,马怀琪译,华夏出版社,2000,第211页。
② 埃尔温·薛定谔:《生命是什么? 活细胞的物理观》,张卜天译,商务印书馆,2014,第75页。
③ 埃尔温·薛定谔:《生命是什么? 活细胞的物理观》,张卜天译,商务印书馆,2014,第77页。
④ 埃尔温·薛定谔:《生命是什么? 活细胞的物理观》,张卜天译,商务印书馆,2014,第75页。
⑤ 埃尔温·薛定谔:《生命是什么? 活细胞的物理观》,张卜天译,商务印书馆,2014,第75页。
⑥ 埃尔温·薛定谔:《生命是什么? 活细胞的物理观》,张卜天译,商务印书馆,2014,第77-78页。

命(人)消除其正熵,并使生命(人)免于陷入最大熵状态(死亡),或者说食物使生命(人)避免无序或混乱状态而维系其自身的有序状态(生存)。

作为人赖以生存的必要条件,食物在吃的行为中转化为人的直接存在方式。如果说尚未食用的食物还是潜在的可能食物,那么吃则是使可能食物转化为现实食物的具体行动。萨特说:"吃,事实上就是通过毁灭化归己有,就是同时用某种存在来填充自己……它向我揭示了我将用来造成我的肉体的存在。从那时起,我接受或因恶心吐出的东西,是这存在物的存在本身,或者可以说,食物的整体向我提出了我接受或拒绝的存在的存在方式。"[1]吃是把作为他者的食物转化为自我身体的存在要素的关键一环。当食物被吞噬后,并不立刻成为身体的一部分,而是停留在身体的一个特殊部分——消化道中。消化道既是外界的他者可以进入身体的中介,也是内在机体连接外部环境的桥梁。消化系统通过内在的消化吸收过程,把他者(食物)转化为自我的肉体(flesh),使食物为人提供能量支撑进而维系生命的有序状态。或者说,食物在消化并成为肉体的过程中成为生命的一部分,使人得以存在与发展。对此,柯弗说:"在吃的过程中,我们物理环境的要素被身体接受和吸纳。在吃的行为中,外部世界变成食者的一部分,在这个意义上,吃使外界和内部相互交织。"[2]在食物进入身体并成为身体的有机部分的同时,人们持续不断地选择、生产和消费食物以维系并增强生命活力。这就把外在环境中的食物(他者)转化为自我要素。在他者和自我的融合历程中,食物与身体深刻地联结为人的直接存在方式。

作为人的直接存在方式,食物融入身体的旅途在某种程度上也是它以死求生、维系生存的实现过程。在人类食物中,只有一小部分是无机物(如盐),绝大部分则是有机物。而"有机物是活着的——或者至少曾经是活的。我们吃的食物曾经有生命而现在死了或将要死了。一些食物是活着被吃的,一些食物是死后被吃的。动物通常是死后被吃的。我们吃的植物既是死的又是活的(就是说,蔬菜水果离开土壤或植物枝干后,其新陈代谢过程仍在继续)"[3]。某一生命把另

---

[1] 萨特:《存在与虚无》,陈宣良等译,生活·读书·新知三联书店,2007,第743页。

[2] Christian Coff, *The Taste for Ethics: An Ethic of Food Consumption*, translated by Edward Broadbridge (Dordrecht: Springer, 2006), p. 7.

[3] Christian Coff, *The Taste for Ethics: An Ethic of Food Consumption*, translated by Edward Broadbridge (Dordrecht: Springer, 2006), p. 12.

一生命作为食物享用之时,也是另一生命(被食者)死亡之时。科夫说:"在吃的过程中,死亡和生命总是结伴同行。吃可被看作一种杀害,或者也可被看作一种必然而又美妙的生命给予生命的新陈代谢。"①每一生命既可能是食者,又可能是被食者(食物)。吃(食物)是一个杀死生命与保存生命的生死交替过程。一方面,所吃食物曾经活着;当被吃后,它失去生命。另一方面,吃食物时,食物通常已经死了。当我们吃下后,它作为我们的身体复活了。死亡的生命转化成的能量维系着食者的生命。在此意义上,食物是生命从一种形式(被食者)转化为另外一种形式(人)的生命载体。如果说生命个体的新陈代谢是以个体部分的死换取个体整体的生,那么生命整体的新陈代谢则是个体之间的相互食用即用个体死亡换取生命整体的存在。诚如黑格尔所说:"只有这样不断再生自己,而不是单纯地存在,有生命的东西才得以生存和保持自己。"②每个生命个体在食者和被食者身份的重叠交织中,在死亡和生存的延绵过程中,在吃和被吃的生死对决甚或无可逃匿的宿命中共同维系着生命整体的生生不息。如此一来,杀死并吃掉生命个体的血腥的恶,在历史的长河中积聚转化成保存生命整体存在的善。

如果说方生方死、方死方生是自然法则的运行形式,那么以死求生、死而后生则是生命存在的价值和意义。这种以死求生、以恶求善的生存方式正是自然之善的内在规定——保存生命。或许正因如此,费尔巴哈断定延续自己的生命是道德义务。他论证道:"作为延续自己的生命的必要手段的吃饭也是义务。在这种情况下,按照康德的说法,道德的对象只是与延续自己的生命的义务相适应的吃的东西,而那些足够用来延续自己的生命的食品就是好的东西。"③如果说保存生命是人与物关系中食物伦理的内在本质,那么维系并延续人与其他生物的生命就是食物的自然之善。食物融入身体的道德价值其实就是实现其自然之善即维系人之自然生存。或者说,食物是自然之善法则为了达到保持生命的自然目的的实践路径。是故,人与物关系中的食物伦理规则是自然之善。

自然之善是一种抽象的善、自在的善。这就是说:

(1)自然之善只是保持生命的实践路径,它仅仅为道德的善提供了一种可能

---

① Christian Coff, *The Taste for Ethics: An Ethic of Food Consumption*, translated by Edward Broadbridge (Dordrecht: Springer, 2006), p. 13.

② 黑格尔:《自然哲学》,梁志学等译,商务印书馆,1980,第496页。

③ 周辅成编:《西方伦理学名著选辑》(下卷),商务印书馆,1987,第460页。

性。如果仅仅停留在维系生命的层次上,它只不过是一种潜在的善。(2)被食者之死换来的食者之生对于食者而言是一种善。然而,对于被食者而言,其生命被剥夺无疑是最为残忍的恶。可见,这种善是你死我活的血腥冷酷的自然法则造就的蕴恶之善。或者说,这仅仅是丛林法则支配下带来的保存生命的未经反思的可能之善,还不是经过自觉反思继而主动追求好的生活、好的生命的现实之善。(3)自然之善依然潜伏着恶的威胁,因为食者不可避免地面临所吃食物带来的自然危险。某些食物因各种原因有一定程度的毒害,在极度恶化时可以杀死我们。倘若如此,外界就不再成为我们的身体,反而以我们的身体为工具成就其自身。

尽管如此,如果没有这种潜在的善,现实之善就会失去生命依据而绝无实现之可能。只有在自然之善的基点上,食物才有可能在人与自己的关系中演进为自我之善,进而在人与他人的关系中提升为人类之善。

(二)人与自己关系中的食物伦理规则

食物的伦理价值不仅仅是保持生命或能够活着(自然之善)。更重要的是,食物是为了满足自我食欲而维系自我存在的为我之物,因为食物不但彰显着人和物的伦理关系,而且更深刻地蕴含着人与自己的道德关系。

人与自己的道德关系肇始于追问并确证人的自我认同和价值意义,这也一直是哲学家们探赜索隐的传统话题。康德曾把它凝练为一个著名的哲学人类学问题:"人是什么?"针对康德提出的这个问题,费尔巴哈明确地回答道:"人是其所食。"[①]费尔巴哈的这一断言在食品科学领域具有一定的科学证据与某种程度的科学支撑,如摄入铁元素少者血液中缺铁,摄入脂肪多者肥胖,吃简单食物者瘦,吃健康食物者健康,等等。显然,"人是其所食"夸大了食物的效用,因为人的感觉、记忆、理性、行为等要素在食物及人的自我塑造中具有重要作用。就是说,除了食物外,人的自我认同和价值意义还包括其他诸多要素。不过,我们这里讨论的范围仅限于食物蕴含的人与自己的关系。

食物只有成为自我理解、自我实现的要素,才具有哲学意义和伦理价值。当

---

① See: Christian Coff, *The Taste for Ethics: An Ethic of Food Consumption*, translated by Edward Broadbridge (Dordrecht: Springer, 2006), p. 9.

身体纳入食物、消化食物,使食物与身体合而为一之时,食物似乎消失了,但是感觉与记忆把食物内化为身体的一种主观的味道体验。食物味道渗透于感官,并保留在身体的记忆与感觉之中。或者说,食物味道是味觉和嗅觉对食物的感觉与记忆。萨特认为:"味道并不总是些不可还原的材料;如果人们能考问它们,它们就对我们揭示出个人的基本谋划。就是对食物的偏好也都不会没有一种意义。如果人们真正想认为任何味道不是表现为人们应该辩解的荒谬的素材而是表现为一种明确的价值,人们就会了解它。"①寓居于身体之内的食物味道的感觉、记忆构成历史性的食物意识,即食物印记。

食物印记本质上就是食物的某种暂时性。当下的自我需要意志力和洞察力把食物看作印记,也就是把自我置于食物的某种暂时性之中。自我的当下就是把过去和未来联结为一体的此在的暂时性,它既是过去的现实,又是未来的可能。莫里斯·梅洛-庞蒂(Maurice Merleau-Ponty)说:"对我而言的过去或未来就是此世的当下。"②食物既是当下自我的历史元素(过去),也是当下自我的可能元素(未来)。在恰当的机遇中(如某种食物呈现在自我面前),封存于身体之中的遥远时空的食物印记通过感官知觉重新开启过去之门。自我根据食物印记对当下食物产生愉快感或痛苦感,感知跟食物相关的福祸得失或苦乐甘甜。当下食物则把过去与未来重叠交织为自我的"先在"(pre-existence)与"存在"(survival)的共在状态。自我基于此获得生命存在感与食物道德直觉,使食物成为自我理解、自我实现的重要元素,也使自我成为一个朝向伦理世界生成绵延的主体。在此意义上,如费尔巴哈所说,食物是"'第二个自我',是我的另一半,我的本质"③。自我作为把食物的过去与未来联结在当下的行为主体,理解并体现出食物蕴含的道德意识与伦理精神。

在朝向伦理世界生成的过程中,自我把(欲求食物的)自我和(追寻食物规则的)自我建构为追寻自我之善的主体。作为有理性的自由存在者,"我们对食品的决定规定了我们曾经是谁,我们现在是谁,以及我们打算成为谁。我们如何做出这些选择更多地传达着我们的价值观念、我们与生产食品者的关系,以及我们

---

① 萨特:《存在与虚无》,陈宣良等译,生活·读书·新知三联书店,2007,第743页。

② Maurice Merleau-Ponty, *Phenomenology of Perception* (London: Routledge, 1989), p. 412.

③ 路德维希·费尔巴哈:《费尔巴哈哲学著作选集》(上卷),生活·读书·新知三联书店,1959,第530页。

期望的世界类型"①。食物既是自我做出的一系列决定，又是自我审视世界的预定方式的思想框架。在通常情况下，刚刚吃过的食物已经进入身体运行之中，为未来准备的食物还在食物储存处。自我既要关注当下的食物生产历史(食物的过去)，又要考虑当下食物的保质期限或未来食物的生产规划(食物的未来)。在力所能及的范围内，自我凭借食物印记日复一日地感知、理解、判断、选择食物，进而生产、销售、购买、消费食物。这一系列行为既是生活经验与饮食习俗的积累传承，又是自我认同与食物伦理的自觉反思。可见，这就是人与自己关系中的对食物伦理规则的追寻。

在食物伦理视域内，人与自己的关系最终体现为欲求食物的自我与追寻食物规则的自我之间的关系。亚里士多德认为，就人与自己的关系而论，"他是自己最好的朋友，因此应该最爱自己"②。自爱或爱自己意味着应该追求人性尊严的高贵目的，食物与这个目的密不可分。真正的自爱包括食物之爱：把食物作为身体健康以达成高贵目的的要素，这也是自己成为自己的朋友之重要一环。食物之爱本质上就是自我探求并尊重一定的食物规则，这就是追寻食物规则的自我。相应地，把食物与自然相联系的身体就是欲求食物的自我。追寻食物规则的自我把身体建构为食物目的而非纯粹工具。就是说，身体不仅仅是食物成就其自然之善的工具，而且也是食物自然之善所要追求的目的。同时，自我在追求善(或好)的生活的生命历程中，把食物的自然之善提升为主观自觉的自我之善。换言之，追寻食物规则的自我，把食物的自然之善提升为建构自我认同与人性尊严的自我之善。通俗些说，自我根据食物印记与自我之善的食物规则，否定劣质或有害食物，存疑不明食物，选择培育优质健康食物，不断促进并改善食物营养结构，进而保障身体健康，优化生活品位，以成就人性尊严的高贵目的——这就是自我之善，即人与自我关系中的食物伦理规则。

自我之善是主观的自为的善。这也就是说：

(1)自我之善是道德自我的主观建构，因为"每一个人必然追求他所认为是

---

① Gregory E. Pence, *The Ethics of Food: A Reader for the Twenty-First Century* (Lanham and New York: Rowman & Littlefield Publishers, Inc., 2002), p. vii.

② Aristotle, *The Nicomachean Ethics*, translated by David Ross, revised by Lesley Brown (Oxford: Oxford University Press, 2009), p. 174.

善的,避免他所认为是恶的"①。当我们想象一种美味时,"我们便想要享受它、吃它";当我们享受美味时,肠胃过于饱满,"我们前此所要求的美味,到了现在,我们便觉得它可厌"②。因此,自我之善并不必然是客观现实的。用科夫的话说:"(食物)消费者所要求的与他们实际所做的之间的鸿沟,的确体现着善的生活观念与实际生活观念的鸿沟。"③比如:进餐者根据自我之善的标准要求某种类型或味道的食物,而事实上没有或缺乏这种食物。当有这种食物之际,进餐者根据自我之善的标准可能需要的是另一种食物。自我之善的主观性与现实生活的客观性之间存在着某种程度的差异,甚至冲突。这种冲突本质上是自我之善的主观规则所追求的生活善与自我之善所面对的客观现实的生活善之间存在的应然和实然的矛盾。此矛盾只有超越道德自我的主观建构才有可能得以和解。

(2)在特定条件下,食物伦理领域中的主观自我与客观现实之间或应然与实然之间可以达到某种程度的和解。康德举例说,哲学学者独自进餐耗损精力,不利健康。进餐时,如果有一同桌不断提出奇思异想,使他得到振奋,他就会获得活力而增进健康。④尽管主观自我与客观现实的差异也可能转化为"和而不同"的境界,但是在通常情况下,秉持自我之善的道德个体之间存在着不可避免的各种分歧。如:个体的口味、出身、禀赋、能力、身份、地位等千差万别,用餐的时间、地点、食物类别、规格等对于不同进餐者而言具有不同甚至相反的意义。因此,内格尔·杜鄂(Nigel Dower)告诫道:"我们必须意识到我们所食(吃)影响他人所食(吃)。"⑤自我之善与主观自我之间的冲突,要求不同自我通过一定的程序遵循共同之善。

(3)前两者的冲突根源于自我内在的善恶矛盾,即自我之善与自我之恶的矛盾。如前所论,食物之爱是自我之善的基本形式,也是自己成为自己朋友的基本标志之一。相反,缺失食物之爱,就会伤害身体甚至生命,成为自己的敌人。贪

---

① 斯宾诺莎:《伦理学·知性改进论》,贺麟译,上海人民出版社,2009,第157页。

② 斯宾诺莎:《伦理学·知性改进论》,贺麟译,上海人民出版社,2009,第127页。

③ Christian Coff, *The Taste for Ethics: An Ethic of Food Consumption*, translated by Edward Broadbridge (Dordrecht: Springer, 2006), p. 5.

④ 参见:李秋零主编:《康德著作全集》(第7卷),中国人民大学出版社,2008,第274-275页。

⑤ Nigel Dower, "Global Hunger: Moral Dilemmas", *in Food Ethics*, edited by Ben Mepham (London: Routledge, 1996), p. 7.

食、禁食或废寝忘食等现象往往是不自爱的自我敌对行为,也常常是自我之恶的表象。绝食则另当别论。为了高贵目的的绝食,依然是自我之善,否则,就可能成为自我之恶。问题在于,主观自我不可能完全客观地判定自我之善或自我之恶。它可能把自我之恶误判为自我之善,如把严重的废寝忘食甚至以身饲虎等当作道德高尚加以推崇;也可能把饮食有节或正常的某类食物欲求等误判为自我之恶,如素食主义者把食肉当作恶,等等。

自我之善与自我之恶的矛盾内在地蕴含并呼唤着超越主观自我、裁定自我善恶的客观伦理法则——人与他人关系中的食物伦理规则。

(三)人与他人关系中的食物伦理规则

自我之善所具有的矛盾,深刻地预示出食物蕴含着人与他人之间的伦理联系。在这种伦理联系中,食品科学技术发挥着重要的引领和实践功能。如库尔特·拜尔茨所说:"人不是直接去适应环境,而是借助于技术去适应环境。"①古希腊时期,作为古典食品科技范式的营养学同时也是食物伦理学的古典形态。营养学中的道德观念是希腊公民日常伦理生活的重要部分。与古希腊时代不同,"如今二者都必须拓展到极其宽广的范围"②。当下食品科技全面深刻地影响并改变着人类的身心健康和生活质量。与此同时,食品科技带来的伦理问题(如转基因食品问题等)已经远远超出个别民族或国家的区域,成为世界公民必须共同面对的关乎人类生活质量的国际问题。在这样的国际境遇中,食物伦理规则不能仅仅囿于某些个体或群体的主观善(特殊善),而应当追求人类伦理共同体视域的普遍善或人类之善。

食物伦理规则应当追求的人类伦理共同体视域的普遍善或人类之善是什么呢?

科夫曾从语言学的角度分析了食物与食物权之间的内在联系。他认为,在一些语言(如丹麦语的ret,瑞典语的rätt,挪威语的rett,德语的gericht)中,食物中的"菜肴"(course)具有双重含义:既具有dish之类的美食学意义,又具有law或

---

① 库尔特·拜尔茨:《基因伦理学:人的繁殖技术化带来的问题》,马怀琪译,华夏出版社,2000,第107页。

② Christian Coff, *The Taste for Ethics: An Ethic of Food Consumption*, translated by Edward Broadbridge (Dordrecht: Springer, 2006), p. 148.

justice之类的法学意义。一方面,这些词的词根都源自古德语词rextia,其意为伸直或变得平坦,可以引申为公平公正;另一方面,这些词的美食学意义都受到与它们具有相同词根的词richte的影响。richte具有权利的含义。可见,这些词的法学意义和美食学意义具有联系:享用菜肴之类的食物是一种公正分配的权利。科夫据此断言:"在某些文化中的最基本权利或许一直是食物权(the right to food)。"①何为食物权呢?

食物权的理念较早源自1941年美国总统罗斯福关于"四个自由"的演讲。其中,满足基本需求的自由就包括获得充足食物的权利。②自1948年《世界人权宣言》颁定以来,食物权在国际协议中得到普遍认可。1966年《经济、社会和文化权利国际公约》第11款明确把食物权规定为:"每个人都具有免于饥饿的基本权利。"③从外延来看,"食物权属于整个人类,属于每个人"④。从内涵看,食物权是一种最为重要、最为普遍的维系生存的自然权利。食物权既是免于饥饿危害的权利,又是享有足以维系健康生活的食物的权利(这对于贫穷偏远地区的农民尤为重要)。概言之,食物权是人人生而具有的获得食物或享有食物的正当诉求,是人类共享的神圣不可剥夺的共同伦理价值。因此,食物权是人类命运必须尊重的基本伦理规则。或者说,食物权具备人类之善的资格。

不过,如果缺乏切实有效的实践保障,食物权则无异于空中楼阁。或者说,食物权意味着相应的责任。那么,如何保障食物权即实践人类之善的共同价值?或者说,谁是食物权的具体责任承担者呢?胡塞尔说:"人最终将自己理解为对他自己的人的存在负责的人。"⑤食物权的责任承担者只能是人,要么是个体,要么是个体组成的各种共同体(主要是国家)。个体责任与共同体责任共同构成保障食物权的责任规则体系。

---

① Christian Coff, *The Taste for Ethics: An Ethic of Food Consumption*, translated by Edward Broadbridge (Dordrecht: Springer, 2006), p. 16.

② See: Anne C. Bellows, "Exposing Violences: Using Women's Human Rights Theory to Reconceptualize Food Rights", *Journal of Agricultural and Environmental Ethics* 16 (2003): 254.

③ Anne C. Bellows, "Exposing Violences: Using Women's Human Rights Theory to Reconceptualize Food Rights", *Journal of Agricultural and Environmental Ethics* 16 (2003): 249-279, 265.

④ Anne C. Bellows, "Exposing Violences: Using Women's Human Rights Theory to Reconceptualize Food Rights", *Journal of Agricultural and Environmental Ethics* 16 (2003): 265.

⑤ 胡塞尔:《欧洲科学的危机与超越论的现象学》,王炳文译,商务印书馆,2001,第324页。

个体责任主要是指具有获取食物能力者对自己、家庭成员以及其他相关个体的食物权承担着不可推卸的责任,尤其对尚不具备获取食物能力者或丧失劳动能力者的食物权负有责任。最基本的个体责任是父母应当承担保障幼年子女食物权的责任。彭斯说:"由于食物对生命是必不少的,从父母向子女的食物转让具有第一位的重要性。这种重要性的最重要标志就是喂乳。母亲简直就是在亲自喂养婴儿的过程中传递着这种重要意义。这种行为中的食品传递着利他、愉悦、滋育、爱和安全。"①斯宾塞也认为:"在以自然的食物喂养婴孩的过程中,母亲得到了满足;而婴孩有了果腹的满足——这种满足,促进了生命生长,以及加增享受。"②此种行为使母婴都快乐,反之二者都痛苦。可见,母亲喂养婴孩或父母保障子女的食物权是绝对正当的行为,也是不可推卸的责任。同理,子女对年迈父母或丧失劳动能力的长辈也应如此。另外,尊重食物权的责任和个人职业密切相关,它直接涉及田间劳作,间接涉及其他职业行为。农业工作者的基本责任是种好田地并保证庄稼收获。当下尤为重要的是,农业工作者中的科学家必须自觉承担农业科技领域保障食物权的重大责任,如承担农药、转基因食品等领域的相关责任等。尽管当今社会职业繁多,但是无论从事何种职业,在力所能及的范围内,每个人都应当通过自己的职业奉献以获得必要的食物资源,并主动承担保障食物权的相应责任。

个体承担保障食物权的责任,不仅仅限于提供食物,更重要的则是对人格尊严的敬重。在通常情况下,当食物充足时,个体并不负责向陌生人提供食物。只有处在食物匮乏状态的陌生人祈求食物时,有能力提供食物的个体才有责任向陌生人提供食物。但是,这并不意味着提供食物者可以不尊重祈求食物者的人性尊严,也绝不意味着祈求食物者为了获得食物而必须丧失个人尊严。孟子说:"一箪食,一豆羹,得之则生,弗得则死。嘑尔而与之,行道之人弗受;蹴尔而与之,乞人不屑也。"(《孟子·告子上》)孟子甚至凭其道德直觉提出刚性的食物规范:"非其道,则一箪食不可受于人。"(《孟子·滕文公下》)遗憾的是,孟子并没有论证秉持此规则的伦理根据。其实,这类极端境遇是食物规则的自然之善与自

---

① Gregory E. Pence, *The Ethics of Food: A Reader for the Twenty-First Century* (Lanham and New York: Rowman & Littlefield Publishers, Inc., 2002), p. viii.

② 周辅成编:《西方伦理学名著选辑》(下卷),商务印书馆,1987,第308页。

我之善、人类之善的冲突。相对而言,人类之善、自我之善是目的,自然之善是手段。只有以人类之善、自我之善为目的,自然之善才具有工具价值。或者说,自然之善只有经过自我之善提升为人类之善(食物权)才具有真正的伦理价值。是故,人类之善、自我之善优先于自然之善。换言之,食物权应当要求把人性尊严置于自然欲求之上,不应当把人仅仅当作饥饿或食物的工具。费尔巴哈曾经说过:"吃喝是一种神圣的享受。"在我们看来,这种神圣不仅仅是对食物及其美味的享用或对美好生活的追求,更应该是对神圣不可践踏的食物权的敬畏和践行。不尊重人格甚或侮辱人格的食物供养本质上如同饲养禽兽,所谓"食而弗爱,豕交之也"(《孟子·尽心上》)。这种行为并不是履行食物权的责任,而是对食物权的蔑视,甚至践踏。不过,履行责任应当是个体能力范围内的行为,因为个人承担责任的能力是有限的。比如,在食物极度匮乏的情况下,易子而食之类的事件极不人道——这种行为最大限度地暴露出个体履行责任的局限性和脆弱性。

超出个体能力的责任应当由相对强大的国家政府与国内国际组织等伦理共同体承担,因为履行保障食物权的责任是这些伦理共同体存在的基本合法根据之一。其中,国家是公民食物权的主要责任承担者(为简洁计,我们这里只限于讨论国家保障食物权的责任,因为国家是伦理共同体的实体典范,也是伦理共同体责任的直接承担者,其他形式的伦理共同体的责任不同程度地与国家类似)。根据食物权的基本诉求,国家维系食物权的责任应当包括两大基本层面:尊重公民食物权的消极责任、保障公民食物权的积极责任。

国家应当首先承担尊重公民食物权的消极责任。孟子曾经从经验生活的角度考虑过这个问题。他说:"鸡豚狗彘之畜,无失其时,七十者可以食肉矣;百亩之田,勿夺其时,数口之家可以无饥矣;谨庠序之教,申之以孝悌之义,颁白者不负戴于道路矣。七十者衣帛食肉,黎民不饥不寒,然而不王者,未之有也。"(《孟子·梁惠王上》)这里所讲的"无失其时""勿夺其时"等,可以说是古典时代的思想家对国家或统治者消极责任的经验要求。作为强有力的伦理共同体,国家最为基本的责任就是维系个体尊严与人类实存。在尤纳思看来,在人类历史的绵延中,人类实存是第一位的,维系人类实存是先验的可能性的自在责任。①食物权

① See: Hans Jonas, *The Imperative of Responsibility: In Search of an Ethics for the Technological Age*, translated by Hans Jonas with David Herr (Chicago & London: Chicago University Press, 1984), p. 99.

是人类实存的根本环节之一,国家不得以任何借口去危害或剥夺个体的食物需求权利。这是国家维系人类实存的无条件的最低责任或绝对责任。当下最为关键的是,国家不能滥用公共权力干涉甚至破坏食物来源或自然环境,更不能为了某种政治目的或利益目的而牺牲公民的食物权,乃至危害人类实存。

在履行消极责任的前提下,国家必须承担保障公民食物权的积极责任。当公民个体的食物权受到侵害时,国家应当运用公权阻止侵害食物权的行为并依据法律规定给予侵害者相应惩罚,同时给予受害者合法补偿。对于那些没有能力获得食物者,或因为非个人因素不能获得食物者(如自然灾害、瘟疫、战争等灾难中的饥民),国家有责任直接给他们提供食物。为此,国家应当有预见性地颁布正义的规章制度以提前禁止可能导致危害或剥夺食物的行为。这就要求国家真正理解人们是如何获得食物的(如谁在从事农业? 谁在从事渔业? 谁从森林中收集食物? 谁在喂养家畜或从市场购买食物? 等等),并据此建构健康良好的食物运行系统。纳迪亚·C. S. 拉姆柏克建议说:"食物系统需要民主和民主价值来统治,民主价值要求尊重生产者和消费者以及人与食物之间的关系。"[1]食物权的核心是公民必须有权利参与影响其生活和食物的有关决定,国家有责任保证公民真正参与跟食物相关的整个决策过程,而不是蒙混过关。良好的食物系统不仅仅是为了保护农民、渔夫等免于饥饿或获得食物,更重要的是使每个公民转向有偿工作,保证每个公民"获得最低工资,建构社会保障体系"[2]。国家必须尊重人们的生活资源基础,确保人们拥有土地和水等自然资源以便人们能够生产自己的食物,或确保人们有购买食物的经济来源,保障任何人任何时候都能够有尊严地获得安全可靠、健康营养的优质食物。在经济效益、政治目的和食物权发生冲突时,国家应当秉持食物权优先的基本伦理理念。

简言之,食物权及其相应责任是人类之善的两个基本层面,人类之善是人与他人关系中的食物伦理规则。

综上所论,人与物、人与自己、人与他人关系中的食物伦理规则分别是:自然之善、自我之善、人类之善。这三条法则秉持的共同伦理理念是:人是食物的目的和价值根据。所以,食物伦理第三律令为:应当秉持以人为目的的食物伦理法则。

---

[1] Nadia C. S. Lambek et al. (eds.), *Rethinking Food Systems* (Dordrecht: Springer, 2014), p. 120.

[2] Nadia C. S. Lambek et al. (eds.), *Rethinking Food Systems* (Dordrecht: Springer, 2014), p. 120.

至此,食物伦理律令已经呼之欲出。不过,要把握食物伦理律令的真正蕴涵,还需要进一步追问:食物伦理的三个基础问题H、I、J的提出有何伦理根据?

或许是司空见惯的缘故,食物似乎是与伦理无甚关联的自然之物。相应地,食物伦理便成为某些哲学家不屑一顾的形而下的边沿话题。事实上,人以食为天,食物是人类存在的基本根据,人类从来没有也不可能回避食物伦理问题。著名食物伦理专家彭斯说:"食物把所有人造就成哲学家,死亡同样如此,不过大部分人避免思考死亡。"[①]死亡只能来临一次且是未可知状态,人们可能因此推迟甚至避免思考死亡问题,如孔子就讲过"未知生,焉知死"?(《论语·先进》)但是,哲学家们对死亡的道德反思似乎远甚于对食物的伦理探究。其实,死亡和生存是哲学的永恒话题,因为二者都是人和生命的根本要素,[②]或者说,二者都是生活世界的重要支撑。如果说哲学是对死亡的训练,也就意味着哲学是对生存的训练,这就不可避免地要直面希拉里·普特南(Hilary Putnam)所说的"生活-世界自身应当如何"[③]的问题。在人类历史进程中的生活世界里,人们最基本的生存要素是满足饥饿需求的食物。因此,向死而生的最基本的存在形态就是向饿而食。

如此一来,人类必然面临向饿而食的三大伦理困境为:K.人命与死亡的矛盾——生死冲突;L.人命与人命或其他生命的矛盾——生命冲突;M.好(善)生活与坏(恶)生活的矛盾——生活冲突。应对这三大伦理困境的分别是食物伦理的三个基础问题H、I、J的"应当"根据。据此,可以把它们分别修正为:H.面对生死冲突,是否应当禁止食用任何对象?I.面对生命冲突,是否应当允许食用任何对象?J.面对生活冲突,应当食用何种对象?

相应地,回应H的食物伦理第一律令修正为:面对生死冲突,不应当绝对禁食;回应I的食物伦理第二律令修正为:面对生命冲突,不应当以所有对象为食物;回应K的食物伦理第三律令修正为:面对生活冲突,秉持以人为目的的食物伦理法则。

---

① Gregory E. Pence, *The Ethics of Food: A Reader for the Twenty-First Century* (Lanham and New York: Rowman & Littlefield Publishers Inc., 2002), p. vii.

② 关于"死亡是生命要素"的相关论证,请参看任丑:《死亡权:安乐死立法的价值基础》,《自然辩证法研究》2011年第2期。

③ Hilary Putnam, *The Collapse of the Fact /Value Dichotomy and Other Essays* (Cambridge, Massachusetts: Harvard University Press, 2002), p. 112.

第一律令、第二律令是规定食物伦理"不应当"的否定性律令,其实质是食物伦理的消极自由(免于饥饿或被不良食物伤害的自由)。第三律令是规定食物伦理"应当"的肯定性律令,其实质是食物伦理的积极自由(为了好的或善的生活而追求优良食物的自由)。三大伦理律令分别从不同层面诠释出食物伦理的根本法则——食物伦理的自由规律,这就是食物伦理的总律令,即食物伦理律令。

食物不仅仅是人类拒斥死亡、维系生存的可食用的自然之物,更是人类在其能力范围内不断否定自然的必然限制并自由地创造善(好)的生活的精神之物。生活世界的三大食物伦理困境归根结底是自然规律和自由规律在人类生活领域中的矛盾。①食物伦理律令正是人类从自然界及其必然性中解放出来的满足饥饿欲求的生存实践活动的自由法则。有鉴于此,其基本内涵可以归结为:在应对诸多食物伦理问题时(包括当下人类共同面对的日益尖锐复杂的各种食物伦理问题),人类不应当屈从于自然规律,而应当遵循自由规律——秉持免于饥饿的基本权利,追寻正当的生存诉求和善(好)的生活,进而提升生命质量,彰显人性尊严与生命价值。就此意义而言,食物伦理律令无疑是人类应对生存危机、维系生命存在、延续人类历史的基本伦理法则之一。

第三节　食物伦理冲突

衣食住行是人之为人的基本存在方式,诚如费尔巴哈所说:"吃和喝是普通的、日常的活动,因而无数的人都不费精神、不费心思地去做。"人们享用食物好像是理所当然、毋庸置疑的自然现象,似乎是和伦理无甚关联的生活事实。其实,自从人类出现以来,食物伦理就以饮食习俗的素朴方式渗透到人类历史进程中,并逐步形成一定的食物伦理规则。20世纪90年代末,食物伦理学正式诞生并成为应用伦理学的一个重要领域。

近年来,随着食品科技高速发展和生态环境问题日益严重,频繁出现的转基

---

① 关于自然规律和自由规律关系的研究,请参看任丑:《应用德性论及其价值基准》,《哲学研究》2011年第4期。

因食品、劣质奶粉、地沟油之类的事件把食物伦理冲突推向食物伦理学前沿。这些食物伦理问题集中在三个层面：素食与非素食的伦理冲突；自然食物与人工食物的伦理冲突；食物信息遮蔽与知情的伦理冲突。这就成为当下食物伦理学不可推卸的研究使命：透过纷繁复杂的食物伦理冲突的表象，反思食物伦理冲突之本质，进而探求和解之道。这是食物伦理治理的深入进展。

一、素食与非素食的伦理冲突

依据食物构成的基本要素，食物可以分为素食与非素食（主要指肉类食品）。围绕素食与非素食引发的素食主义与非素食主义的冲突是一个亘古长新的食物伦理问题。比如，早在公元前五世纪，素食主义者罗马诗人奥维德与古希腊哲学家恩培多克勒对此问题就有过较为深入的思考。[1]当下的食物伦理冲突主要来自素食主义者的挑战，用约翰逊的话说就是：除了人之外，"吃其他动物又会怎样呢"[2]？换言之，人类是否应当食用肉类？

在素食者（尤其是素食主义者）看来，吃肉必须以屠戮人类伙伴和邻居为代价，这是极不人道的侵害行为。甚至可以说，"吃肉就等同于谋杀"[3]。素食主义者约翰·奥斯瓦尔德（John Oswald）在其书《自然的哭泣，或基于迫害动物立场对仁慈和公正的诉求》中对此有较为详尽的深刻论述。[4]素食主义者的理由是：人类与其他动物类似，具有物种共同体的同感。既然人们普遍认为吃人是错误的，那么就应该禁食肉类。绝对素食主义者不仅要求禁食肉类，甚至还呼吁禁食所有动物产品，如鸡蛋、牛奶等。

与素食主义的悲悯思想不同，非素食主义其实是一种快乐主义。快乐主义把好（善）的餐食的意义锁定在感官快乐的基点上，认为肉食及其带来的愉悦是对身体的鼓励。拉美特利说，饥饿者有了食物，就意味着快乐又在一颗垂头丧气

① See: Christian Coff, *The Taste for Ethics: An Ethic of Food Consumption*, translated by Edward Broadbridge (Dordrecht: Springer, 2006), p. 12.

② Ben Mepham (ed.), *Food Ethics* (London: Routledge, 1996), p. 49.

③ Christian Coff, *The Taste for Ethics: An Ethic of Food Consumption*, translated by Edward Broadbridge (Dordrecht: Springer, 2006), p. 12.

④ See: Timothy Morton (ed.), *Radical Food: The Culture and Politics of Eating and Drinking 1790-1820*, Vol. 1 (London: Routledge, 2000), pp. 143-170.

的心里重生,它感染着全体共餐者的心灵。餐桌的愉悦是对食肉者的褒奖,讨论肉食和所吃动物的来源有悖礼貌优雅,甚至不可想象。法国哲学家雅克·德里达(Jacques Derrida)一直秉持快乐主义思想。对他而言,"杀死动物是不需要考虑的——既然我们必须吃以维系生存。吃是对死亡的拒斥,吃的道德问题是关注好(善)的餐食……这是生命快乐的延绵——当然不是为了被食者,而是为了食者"①。在快乐主义者这里,吃肉是感官快乐的自然需求,根本不用考虑食用肉类或者杀死动物的道德问题,更不可能听命于素食主义者的哀婉苦求。

那么,如何化解素食主义和非素食主义(即快乐主义)的冲突呢?素食主义和快乐主义的冲突源于二者对人和食品的单一片面的理解。其一,杂食动物的人与食草动物有类似之处(人依靠素食也能够生活),也有所不同。食草动物的身体结构、消化系统等决定着其不能也不需要吃肉。食草动物吃的过程(如羊吃草)是一个纯粹的自然过程,素食主义者吃素却是以禁止食肉为前提的自由选择行为。作为有理性的存在者,人应当自觉地把自己与食草动物如牛羊等区别开来。另外,人也具有吃肉的能力和需求,这一点和食肉动物类似。从经验的角度看,大部分人主张食肉是人类自然的身体需求,是有益身心健康的行为。约翰逊说:"绝大部分人认为吃肉是没有错的,尽管许多人或多或少地反对吃某类动物的肉,或者不要在吃动物前虐待它们。"②由此看来,素食主义者的理由(人类与其他动物类似且具有物种共同体的同感)不能成立,把素食偏好看作目的并要求所有人遵循是一种霸道的独断论。其二,虽然吃肉意味着某些动物的死亡,但是从某种意义上看,"这是自然运行的方式,我们对此无能为力"③。狮虎等食肉动物吃活猎物是一个自然过程,它们不会考虑猎物(如牛羊等)绝望痛苦的哀嚎。但是,人作为道德主体,应当自觉地把自己与(非道德主体的)动物如狮虎等区别开来。质言之,人应当考虑动物的感受,而不是和食肉动物一样仅仅为了身体快乐而食肉。孟子说:"君子之于禽兽也,见其生,不忍见其死;闻其声,不忍食其肉。是以君子远庖厨也。"(《孟子·梁惠王上》)快乐主义把人类混同于其他动物,其实

① Michiel Korthals, "Taking Consumers Seriously: Two Concepts of Consumer Sovereignty", *Journal of Agricultural and Environmental Ethics* 14 (2001): 208.
② Ben Mepham (ed.), *Food Ethics* (London: Routledge, 1996), p. 49.
③ Michiel Korthals, "Taking Consumers Seriously: Two Concepts of Consumer Sovereignty", *Journal of Agricultural and Environmental Ethics* 14 (2001): 208.

是把人贬低为自然规律的奴隶而遮蔽了人的自由本性。由于动物能够感到痛苦，活吃动物是残忍冷酷的，"吃动物前杀死动物是人道的"①。可见，快乐主义和素食主义一样，其理论和行为也是缺乏道德反思的独断论。其三，人吃素食或肉食是一个自然过程，同时也是自我能力范围内的理性选择行为。亚里士多德主张，人应当为其自愿选择、力所能及的行为负责。②素食主义、快乐主义和其他类型的人都应当对食品（无论是肉食还是素食）具有敬畏之心和感恩之情。这既是对食品负责，更是对人类自己的行为负责。在固守不伤害的道德底线的前提下，素食主义和快乐主义可以坚持自己的言行和行为规则，但是应当尊重他人的食物选择方式和生活方式，不能强迫他者接受或听命于自己的食物信条和生活方式。最后，在选择素食还是肉食的问题上，只有极少数人是素食主义者和快乐主义者。这也从经验直观的角度否定了快乐主义食物信条和素食主义食物信条的正当性和普遍性。从理论上讲，奠定在感官的快乐或痛苦基础上的食物信条具有偶然性、多样性和不确定性，不可能成为出自实践理性的普遍道德价值法则。是故，少数素食主义者和快乐主义者不应该强求所有人以其特殊偏好为普遍性的食物伦理标准。把个别人的诉求和规范强加于所有人既是对平等人性的侮辱，也是对自由规则的践踏。

二、自然食物与人工食物的伦理冲突

从来源看，食物可以分为自然食物和人工食物。众所周知，绿色革命（其标志成就主要是高产小麦、高产大米等）以来，食品科学技术便成为食物来源的主要人工手段。与此相应，自然食物与人工食物也主要具体化为有机食品与科技食品。由于食品科技能够正当应用，也可以不正当应用，科技食品与有机食品的伦理冲突也就不可避免。当今世界的这种冲突主要是有机食品与转基因食品的颉颃。二者颉颃的极端状况是：个别国家宣称宁愿饿死，也要坚定地拒斥转基因食品。拒斥转基因食品、选择有机食品似乎成为一种世界主义潮流。如此一来，

---

① Christian Coff, *The Taste for Ethics: An Ethic of Food Consumption*, translated by Edward Broadbridge (Dordrecht: Springer, 2006), p. 12.

② See: Aristotle, *The Nicomachean Ethics*, translated by David Ross, revised by Lesley Brown (Oxford: Oxford University Press, 2009), pp. 38–41.

自然食物与人工食物的冲突焦点也就凸显为转基因食品与有机食品之间的道德冲突。那么,转基因食品与有机食品存在何种伦理冲突? 如何化解这种伦理冲突呢?

(一)何种伦理冲突

转基因食品与有机食品存在两个层面的冲突:身体健康层面的冲突以及外在环境层面的冲突。

身体健康层面的冲突的核心问题是:有机食品是否比转基因食品更有营养? 人们反对转基因食品的基本理由或内在理由是:有机食品属于小农场生产的地方型产品,所以是安全、有益人体健康的自然食物。与此不同,转基因食品是国际集团生产的科技产品,是一种危害人体健康乃至生命的危险食品。转基因技术或许会导致感性知觉和现实之间的断裂,因为一个转基因食品(如一个胡萝卜)不仅仅是一个转基因食品(如一个胡萝卜),而且还携带着源自其他有机体的基因,这就可能对人体健康带来不利要素。对于这个问题,诺贝尔奖获得者植物学家诺曼·E.勃劳格(Norman E. Borlaug)明确地反驳说:"如果人们相信有机食品更有营养价值,这是一个愚蠢的想法。相反,绝对没有任何研究表明有机食品能够提供更好的营养。"[1]此外,有机的自然食物并非都是有营养的或有利健康的食物。某些有机食品可能是不安全的,"有机的莴苣或菠菜,通常生长在粪肥浇灌的土壤中,包含有大肠杆菌,它能够导致出血性直肠炎、急性肾衰竭,甚至造成死亡"[2]。与转基因食品相比,某些有机食品可能对人体健康危害更大或给人体带来更大危险。如果有的消费者相信从健康的角度看食用有机食品更好,应当尊重他们的选择。虽然他们购买时必须付出更多费用,但是很难依靠有机食品保证健康。

从外在环境层面看,有机食品是否比转基因食品更有利于环境保护? 反对转基因食品的外在理由是有机食品比转基因食品更有益于维系和保护人类赖以生存的自然环境。事实上,植物(包括小麦、玉米等)本身并不能判断氮离子来自

---

[1] Gregory E. Pence, *The Ethics of Food: A Reader for the Twenty-First Century* (New York: Rowman & Littlefield Publishers, Inc., 2002), p. 121.

[2] Gregory E. Pence, *The Ethics of Food: A Reader for the Twenty-First Century* (New York: Rowman & Littlefield Publishers, Inc., 2002), p. 118.

人工化学制品还是分解的有机物质。如果有机农场不能运用化学氮肥,那就只能用动物粪肥、人类粪肥给庄稼提供肥料。这不但不能给植物带来生长上的肥料优势,还必然会对自然环境造成严重污染和高度破坏。比如,主要向欧洲国家提供有机食品的种植者就破坏了厄瓜多尔的森林和草地。对于这类问题,勃劳格分析说:"目前,每年使用大约8千万吨的氮肥营养物。如果你试图生产同样多的有机氮肥,你将会需要喂养50亿或60亿头牲畜来供应这些粪肥。这将要牺牲多少野外土地来供养这些牲畜? 这简直是胡作非为。"[1]在当今世界,如果能采取有机种植而绝不运用化学肥料和转基因技术,那么这既不可能维系人类赖以生存的自然环境,更不可能养活当下的世界人口。虽然食品不是武器,但是一旦食物匮乏,不仅会导致部分人口挨饿,还有可能引发饥荒,为了争夺粮食资源,甚至还可能爆发血腥暴力、危及人类的世界战争。

(二)如何化解这种伦理冲突

转基因食品与有机食品冲突的实质是人们对非自然食物的排斥情绪与道德理性之间的冲突。彭斯说:"从总体上看,我们当下的食品检验体系对传统食品多一些虚幻好感,对转基因食品多一些排斥情绪。人们总是这样,惧怕街道上一个陌生的孩子,尤其是他的名字是'基因'的时候,更是增加了恐惧。"[2]在这种排斥情绪与道德理性的冲突中,道德理性应当发挥其实践作用。

休谟曾经把情感作为理性的主人,把理性作为情感的奴隶,并把情感作为道德的根据。康德颠倒了休谟的这个观点,主张实践理性是情感的主人,并把实践理性作为道德的基础。虽然我们应当尊重道德情感和道德直觉,但是我们依然同意康德的观点:实践理性应当是情感的立法者,是行为选择的道德基础。不可否认,转基因食品与有机食品的冲突本质上也是情感直觉和道德理性之间的冲突。在科学没有确证转基因食品对人类具有严重危害的情况下,如果出于某种情感直觉轻率地拒斥转基因食品,由此带来的危害生命权和免于饥饿权的严重后果将是不可估量的。这是违背科学理性和道德理性的行为。如果科学确证了

① Gregory E. Pence, *The Ethics of Food: A Reader for the Twenty-First Century* (New York: Rowman & Littlefield Publishers, Inc., 2002), p. 120.
② Gregory E. Pence, *The Ethics of Food: A Reader for the Twenty-First Century* (New York: Rowman & Littlefield Publishers, Inc., 2002), p. 122.

转基因食品的严重危害,从道德理性的角度看,生命权和免于饥饿权依然是优先的,因为一旦饥饿重新向生命开战,饿殍遍野、易子而食的人间悲剧就可能重新上演。那种宁愿饿死也要拒斥转基因食品之类的情绪在饥饿威胁面前是不堪一击的。更为严重的是,由此引发的粮食争夺、环境危机、暴力冲突乃至血腥战争等不良后果将会给人类带来不可估量的沉重灾难。在没有其他科学途径解决饥饿问题之前,拒斥转基因食品可以在理论层面进行言论自由的辩论,但是付诸行动必须有充足的科学根据和切实可行的实践路径。就是说,付诸行动的有关措施和相应手段必须经过严密慎重的论证、正当合法的程序和切实可行的保证措施。行动的底线或实践理性的最低命令是:只有在确保不会引发或不会直接导致饥饿威胁的前提下(即在不危害生命权和免于饥饿权的条件下),才应当完全拒斥转基因食品。

人类不应该在付出惨痛代价后重新回到起点,应当遵循实践理性的命令,理性慎重地化解或缓解有机食品与转基因食品的冲突以及通常的自然食品和人工食品的冲突。

三、食品信息遮蔽与知情的伦理冲突

工业革命以来,食物要素发生了巨大改变。现代食品生产远离家庭和社区,改变了传统自给自足的食品生产和消费方式之间的信息透明历史。同时,烹饪在一定程度上也成为遮蔽食物来源及其历史的活动。食品信息遮蔽与食品信息知情的伦理冲突日益凸显。而且,这种变化缺少相应的医学或科学引导。众多食品消费者没有接受食品营养原则的应有教育,缺少食物营养原则的基本常识。食品消费者既不知道食品来源及其生产历史信息,也不知道自己的食品消费对自然和历史造成的影响。食品生产和消费之间的联系由此断裂,食品信息遮蔽和食品信息知情的冲突也不断升级。近几年出现的食品事件(如地沟油等)都是这种冲突的不同现象。

目前,由于食品信息遮蔽的技术不断提高,我们生而具有的感官知觉已经很难辨别,甚至不能辨别食品的本来特性。于是,我们不能相信自身的感官,只能外在地"依赖我们读到的东西——食品说明。在未来,对我们更为重要的是:不

要吃没有读的东西。"①。消费者的食品知识和食品选择在很大程度上降低为食品说明。一旦"我们吃信息"②,食品消费者的信息缺失和食品生产者的信息遮蔽之间的冲突就会更加激烈。这种冲突的本质是对食物信任的消解。因此,去蔽食品信息、重建食物信任就成为化解食品信息遮蔽和知情之间伦理冲突的根本路径。问题是:为何要重建食物信任? 如何重建食物信任?

(一)为何要重建食物信任

首先,重建食物信任是食物伦理追求善的生活的应有诉求。虽然食品生产者和食品消费者有一定的利益冲突和认知矛盾,但这并非遮蔽食品信息的理由或托词。相反,遮蔽食品信息只会加剧双方的矛盾冲突。

食物信任并非单向度的个体活动,而是食品生产者和食品消费者双向认同的伦理行为。对此,科夫从词源学的角度解释说:"英文 com-panion 和法文 co-pain 都源自拉丁文,意思是指'和某人共食面包者'。市场上一人之美味常常是另一人之毒药,把消费者和生产者看作'伙伴'(companions)是不正常的。但是,就食物伦理学来说,意识到消费者和生产者在某种意义上共食面包是重要的。"③人们在这种社交活动中,实现其用餐权利的正当诉求,这其实也是社交的基本意义。科夫诠释道:"社交(social)的意义可以通过德语 gericht 的运用来加以解释。gericht 既有美食学的意义,又有法定权利的意义(具有英语 dish 和 right 的双重意义)。对于共同体而言,基本的 gericht 可以解释成用餐权利(a right to a dish),这意味着有权享用属于共同体的食品。因此食品和用餐权利是一种表达关心他人和共同体的方式。"④可见,食物信任本质上是人之为人的正当诉求,因为食品生产和消费的共同目的是对善的生活目的的追求。在公平制度或社会机构中,善的生活既包括食品生产者的善的生活,也包括食品消费者的善的生活。如果没

① Christian Coff, *The Taste for Ethics: An Ethic of Food Consumption*, translated by Edward Broadbridge (Dordrecht: Springer, 2006), p. 92.

② Christian Coff, *The Taste for Ethics: An Ethic of Food Consumption*, translated by Edward Broadbridge (Dordrecht: Springer, 2006), p. 92.

③ Christian Coff, *The Taste for Ethics: An Ethic of Food Consumption*, translated by Edward Broadbridge (Dordrecht: Springer, 2006), p. 143.

④ Christian Coff, *The Taste for Ethics: An Ethic of Food Consumption*, translated by Edward Broadbridge (Dordrecht: Springer, 2006), p. 161.

有后者善的生活，前者善的生活就是子虚乌有，反之亦然。尽管食品消费者是食品信息遮蔽的被动受害者，但是由此带来的对生产者的极度不信任即食物信任危机最终会危害食品生产者自身。如此一来，食品生产者和食品消费者将会互不信任、相互猜忌，结果必然在相互危害中陷入恶的循环之中。为了食品消费者和食品生产者的善的生活，必须去除食品信息遮蔽，重建食物信任。

其次，重建食物信任是人固有的脆弱性的内在要求。人在一定程度上凭借食品生产方式理解把握自己："我是食用这种或那种生产方式的食物的人。"[1]实际上，当今多数人的自我理解是认识到他们从事的是工业化农业而非传统农业。这种自我理解意味着他们并不知道所吃食品的生产历史："我是对自己所吃的工业化食品一无所知的人。"[2]对食品消费者而言，食品生产是一个食品信息被遮蔽的过程。这是因为人不是全知全能的存在者，而是天生的有限的脆弱性的存在者。在生产过程中，"我们发现了脆弱性：人类、动物和自然作为生产过程的所有部分，通常能够被特别的生产历史所伤害和践踏"[3]。食物信任意味着承认食品认知和实践的脆弱性，因为信任意味着对他者的依赖。如果没有脆弱性，食品信息就不会被遮蔽，食物信任就没有任何意义。就是说，食物信任关系只有通过脆弱性才可能建立起来。[4]实际上，食品信息遮蔽带来的不确定性和茫然无知，正是食品信息知情的诉求的存在根据。就此而论，"在食物伦理学中，'信任'是一个关键概念，因为消费者倾向于依赖他们信任的来源的信息而拒斥他们不信任的来源的信息"[5]。所以，食物信任的使命是必须能够理解并接受食品消费者的基本期望，并为满足这些基本期望而合理地行动。

---

[1] Christian Coff, *The Taste for Ethics: An Ethic of Food Consumption*, translated by Edward Broadbridge (Dordrecht: Springer, 2006), p. 162.

[2] Christian Coff, *The Taste for Ethics: An Ethic of Food Consumption*, translated by Edward Broadbridge (Dordrecht: Springer, 2006), p. 162.

[3] Christian Coff, *The Taste for Ethics: An Ethic of Food Consumption*, translated by Edward Broadbridge (Dordrecht: Springer, 2006), p. 167.

[4] See: Niklas Luhmann, *Trust: A Mechanism for the Reduction of Social Complexity* (Chichester: John Wiley & Sons, 1979), p. 62.

[5] Christian Coff, *The Taste for Ethics: An Ethic of Food Consumption*, translated by Edward Broadbridge (Dordrecht: Springer, 2006), p. 143.

(二)如何重建食物信任

食物信任本质上是食品消费者对食品生产者及其生产食品的信任。

食物信任的基本要素可以归结为：

(1)食品生产主体,即从事和食物相关生产的工作者,如专业食品师、农民等。(2)食品消费主体,包括食品生产主体(同时也是食品消费者)和其他不从事食品生产的食品消费者,后者是狭义的食品消费者,即通常意义上的食品消费者。(3)食品生产和食品消费的运行机制或组织实体。食品运行机制包括市场买卖,工作形式(如几个农场主的合作、工作时长、分工等),所有权形式,技能获得等。食品组织实体包括家庭、食品公司、食品研究单位、国家食品机构、国际食品组织等。据此看来,食品生产者的自律构成食物信任的伦理基础,食品消费者和食品运行机制或组织实体的他律则是纠正弥补自律失误或缺失的必要伦理条件。是故,重建食物信任、化解食品信息遮蔽与食品信息知情冲突的基本途径是实现自律与他律在食品生产和消费过程中的有机结合。

食品生产主体同时也是食品消费主体,其自律既是为了其他食品消费主体的善的生活,也是为了自身的善的生活。但是,食品生产主体的自律不足以构成可以指望的食物信任。通常而言,食品生产主体追求利益最大化的目的与其自律带来的(短期)利益降低之间的矛盾可能会抵消其自律的道德力量与实际效果。食品信息遮蔽及由此带来的不信任正是自律不可指望的实际证据,或者说正是食品生产主体自律缺失的不良后果。这就需要食品他律的力量予以纠正和弥补。食品消费主体的承认和信任在普遍价值导向领域具有重要地位,在私人和公共生活领域具有经验的实证作用。因此,食品消费主体的承认或者否认,是检验食品生产主体的自律与食品消费主体的期望是否匹配的根本尺度。根据这个尺度,食品生产和食品消费的运行机制或组织实体必须采取措施平衡营养和健康的关系,以便把提高食品数量和提升食品质量有机结合起来。同时,必须制定并严格执行相应的食品法律和规章制度,确保食品生产安全健康和食品信息知情权,严格追究遮蔽食品信息者的相关道德责任或法律责任,切实有效地加强食品生产主体与食品消费主体的自律和他律的结合,重建并维系食物信任,有效正当地化解食品信息遮蔽与知情之间的矛盾冲突。

结语

追根溯源,食物伦理的各种冲突本质上是对食物伦理律令和食物道德规则的悖逆。是故,化解冲突的基本路径是把握并坚守最为基本的食品道德法则:秉持生命权之绝对命令,保障免于饥饿的权利,基于此提升生存质量,实践善的生命追求。这既是食物伦理学的历史使命,也是人类追求善的生活方式的正当诉求。

第五章

人造生命伦理治理

　　食物伦理与人造生命伦理都属于自在型科技伦理。如果说食物伦理属于自在型的自然生命伦理领域,那么人造生命伦理则属于人工生命伦理领域。

　　生而脆弱却又孜孜追求祛弱权的人类同时也是坚韧性的自由存在,更是增强权的诉求者。人类的坚韧性不断超越自己的脆弱性,试图运用生物科学技术干预或谋划自然生命的孕育和生产过程,甚至不能遏制自己充当造物主的内在冲动。合成生物学对增强权的大力推进,导致祛弱权的极端危机——人造生命的伦理困境。这就要求我们直面人造生命带来的诸多伦理问题:在反思人造生命带来的生命伦理危机、人造生命之伦理生命的前提下,进一步讨论人造生命是否成为人造生命伦理学发端的可能契机,为人造生命伦理治理奠定坚实基础。

第一节　人造生命的伦理问题

　　生命奥秘是个古老常新的科学和哲学问题,它曾经并正在激起诸多有识之士的强烈好奇心,其中最为激动人心的目标便是超越自然生命的人造生命。

　　2010年,美国科学家J.克莱格·文特尔(J. Craig Venter)及其科研小组研制的人类历史上首个人造生命"辛西娅"(Synthia)诞生。"'辛西娅'的创造在生命技术领域是一个里程碑"[1]，它不仅标志着人造生命技术上的突破，更深刻的意义则在于其创造性引发了生命观念的剧烈冲突，带来了史无前例的重大伦理学危机。人类的脆弱性激发了对于人造生命带来的哲学和伦理问题的反思。从本质上讲，这种反思是对祛弱权或去除脆弱性的正当诉求的深刻忧虑所致。

一、人造生命的伦理冲击

直面人造生命带来的伦理学危机，需要重新反思"何为生命？"这个著名的"薛定谔问题"。此问题是量子力学奠基人之一、1933年诺贝尔物理学奖得主、深受叔本华哲学影响的奥地利物理学家埃尔温·薛定谔于1944年在其《生命是什么？——活细胞的物理观》一书中明确提出的。[2]

面对人造生命这样震动全球的科学大事，当今诸多科学家迫切渴望寻求一个科学的生命定义。为此，他们否定生命目的论，认为"生命存在的有目的行为是一种幻象，是机械论背后的表象"[3]。这些秉持科学生命观的科学家们大多认同 H.贝斯尼和 J.莱西的观点：生命定义是三大领域即天体生物学、人造生命和生命起源的需求。[4]在此共识的前提下，科学生命的具体定义繁多：R.L.枚敦（R. L. Mayden）罗列了80种（1997），P.勒尔米尼埃（P. L'herminier）等枚举了92种（2000），G.派伊（G. Palyi）等展示了40种（2002），R.珀帕（R. Popa）等收集了90种（2004）。[5]概而言之，这些定义可大致归为两类：一类是理论生物学视域的定义，它把生命规定为个体的自我维持和一系列同类实体的无限进化过程；另一类是心理（心灵的超自然的精神）或环境视域的定义，它否定生命的进化和提升，把生

---

[1] Shailly Anand et al. , "A New Life in a Bacterium Through Synthetic Genome: A Successful Venture by Craig Venter", *Indian Journal of Microbiology* 50 (2010): 125–131.

[2] 参见：埃尔温·薛定谔：《生命是什么？——活细胞的物理观》，张卜天译，商务出版社，2014，第73–78页。

[3] Andreas Weber and Francisco J. Varela, "Life After Kant: Natural Purposes and the Autopoietic Foundations of Biological Individuality", *Phenomenology and the Cognitive Sciences* 1 (2002): 97–125.

[4] See: Jean Gayon, "Defining Life: Synthesis and Conclusions", *Origins of Life and Evolution of Biospheres* 40, no. 2 (2010): 231–244.

[5] See: Jean Gayon, "Defining Life: Synthesis and Conclusions", *Origins of Life and Evolution of Biospheres* 40, no. 2 (2010): 231–244.

命归结为心灵或环境的产物。二者的共同点是都把生命看作自然性事实存在。倘若如此，人造生命并非自然产物，所以不是生命。同理，如果用人造生命作为衡量生命的标准，自然生命并非人造产物，亦非生命。结果，传统意义的自然生命好像死了，人造生命似乎也死了。继（黑格尔、尼采等所谓的）"上帝死了"、（福柯等所谓的）"人死了"之后，人们不得不惊呼："生命死了！"

如果说上帝死了意味着终极价值的崩溃，哲学人类学意义上的人（即人文科学意义上的人）死了则意味着统治奴役个体的权威（主要是政治权力）的消亡。个体借此摆脱了上帝和人的羁绊，只能相信自我。不过，个体毕竟还有自然科学的权威以及生命的依托。生命死了，意味着自然科学权威的消亡，意味着自然科学意义上的生命（包括人和其他生命）死了。如此一来，哲学的领地中只余下孤零零、凄惨惨的巨大的虚无，它既无终极价值可诉，又无权力和权威可求，甚至连基本的生命理念也无可凭依，似乎只能万般无奈地陷入孤苦无依的孤寂与恐惧的无底深渊之中。不难看出，"上帝死了""人死了"只不过是"生命死了"的哲学序曲，"生命死了"所拉开的哲学大幕深刻尖锐地凸显出前所未有的伦理学危机："生命死了"是否会成为伦理学的真正杀手？或者说，生命死了是否意味着伦理学死了？

直面这个伦理学危机的逻辑前提和基本途径在于：深刻反思当代科学生命论所直接反对的古典生命目的论，重新理解当代科学生命论，准确把握"生命死了"的哲学伦理学内涵及其潜藏的摆脱危机的全新的伦理学契机。

二、古典生命目的论反思

古典生命目的论有着悠久的哲学和伦理思想根基，其中最为著名、最能体现其内在逻辑的三种哲学传统是：亚里士多德式的万物有灵论或泛灵论（life as animism）、笛卡尔式的机械论（life as mechanism）、康德式的有机体论（life as organization）。泛灵论是一种古老的追求生命普遍形式的观念，它以灵魂（soul）作为解释生命的普遍形式或基本原则。机械论否定泛灵论的生命观念，从实证经验的角度即质料的角度考察生命的本质。有机体论则试图在批判泛灵论和机械论的基础上，把自由意志作为生命的终极目的。

(一)亚里士多德的泛灵论

亚里士多德是泛灵论的经典作家。对于亚里士多德而言,自然是有生命的自然(living nature)。生命根源于灵魂,或者说灵魂是生命存在的目的和原则,它体现为形式原则和个体性原则。

1.灵魂是生命的形式原则。在亚里士多德的四因说中,灵魂属于形式因、动力因、目的因范畴,而非质料因范畴。灵魂不但是有生命身体的形式(形式因),而且还是身体变化和发动的根源(动力因),更是赋予身体目的论指向的终极原因(目的因)。由于亚里士多德把动力因、目的因也归为形式因,所以可以简单地说,灵魂就是生命的形式原则。在亚里士多德看来,"人和动物是实体,灵魂则是逻各斯和形式"[①]。生命是形式和质料的综合体,灵魂是生命的形式和现实性,身体是生命的质料和潜在性。灵魂寓于身体之中,赋予身体以生命的形式,是身体的法则。灵魂和身体密不可分,"灵魂作为身体的形式和现实性,不能离开身体"[②]。因为灵魂存在的必要条件是意识到适当质料构成的存在自身。灵魂和身体(body)是一种目的论关系:灵魂的功能是质料和形式的共同产品,而不是抽象物。不同的生命个体拥有不同的灵魂和身体,对于生命个体而言,灵魂是其个体性原则。

2.灵魂是生命的个体性原则。有生命的个体的灵魂可以划分等级。植物具有营养的灵魂,包括生长、营养和再生的能力。动物具有感知能力、运动能力和欲求能力,即感知灵魂。人类则具有理性和思想能力,可以称之为理性灵魂(a rational soul)。[③]各种等级的灵魂是作为工具的自然身体的第一行为现实性(the first actuality)。亚里士多德通过比较无生命的工具和身体器官(organ)阐明其灵魂的个体性原则。如果斧头是活的身体,其砍伐能力就是灵魂;如果眼睛是一个整体动物,看的能力就是其灵魂。灵魂的现实性(actuality)有两种情况:第一种是潜在的行为现实性,如斧头并没有砍伐东西,但具有这种行为能力;第二种是实际的行为现实性,如斧头实际砍伐了东西。相对于身体而言,灵魂意味着身体

① Ronald Polansky, *Aristotle's De Anima* (Cambridge: Cambridge University Press, 2007), p. 185.

② Ronald Polansky, *Aristotle's De Anima* (Cambridge: Cambridge University Press, 2007), p. 185.

③ See: Mariska Leunissen, *Explanation and Teleology in Aristotle's Science of Nature* (Cambridge: Cambridge University Press, 2010), pp. 49–51.

的能力,如同视力对于眼睛。①就是说,灵魂是潜能及其现实统一的能力。这是目的论的灵魂,因为灵魂是为了不同的生命功能发挥作用而存在的基本能力,灵魂的每一方面都体现灵魂的特别功能。比如,感知灵魂的功能是感知,并具有感知客体。灵魂的个体性原则意味着灵魂的差异原则,这与灵魂的形式原则强调灵魂的共相不同。

泛灵论的实质在于,试图寻求生命的共相或形式——灵魂。不过,虚无缥缈的灵魂过于抽象,不能从经验的角度予以确证。从某种意义上讲,灵魂的个体性原则正是为了弥补这种不足,试图使灵魂具体化的一种努力。亚里士多德始料不及的是,体现差异的个体性原则不可能根源于形式,这就意味着它可能根源于质料。换言之,灵魂的个体性原则早已潜藏了以质料为圭臬的机械论的种子。如果说机械论是泛灵论个体性原则的深化,泛灵论则是机械论发端的可能契机。从这个意义上讲,机械论其实是亚里士多德个体性原则的进一步深化。

(二)笛卡尔的机械论

笛卡尔是主张机械论生命观的经典哲学家。17世纪以来,笛卡尔、培根、霍布斯、拉美特利等机械论者否定了亚里士多德式的形式原则的生命观念,试图从实证经验的角度即亚里士多德所说的质料的角度考察生命的本质。在笛卡尔等机械论者看来,排除形式后,余下的便是质料或外延本身。外延是几何学的客体,是纯粹的机械的构成。因此,质料原则是机械论生命观的基本观理念。

在亚里士多德那里,具有因果关系的机械世界是从最为重要的目的因抽象而来的。笛卡尔认为知识是实践的,有用的。亚里士多德的终极目的因仅仅告诉我们显而易见的机械论的根据,即使终极目的因是真的,它对提升我们控制自然的能力和现实的实际行为依然毫无用处。笛卡尔用机械论诠释包括人的身体在内的所有生命存在,阐明有机体的运行机制。这反过来对我们掌握有机体行为有用,或者甚至可能"构建类似的有机体"②。人造生命正是把这一观念变为现实。

具体而言,机械论的"生命"概念认为,所有生命功能只能是机械主义的,活

---

① See: Anthony Kenny, *A New History of Western Philosophy*, Volume I (Oxford: Oxford University Press, 2004), pp. 242-243.

② Etienne Gilson, *From Aristotle to Darwin and Back Again: A Journey in Final Causality, Species, and Evolution*, translated by John Lyon (South Bend, Indiana: University of Notre Dame Press, 1984), p. 17.

的身体本身就是一架比人工制造物更为精密复杂的机器,它不需要灵魂之类的抽象理论原则解释其功能。跟亚里士多德的灵魂和身体不可分离的观点相反,笛卡尔主张灵魂和肉体是相互独立的:灵魂可以没有肉体而独立存在,反之亦然。笛卡尔论证说:我可以假装没有身体,但不可以假装我完全不存在;相反,我对其他真理怀疑,就确证着我自身的存在;如果我停止思考,我就没理由相信自己存在——因此,我是一个本质上寓居于思想中的实体(substance),为了存在,不需要任何地方,不依赖任何质料性的东西(material thing)。"因此这个'我'('I'),也就是我所是的灵魂(the soul),和身体全然相异,却比身体更易于知晓;即使身体不复存在,灵魂亦将不会受丝毫影响。"这就是著名的"我思故我在"(I am thinking therefore I exist)的哲学命题。[1]此论意味着灵魂和肉体的关系并非密不可分,此灵魂依然是形式——这和亚里士多德是一致的。

值得注意的是,通常认为机械论不是目的论。实际上,笛卡尔的机械论依然是目的论。他并没有否定动物认知中的认知目标(cognitive goal),也没有否定动物胎儿发展为特别物种的目标:骆驼胎儿发展为骆驼,马的胎儿发展为马。不过,胎儿发展成特定的物种的根据并非其自身的内在因素——既非(马、骆驼等的)胎儿的身体质料不同,亦非(马、骆驼等的)胎儿的灵魂或精神不同,而是外在因素。这个外在因素是什么呢? 笛卡尔秉持奥古斯丁的观点,认为它就是上帝,上帝是唯一的终极因(final cause)。在笛卡尔看来,我并非完美的存在,但必定有我和所有其他存在所依赖的完美的存在,那就是上帝。上帝创造了理性的灵魂,并把理性的灵魂和人这个机器结合起来。[2]完美的上帝这个终极目的因是自然界的所有规律和理性灵魂的根源,也是机械论的最终归宿。至此,笛卡尔似乎又回到了亚里士多德的目的因,即灵魂的形式原则。亚里士多德把目的因、动力因归结为形式因,就是说,目的因其实是形式因的一种。是故,笛卡尔由质料因走向了形式因(上帝)——他在认同亚里士多德的灵魂形式的同时,用上帝取代灵魂作为机械论的目的因。从表面看来,机械论的"生命"概念秉持外延质料原则,显出跟泛灵论的形式原则迥然相异的路径。其实,它正是从亚里士多德的个体

---

① See: René Descartes, *A Discourse on the Method of correctly Conducting One's Reason and Seeking Truth in the Sciences*, translated by Ian Maclean (Oxford: Oxford University Press, 2006), p. 29.

② See: Renê Descartes, *The World and other Writings*, translated and edited by Stephen Gaukroger (Cambridge: Cambridge University Press, 2004), p. 119.

性原则生发而来的,最终回归形式也是其内在逻辑的必然。换言之,机械论和泛灵论的理论视域是一致的,二者共同承担着探究生命本质的历史使命,只是致思的重点不同。

如前所述,亚里士多德由灵魂形式原则走向个体性原则(质料原则的变形);笛卡尔的机械论从质料出发,最终走向质料的终极目的,回到了亚里士多德的形式原则。显然,笛卡尔的上帝只不过是亚里士多德的灵魂(形式)的别名而已。在质料和形式之间,机械论和泛灵论各执一端,却又不自觉地相互贯通。和亚里士多德不同的是,笛卡尔所说的上帝是外因(可称之为"外在目的论"),亚里士多德所说的灵魂则是内在原因(可称之为"内在目的论")。在机械论这里,质料(身体)和形式(灵魂)的矛盾不但没有解决,反而带来了新的问题:质料和形式的对立、身体和灵魂的完全分离、外在目的(上帝)和内在目的(灵魂)的尖锐对立。如何解决形式原则和质料原则的冲突以及上帝、灵魂和身体之间的关系,是有机体论的哲学使命。

(三)康德的有机体论

康德是有机体论的经典作家。他在批判泛灵论和机械论的基础上,综合质料和形式,改造灵魂与上帝,建构了影响深远的有机体论的生命学说。

1.批判泛灵论和机械论

康德肯定笛卡尔式的质料原则的重要意义,批判亚里士多德式的泛灵论是一种纯粹形式的、和质料的客观目的完全不同的分析的目的论(analytic of teleological judgment)。[1]同时,康德又肯定了亚里士多德式的形式原则和内在目的论的价值,认为笛卡尔式的机械论把外在的客观目的作为物理客体的可能性法则,是一种后果的质料决定论的判断,这种"决定论的判断不拥有任何自身法则能够为客体概念奠定基础"[2],它仅仅追求经验完全听命于偶然性的质料原则。比如,如果仅仅从自然视角来看鸟的身体结构:中空的骨骼结构、翅膀尾巴的位置等,

---

① See: Immanuel Kant, *Critique of Judgment*, translated by James Creed Meredith (Oxford: Oxford University Press, 2007), pp. 190−212.

② Immanuel Kant, *Critique of Judgment*, translated by James Creed Meredith (Oxford: Oxford University Press, 2007), p. 213.

都是极其偶然的,不能称之为原因,即不能看作目的。康德说:"这就意味着,仅仅用机械论来审视自然,自然可以呈现出成千上万的各种不同方式,却不能精准地把自己呈现为奠定在法则基础上的一个统一体。就是说,它只是外在的自然概念,而非内在的自然概念。"①康德汲取了亚氏的目的因思想,主张在诠释一种看作自然目的的事物时,机械论法则必须听命于目的论法则。②

在康德看来,泛灵论和机械论的身体学说和灵魂学说总体而言都是经验的,这是二者在质料与形式以及灵魂上帝与身体诸方面相互冲突的根源所在。③康德的有机体论正是围绕解决这两大问题具体展开的。

2.综合质料和形式

笛卡尔把机械性作为人的机器学说(man machine)和动物机器学说(animal machine)的共同基础。机械性表明,机器的每一部分都是其他部分的工具(或质料),而非其根据(或目的、形式)。康德并不否定笛卡尔关于器官工具性、机械性的作用,但是主张机械论法则应当听命于内在目的论法则。亚里士多德的内在目的论主张生命自身的运动结果合乎一种目的——作为形式原则的灵魂。他认为生命"既是通过自我营养而生长,也是通过自我营养而衰老"④。这一观念具备了生命是有机体思想的雏形,也表明纯形式的幻灵论其实是奠定在质料(身体的自我营养)的基础上的。

康德综合质料和形式,把生命存在等同于有机体,强调"组织化的生命"概念,提出了器官互为目的、互为工具的有机体论。他认为自然的目的性是有组织地存在,即有生命地存在,因为它能够自我组织、自我维持、自我修复、自我生成。自然产物的每一部分,都通过所有其他部分而存在,都为了其他部分和整体而存在,即作为工具(器官)而存在。一个器官引发所有其他部分,每一部分之间相互引发。因此,有组织地存在就是任何部分既是其他部分的工具(或质料),又是其

---

① Immanuel Kant, *Critique of Judgment*, translated by James Creed Meredith (Oxford:Oxford University Press, 2007), p. 188.

② See: Immanuel Kant, *Critique of Judgment*, translated by James Creed Meredith (Oxford:Oxford University Press, 2007), p. 246.

③ See: Immanuel Kant, *Critique of Pure Reason*, translated by Paul Guyer and Allen W. Wood (Cambridge: Cambridge University Press, 1998), p. 432.

④ Ronald Polansky, *Aristotle's De Anima* (Cambridge: Cambridge University Press, 2007), p. 171.

产生的原因根据（或目的、形式）。①只有这样，也正因如此，这样的一个产物作为有组织的和自我组织的存在才能够成为自然的目的。有机体既是机械论的形式目的，又是泛灵论内在目的论在机械论质料支撑下的深化和具体化，因而成为机械论（质料）和泛灵论（形式）的先天综合判断得以可能的根据。

现在，康德要解决的问题是，作为形式的内在目的（灵魂）和外在目的（上帝）的具体关系。

3. 改造灵魂与上帝

康德认为，机械论和泛灵论的矛盾总根源在于，试图在现象界寻求身体的根据（灵魂、上帝），试图在物自体领域寻求灵魂、上帝的寓所（身体），即把三者混同于一个领域。为此，康德严格区分了现象界和物自体领域：有机体（主要是身体）属于现象界，灵魂和上帝（以及自由意志）属于和现象界全然不同的物自体领域，灵魂、上帝与身体具有严格的界限，各自独立，不可相互混淆——这是康德对笛卡尔的身体、灵魂在经验领域内相互独立的观点的批判性改造。

康德还批判性地改造了亚里士多德经验领域内灵魂身体一体观的思想。在康德这里，灵魂不朽（the immortality of the soul）、上帝存有（the existence of God）和自由意志是物自体领域的三大悬设，前两者的终极目的都归于自由意志。上帝和灵魂是道德得以可能的保障，道德则是上帝和灵魂的目的。道德目的的主体是遵循自由规律的人。人是有理性的有机体（有限的理性存在者）：其形式是道德规律，其质料则是遵循自然规律的生物有机体（身体），其自然目的和自由目的通过目的论判断力来审视，似乎应当以自由目的为终极目的。②就是说，康德用自由意志即纯粹实践理性取代了灵魂和上帝的至高地位：自由意志通过对不纯粹实践理性（即任性）的批判影响控制身体及其行为而有限地实践自由规律（即道德规律），试图牵强笨拙地把身体和自由意志联系起来。③这和他的物自体

---

① See: Immanuel Kant, *Critique of Judgment*, translated by James Creed Meredith (Oxford: Oxford University Press, 2007), pp. 200−212.

② See: Immanuel Kant, *Critique of Practical Reason*, translated by Werner S. Pluhar (Indianapolis: Hackett Publishing Company, Inc., 2002), pp. 155−184.

③ See: Immanuel Kant, *Critique of Pure Reason*, translated by Paul Guyer and Allen W. Wood (Cambridge: Cambridge University Press, 1998), pp. 415−432.

跟现象截然对立的理论前提是矛盾的,只能是一种"似乎""好像"的联结,并无真正的说服力,极易受到质疑。

值得肯定的是,康德把经验领域笛卡尔的上帝和亚里士多德的灵魂划归物自体领域,并用自由意志取代了幻灵论的灵魂(内在目的)和机械论的上帝(外在目的)而成为内在道德目的论的终极因,借此把人和自由意志从灵魂和上帝那里解放出来,凸显了人(有理性的有机体)的主体地位,使自由意志成为生命的终极目的,为理解把握生命的价值目的奠定了理论基础。问题是,灵魂、上帝、自由意志和身体之间以及道德目的和身体欲望之间不可逾越的界限跟经验直觉相反,不能也不可能得到强有力的现实根据和科学的印证。这是机械论和泛灵论的矛盾在有机体论中的集中体现,也是整个古典生命目的论无法消解的致命缺陷。亚里士多德、笛卡尔、康德的生命目的论正是其缺乏经验的实证根据,为当今的科学生命观对古典生命目的论的质疑乃至否定提供了借口。虽然当今科学生命论对古典目的论的全然否定过于武断(如前所论),却并非毫无根据。尽管如此,古典生命目的论和科学生命论依然为思考生命,尤其为思考人造生命这种具有明显目的性的生命提供了致思方向。

三、生命之自觉重生

如果说生命目的论所探求的灵魂、上帝、自由意志等生命目的缺少强有力的实证证据,科学生命观则囿于自然科学的经验实证藩篱,完全抛弃或有意无意地忽视了生命的目的和价值。人造生命否定并超越了科学生命观和古典生命目的论的生命观,为对生命自觉浴火重生的反思提供了契机。

(一)人造生命对生命目的论的超越

事实上,康德作为古典目的论集大成者,其有机体观念突破了机械论的藩篱,并深刻地影响了19世纪和部分20世纪的生物学家。一批现代生物学家秉承康德"生命"概念的精义,把活的存在(living being)和有机体等同起来。[1]柏林洪

[1] See: Jean Gayon, "Defining Life: Synthesis and Conclusions", *Origins of Life and Evolution of Biospheres* 40, no.2 (2010): 231–244.

堡大学的韦博和弗瑞拉等人认为,康德在《判断力批判》中把"自组织"(self-organization)这一术语引入了生物学理论。此观点在新康德主义,尤其在盎格鲁-撒克逊传统中是一种强劲的还原主义(reductionism,生命目的论的另一称),它允许讨论有机体似乎(as if)拥有目的,同时又以严格的机械论实际地看待有机体。这种解读在今天产生了巨大影响,乃至把康德推向"还原目的论生物学家之父"的宝座。[①]这种思想直接预制了合成生物学家们的科研致思方向。

在合成生物科学领域,文特尔以及一批正在成长的年轻学者,如汤姆、德鲁、杰伊和乔治等把古典生命目的论建立在科学实验的基础上,致力于研究设计和建构人造生物系统,试图以人造生命的科研成就为科学目的论提供强有力的证据。文特尔解释其研究目的时说:"我们正在从阅读基因密码转向到写作基因密码。"[②]首例人造生命辛西娅的成功,标志着"写作"基因密码的初步实现。它以无可辩驳的实证性科学成就把生命目的论的抽象理念转化为活生生的具体生命存在,弥补了古典生命论形而上的玄想的缺憾。文特尔及其研究所创造的合成生命主要由两部分构成:一部分是合成的自然存在的生命图谱染色体,这一基因组被植入活体细胞;另一部分则依赖活体生物的原动力,这种细胞不仅为植入的基因组提供了细胞膜的保护,还提供了细胞质的支持。文特尔称它是第一个以计算机为父母的生命。就是说,生命在还原一个基础性的单元的过程中,人类能够以一种添加的方式建造复杂有机体。据此观点,一块精良的生命之砖(a well-defined "brick of life")就足以从简单的活体实体被建造成更加复杂精密的有机体,或者至少开始了一个类似于进化的过程,它最终进入由自然生命和人造生命共同构成的生命世界。文特尔说:"第一个综合基因(染色体)组,即一个自然器官的剥离版,仅仅是个开端。我现在想更上一层楼……我计划向世人展示,我们通过创造出真正的人造生命,去读懂生命软件(the software of life)。以这种方式,我想发现破译密码后的生命是否是一种可以被读懂的生命。"[③]无论文特

[①] See: Andreas Weber and Francisco J. Varela, "Life After Kant: Natural Purposes and the Autopoietic Foundations of Biological Individuality", *Phenomenology and the Cognitive Sciences* 1 (2002): 97–125.

[②] Henk van den Belt, "Playing God in Frankenstein's Footsteps: Synthetic Biology and the Meaning of Life", *Nanoethics* 3 (2009): 257–268.

[③] Shailly Anand, "A New Life in a Bacterium Through Synthetic Genome: A Successful Venture by Craig Venter", *Indian Journal of Microbiology* 50 (2010): 125–131.

尔的这种未来构想能否实现,人造生命的过程已经用实证的科学成就确证了生命目的,使生命目的论在人造生命领域获得了实证科学的支撑,超越并推进了古典生命目的论,这也意味着对(否定生命目的论的)科学生命观的超越。

(二)人造生命对科学生命观的超越

科学生命论立足科学实证的基本思路,也是人造生命必不可缺的基本思路。问题是,科学生命论囿于自然生命的事实性描述,遮蔽了生命目的论的深刻思考,致使人造生命这种具有明显目的性的生命形式在它这里完全丧失了立足之地。

其实,科学生命论追问生命的内涵,意味着理解把握乃至创造生命,其本身就是目的明确的思想和行为。科学生命观的思考和行为本身就是有其目的的——即自然科学是终极目的和最高价值。不过,相对于生命而言,自然科学只不过是为生命(主要是人)服务的工具理性(它具有工具价值),其终极目的是生命(主要是人)。在所有生命中,人是一种真正意义上的目的性存在,用罗杰·克里斯普(Roger Crisp)的话说:"我们是寻求目的的存在者(goal-seeking beings)。"[1]自我意识与认知能力是生命自我认知的基本条件。生命探究是人类精神装备的自由部分,人类更多地在于通过学习各种技术设置和科学知识使认识生命的能力不断拓展。是故,与其说生命是自然科学的目的,不如说人是自然科学的目的。这正是生命目的论的立足点,也是人造生命的思想价值基础。

人造生命(与合成生物学)的观念植根于伦理学和科学传统之中。生命目的论表明,理性只能洞悉自己根据自己的谋划而产生出的东西。这一思想深刻地影响着科学观念,用詹巴蒂斯塔·维科的话说:"真的和做的(the true and the made)是可以转变的。"[2]此观念表明,在知道和制作(knowing and making)之间,在理解客体和创造或再组合客体之间具有极其密切的联系。用著名物理学家理查德·费曼(Richard Feynman)的话说:"我不能理解我不能创造的东西。"[3]费曼的名

① Roger Crisp, "Hedonism Reconsidered", *Philosophy and Phenomenological Research* 3(2006): 638.

② Henk van den Belt, "Playing God in Frankenstein's Footsteps: Synthetic Biology and the Meaning of Life", *Nanoethics* 3 (2009): 257-268.

③ Henk van den Belt, "Playing God in Frankenstein's Footsteps: Synthetic Biology and the Meaning of Life", *Nanoethics* 3 (2009): 257-268.

言用信息术语可以转变为冯·诺依曼的座右铭："如果你不能计算它,你就不能理解它。"①这些规则在19世纪的合成化学领域得到印证。合成化学是当今合成生物学的先驱,合成生物学采用合成化学的方法路径,并运用现代信息技术。合成生物学家的工作如同软件设计者一样,新的生命形式可以通过写出以四个DNA核苷酸组成的一组编码的程序设计出来。合成生物学家致力于生产出符合人的目的的生命机器或完全人造的有机体。合成生物学的目标远远超出了传统的生物技术,其目的在于创造或设计出新的生命形式,即完成一种人的"建筑"(a human "architecture")或方案,创造出在根基上就是全新的事物。人造生命的设计和创造成就把生命目的变为可以在实验室实验操作的科学程序和生命过程(这正是科学生命观的理念),把科学生命观固有但被遮蔽的目的实证性地展示出来,以科学的事实彻底否定和超越了科学生命观的狭隘视域。

值得注意的是,古典生命目的论和科学生命论所讨论的生命是自然生命,因此二者同属自然生命论。人造生命的出世冲破了自然生命论的藩篱——这既意味着古典生命目的论的终结,也造就了当代科学生命论的末路——即自然生命观范畴的"生命死了"。"生命死了"不仅仅是自然生命论的涅槃,其更深刻的含义是新生命观的浴火重生。就是说,新生命观是在人造生命超越科学生命观和古典生命目的论的基础上,涵纳人造生命和自然生命于一体的生命理念。

(三)何种生命观

生命是自然的产物。从无生命到自然生命、从无意识的自然生命到有意识乃至有理性的自然生命(人)的演化进程,为人造生命奠定了基础。或者说,自然具有创造出人造生命的潜质。

其实,生命目的论和科学生命论都是人类试图知道生命的探究典范和论证方式。二者既是人类创造性的理论体现,也是自然生命通向人造生命的桥梁,即自然生命创造出人造生命潜质的理论体现。作为人类,"我们活在一种双重存在之中:我们部分地以身体为中心(如同其他动物一样),但是由于我们具有反思自我以及世界、交往、艺术品等的能力,我们又诡异地居于我们之外,我们

---

① Henk van den Belt, "Playing God in Frankenstein's Footsteps: Synthetic Biology and the Meaning of Life", *Nanoethics* 3 (2009): 257-268.

本身是一种不可逃逸的创造者,我们一直在创造的途中"①。人是知道生命的生命,是体现着自然的创造性本质的生命。人的创造性一旦用于创造生命,并创造出生命——人造生命,也就肇始了自然生命和人造生命并存的全新境遇。

人造生命不仅是人的有意识创造的本质体现,而且是自然的创造性本质的彰显。或者说,自然通过自然生命中的人把其创造人造生命的潜质变为现实。创造性不但是自然生命和人造生命的本质,而且是自然的内在本质。美国麻省理工学院的乔治·丘奇(George Church)教授说:"我们似乎被自然'设计'成为好的(善的)设计者,但是我们并非在做那种设计(以及微进化)不允许我们可做之事",包括生物工程在内的各种工程的创造性"正是其自然(本质)"②。人既是自然生命,又是具有创造性的生命,同时也是能够且已经创造了人造生命的生命。是故,贝尔特说:"人的创造,包括合成生命形式,将会被看作自然的,可以接受的。"③创造是生命活力、生命本质的内核,是生命存在的根据和自然的本质。就是说,自然的本质是创造,创造是本真的自然。就此而论,新生命观是自然通过人这个具有创造性的自然生命创造出人造生命,借此确证自己的创造性本质的生命理念。新生命理念的实质是:人创造,故人存在;生命创造,故生命存在;自然创造,故自然存在。因此,创造故存在或存在即创造。存在不是依赖外在权威(上帝、权力或自然生命)而存在,而是生命自身的创造或自然的本真所在。这就深刻地触及到了哲学的本体内核——存在问题。

既然人造生命本身蕴含在自然生命之中,自然生命通过人把其潜质变为现实(标志性事件是人造细胞辛西亚的诞生),这也就意味着:

其一,之前没有完成此创造性使命(人造生命)的上帝、人和生命的终结或退场。上帝、人、生命不创造,故不存在。上帝权威的丧失、人文科学的人的权利权威的丧失、旧生命观的失效的本质在于创造性的枯竭,即哲学根基的枯竭——这就是上帝死了、人死了、生命死了的真正含义,它同时也预示着新生命观(生命创

---

① Michel Anderson and Susan Leigh Anderson (ed.), *Machine Ethics* (Cambridge: Cambridge University Press, 2011), p. 133.

② Henk van den Belt, "Playing God in Frankenstein's Footsteps: Synthetic Biology and the Meaning of Life", *Nanoethics* 3 (2009): 257–268.

③ Henk van den Belt, "Playing God in Frankenstein's Footsteps: Synthetic Biology and the Meaning of Life", *Nanoethics* 3 (2009): 257–268.

造,故生命存在)和新哲学基础"存在即创造"的出场。就此而论,所谓"上帝死了""人死了"乃至"生命死了"等,只是从自然人的视域做出的论断,并没有也不可能从人造生命的全新视域诠释出其真意。其二,人造生命作为一种不同于自然生命的人工生命,意味着自然生命观被赋予了新的元素(人造生命)而获得了新的意义:它既把生命目的论的哲学玄想变成了实在的经验的可以重复操作的实验室作品,为传统生命目的论注入了实证性要素,又为科学自然生命观注入了目的论要素。其三,浴火重生后的生命是涵纳人造生命和自然生命于一体的生命理念,是人造生命和自然生命共同构成的生命系统。自此,生命不再仅仅是孤零零的自然生命,也不仅仅是人造生命,而是自然生命和人造生命相依并存的生命。形而上的孤立的自然生命和古典生命目的论的死,换来的是自然生命和人造生命并存的新生命观的浴火重生。生命经此磨砺获得新的创造活力而复活了。创造赋予生命以存在,存在因其创造而具有生命。

四、何种生命伦理危机

新生命观的出现彰显出这场惊天的生命伦理危机之实质,生命伦理危机的实质是创造性的危机或祛弱权的危机。面对前所未遇的人造生命,人类的经验、智慧、伦理、法律、习俗等立刻捉襟见肘,哲学与科学的焦虑、疑问、惶恐,乃至抵制等接踵而至。或者说,人类的脆弱性暴露无遗。这种反应的深刻内涵集中体现为人造生命带来的伦理危机:人造生命导致"生命死了",是否意味着生命伦理学或伦理学死了?

生命的浴火重生,是对"生命死了?"问题的否定,它是伦理学、生命与死生之间内在关系所具有的创造性本质的历史长卷在当今视域的壮阔展示。其一,它具有自古希腊以来的深厚悠远的伦理学根基。如果说"上帝死了""人死了"只是"生命死了"的序幕,"生命死了"则深刻全面地彰显出一以贯之的伦理学主题——从伦理学是训练死亡的学问(苏格拉底之死、柏拉图)到"上帝之死"(黑格尔、尼采等)、"人之死"(福柯等),从亚里士多德追求的恢宏慷慨气魄的最高幸福(沉思),到康德的人为自然立法、人为人自身立法,再到海德格尔的向死而生等——这些深邃浩瀚的哲人玄思,展示的是绵延不绝的关乎死生的智慧历程。这一历程蕴含着伦理学深刻的创造性的自由本质:伦理学是通过训练死亡而展示其生命活力的无穷智慧,是死而求生、生而思死的对生命价值意义的上下求索。其二,这场哲学危机和哲学本身同样都植根于生命存在的本质之中。从表面看来,生命与死似乎是绝对对立的。究其本质,生命实际上包括生和死两大基本要素,死恰好是生命的要素,只要有死的要素,生命就没有死,生命就依然活着,就依然具有创造力,反之亦然。"生命死了"的真正含义是生命并没有死,生命的本质是有死的、向死而生的具有创造力的生死相依的自由存在。其三,生命的本质就是伦理学的本质,生命的死生所具有的创造力决定着伦理学的生死创造力,伦理学的生死深刻地反思生命的价值和意义。回首白骨累累的伦理学战场(套用黑格尔语),每一次旧伦理学的死亡都意味着新伦理学的再造和重生:这只是因为伦理学是扎根生命、直面死生、向死而生的自由之学。是故,从上帝之死、人之死到生命之死的伦理学危机,同时亦是伦理学否定自我、化解危机,进而浴"火"(赫拉克利特意义的逻各斯之火)重生的创造性的逻辑环节和历史进程。

可见,直面死生、反思生死只是伦理学的现象或外在形态,它体现的是伦理学的有目的的创造性本质。"上帝死了""人死了""生命死了"只是旧伦理学直面新问题的创造力不足乃至枯竭的描述性表达,其深刻的伦理学意义是新伦理学的创造性契机。

如果"上帝死了""人死了""生命死了"是在说"伦理学不是什么"(伦理学不是依赖和凭借他者的权威的他律实践),那新生命观则是在说"伦理学是什么"(伦理学是自由的、自律的创造性实践)。因此,伦理学是不依赖外在权威的自身具有创造性的自由,是自然的创造性本质的自由。由此观之,在摧枯拉朽般的伦理学进程中,新的意义的生命(综合了自然与人工的生命)是在超越原生命观的基础上,或者说是在原生命观之死的历程中脱颖而出的哲学曙光。人造生命所引发的生命死了不是伦理学的杀手,而是催生伦理学智慧焕发青春的浩浩东风。这就预示着一个重大的伦理学转折:人造生命带来的伦理学危机,和因新生命观的出世而带来的全新的伦理学问题,给伦理学创造了涅槃重生的绝佳契机。伦理学绝不仅仅是傍晚时刻才缓缓起飞的猫头鹰(套用黑格尔语),它更是黎明破晓之时奋翼冲天、遨游死生、探求目的、秉持自由精神的雄鹰。

生命伦理学乃至伦理学涅槃重生的契机首先在于追问人造生命存在的价值和意义。从终极意义上讲,生命包括遵循自然规律的自然生命(natural life)和遵循自由规律的伦理生命(ethical life)两个基本层面。那么,人造生命是否具有伦理生命? 这就涉及伦理生命的确证。

第二节　伦理生命的确证

生命和伦理之间的关系问题既是一个重要的科学哲学问题,又是一个重要的道德哲学问题。人造生命是否具有伦理生命? 这就提出了确证伦理生命的使命。

自古以来,生命和伦理之间的关系一直是人类孜孜探究的重大问题。这是因为生命和伦理密不可分:伦理是生命对其自身价值的确证,生命是伦理存在的主体根据。如果说生命是伦理的自然存在根据,那么伦理则是生命对其自身价值的确证或者说伦理是生命存在的价值根据。既然如此,人们自然会追问:(1)伦理生命何以可能? 如果答案是肯定的,那么(2)何为伦理生命? 尽管这两个有关伦理生命的基础问题是无法通过生命科学实验加以解决的,但是古典生命目的论对伦理和生命内在关系的深刻思考,业已开启了探究伦理生命的大门。

如果确证了伦理生命,从伦理生命的视角思考人造生命,也就可以把握人造生命存在的价值和意义。

一、伦理生命何以可能

苏格拉底早就追问生命为何是善的问题,并试图诠释生命和伦理的内在关系。这一致思方向深刻地影响了古典生命目的论。古典生命目的论的三大典范是亚里士多德式的万物有灵魂、笛卡尔式的机械论、康德式的有机体论,它秉持苏格拉底的思路,致力于诠释"伦理生命何以可能?"的问题。在古典生命目的论看来,生命并非盲无目的的存在,而是具有明确价值目的的存在。生命的价值目的可能是恶，也可能是善。所以，生命要么是趋恶的，要么是趋善的。问题在于，生命可否以恶为目的？如果答案是否定的，那么生命可否以善为目的？如果答案是肯定的，伦理生命就具有了可能性。

（一）生命可否以恶为目的

亚里士多德在《论德性与恶习》中认为，恶是源自人类灵魂的非正义、不慷慨（小气吝啬）、思想狭隘等，它往往导致仇恨、不平等、贪婪、低贱、不宽容、痛苦和伤害等不良后果。这和生命的终极目的即幸福这个最高善是背道而驰的。[①]在亚里士多德这里，最大的幸福是沉思这种理智德性，恶危害幸福且最终悖逆了理智德性，因而不能成为生命的目的。和亚里士多德不同，笛卡尔认为上帝（而非幸福）是生命的终极目的。恶不仅仅源自理性和理智德性的丧失，更在于放弃了生命实践的道德责任。最伟大的心灵放弃了道德责任，就会"造就最大的恶"[②]。是故，这种偏离正道、悖逆上帝的恶，不能成为生命的价值目的。笛卡尔和亚里士多德的观点非常明确，恶和终极目的（幸福或上帝）——至高的善背道而驰，因而不能成为生命的目的。不过，他们的观点主要致力于分析恶的现象，没有深入探究恶的本质。鉴于此，康德并不分析偶然性的恶的现象或行为体现，而是批判性地反思恶的人性根源，致力于把握恶的本质。

康德认为，生命目的并非上帝或幸福，而是人，人之目的是自由或道德法则。人性的根本恶（the radical innate evil in human nature）源自那种选择并决定背离自由的道德法则的恶的自然禀性，它主要包括人性脆弱（the frailty of human nature）、人心不纯（the impurity of human heart）、人心堕落（the depravity of human heart）。人性脆弱就是选择能力在遵循道德法则时的主观的消极软弱性。人心不纯是指合乎义务的行为并不纯粹是出自义务的，即不是为义务而义务，而是掺杂了义务之外的功利、偏好、快乐等要素。人心堕落或腐败是指选择能力具有使道德动机屈从于非道德动机的禀性。在这种境遇中，即使出现了合乎道德法则

① See: Jonathan Barnes (ed.), *The Complete Works of Aristotle*, Volume 2 (Princeton, New Jersey: Princeton University Press, 1984), pp. 1982–1985.

② René Descartes, *A Discourse on the Method of Correctly Conducting One's Reason and Seeking Truth in the Sciences*, translated by Ian Maclean (Oxford: Oxford University Press, 2006), p. 5

的善的行为,它仍然是恶,因为它从道德禀性的根基上败坏了道德。^①康德特别强调说:"值得注意的是,这些恶的禀性(就其行为而言)是植根于人甚至是最好(善)的人之中的。"^②就是说,每一个人和所有人都具有恶之禀性,坏(恶)人、好(善)人乃至最好(善)的人都具有这种恶的禀性。恶的禀性是道德目的的死敌,是对自由法则的戕害,绝不能成为人和生命的目的。

尽管道德恶植根于人性且不可完全根除,某些大恶甚至能够危及人类,但是恶、大恶只能横行一时,并非生命之目的。既然恶不能成为生命的目的,那么生命可否以善为目的?

(二)生命可否以善为目的

古典生命目的论的观点非常明确:恶是善的死敌,善是生命的目的。为了阐明此论,亚里士多德明确区分了人和动物的界限,主张善(主要指德性和幸福)乃人独有的目的,即善是知识、行为追求的目的。德性是个体行为和社会的目的,幸福是生命的终极目的。在《论德性与恶习》中,亚里士多德专门讨论了源自灵魂的善,如正义(justice)、慷慨(liberality)和宽宏(magnanimity)等值得称道的德性。^③在此基础上,亚里士多德主张理论理性高于实践理性,认为幸福的最好标准是理智德性,对理智德性范畴的沉思(contemplation)则是最大的幸福。^④至此,亚里士多德已经合乎逻辑地走向了伦理目的——理智德性。不过,理智德性注重沉思和认知,相对弱化了实际道德行为的选择、判断和具体实践智慧,笛卡尔试图弥补这个不足。

在笛卡尔这里,人与动物之间依然存在着不可逾越的鸿沟(这一点和亚里士多德是一致的)。笛卡尔说:"当我审视在这样的身体中发生的功能时,我才确切地发现那些我们未曾反思的发生在我们身体上的事,因此没有来自我们灵魂的

---

① See: Immanuel Kant, *Religion Within the Boundaries of Mere Reasons and Other Writings*, translated and edited by Allen Wood and George di Giovanni (Cambridge: Cambridge University Press, 1998), pp. 53–56.

② Immanuel Kant, *Religion Within the Boundaries of Mere Reasons and Other Writings*, translated and edited by Allen Wood and George di Giovanni (Cambridge: Cambridge University Press, 1998), p. 54.

③ See: Jonathan Barnes (ed.), *The Complete Works of Aristotle*, Volume 2 (Princeton, New Jersey: Princeton University Press, 1984), pp. 1982–1985.

④ See: Jon Miller (ed.), Aristotle's *Nicomachean Ethics: A Critical Guide* (Cambridge: Cambridge University Press, 2011), pp. 47–65.

贡献。就是说,我们的灵魂部分不同于身体部分,其本性(如我所说过的)仅仅是思考(think)。或许可以说,这些只不过是缺乏理性的动物和我们类似的一些功能。但是我发现这种依赖思考的功能没有一种仅仅属于我们人类。不过,一旦假定上帝创造了理性灵魂并依我所说的方式把灵魂赋予身体,就发现这些功能仅仅属于我们人类。"①笛卡尔认可亚里士多德所注重的理性,主张唯一能够使人和动物相区别的是上帝赋予人类的理性和善,因此人的精神生命(mental life)是最终提供道德责任可能性的联合统一体。不过,笛卡尔并不同意亚里士多德关于理智德性是最高善的目的的观点。他明确地批判道:"仅仅拥有善的心灵(good mind)是不够的,最为重要的是正确地应用它。最伟大的心灵能够做出最大的恶也能够做出最大的善。那些行动极慢却能够总是沿着正当的道路行走的人比那些行动迅捷却偏离正道的人走得更远。"②笛卡尔试图借用上帝这一神圣的道德权威,强调道德实践的重要性和实际行为的重要价值。这既是对亚里士多德把理智德性置于实践德性之上观念的颠倒,也为康德深刻论证实践理性高于理论理性提供了经验性的理论资源。

德性是生命的目的(亚里士多德)、上帝是生命的目的以及实践理性(道德)高于理论理性(笛卡尔)的思想,为道德目的论的进一步发展奠定了重要的理论基础。显然,在实践理性高于理论理性的前提下,如果德性摆脱(亚里士多德式的)灵魂和(笛卡尔式的)上帝的羁绊,成为生命的根本目的,道德目的论也就水到渠成了——这正是康德有机体论的伟大使命。康德认为,泛灵论、机械论的幸福或上帝不是终极目的,因为"终极目的就是不需要其他任何目的作为可能条件的目的"③。人的自由(freedom),超于任何感官的能力,是无条件的目的,因此是此世界的最高目的(the highest end)。换言之,假定把自然看作一个目的论体系,"人生来就是自然的终极目的"④。康德据此颠倒了上帝、灵魂和道德自由的地

---

① Stephen Gaukroger, *Descartes' System of Natural Philosophy* (Cambridge: Cambridge University Press, 2002), p. 216.

② René Descartes, *A Discourse on the Method of Correctly Conducting One's Reason and Seeking Truth in the Sciences*, translated by Ian Maclean (Oxford: Oxford University Press, 2006), p. 5.

③ Immanuel Kant, *Critique of Judgment*, translated by James Creed Meredith (Oxford: Oxford University Press, 2007), p. 263.

④ Immanuel Kant, *Critique of Judgment*, translated by James Creed Meredith (Oxford: Oxford University Press, 2007), p. 259.

位,把道德法则和自由意志作为上帝和灵魂的目的,上帝和灵魂则成为道德得以可能的保障。或者说,生命的内在终极目的是道德法则和自由规律,灵魂和上帝则从属于道德法则和自由意志。康德借此把亚里士多德、笛卡尔的道德观念深化为实践理性高于理论理性,生命的终极目的是(道德或伦理的)善——这就是其道德目的论。康德明确地说:"道德目的论或伦理目的论,将会试图推断源自自然中的理性存在者的道德目的的原因和属性——一种可以先天知道的目的。"①在此基础上,康德明确提出德福一致的至善目的。康德的独特贡献就在于,把人和自由意志从亚里士多德的灵魂和笛卡尔的上帝那里解放出来,使道德和自由意志成为生命的本质,凸显了人的道德主体地位。道德目的论历经磨砺,在康德哲学这里终于脱颖而出,赫然屹立于哲学和生命目的论的殿堂之上。至此,古典生命目的论有力地论证了生命应当以善为目的,它所孕育的伦理生命之雏形业已清晰可辨。

人是生命中能够反思生命、认识生命的生命(至少就目前所知的生命而言,这是事实)。一般而论,人们首先反思人之外的其他生命,这意味着对人的生命的间接反思,因为人也是生命中的一种,具有和其他生命共有的目的(如前所论的灵魂、质料、有机体等)。除了追问人和其他生命的共相外,更深刻的则在于反思人自身的殊相,即人独有的区别于其他生命的本质内涵,追问人的独特的存在目的。是故,对生命的间接反思最终会直接指向人自身所独有的理性和自由意志,追问人存在的价值意义和目的。生命的目的和价值是人赋予的。就此而论,生命的目的也就是人的目的。可见,对生命的追问和反思是一种目的性的探究而非盲目的狂想,没有目的的追问是毫无价值的。这就是古典目的论至今依然深刻地影响着生命观念和伦理思想的内在原因。

二、何为伦理生命

其实,古典生命目的论已经阐明了伦理生命得以可能的两大理据:一是否定性理据,即恶的本质决定了恶不可能成为生命目的;二是肯定性理据,即善的本

---

① Immanuel Kant, *Critique of Judgment*, translated by James Creed Meredith (Oxford: Oxford University Press, 2007), p. 263.

质决定了生命应当以善为目的。那么,何为伦理生命呢? 伦理生命是一种自觉选择的以求善为目的的生命。它既是祛恶之生命,又是求善之生命。需要说明的是,这里所说的善是广义的善(包括幸福、正当、责任等),并非通常所讲的狭义的善(主要指幸福)。

(一)伦理生命是祛恶之生命

安德鲁·赛耶尔(Andrew Sayer)说:"伦理生命是一种难以获得一致认识的重要对象,且总是面临危险,因而对我们而言是规范性的生命。"[①]伦理生命面临的危险就是恶。一般而言,恶是悖逆理性和自由意志、不负责任的任性,是践踏尊严和权利的负面价值,主要指危害个人或人类的言行及其产生的后果,如奸邪、犯罪、欺凌、伤害、痛苦、污秽、下流、恶毒、危险、灾祸、失败、厄运等。因此,恶是对善的危害,祛恶是伦理生命的存在基础。

善(good)、恶(evil)的冲突有三种基本方式,相应地,祛恶有三个基本规则(为简洁起见,以下以 G 表示善,以 E 表示恶)。(1)两善(G_1,G_2)冲突。设若 $G_1 > G_2$,则选择 G_1。如果说两善冲突取其大,即选择 G_1,是为积极善(positive good);两善冲突取其小,即选择 G_2,是一种消极善(negative good)。尽管消极善(G_2)和积极善(G_1)的后果都是善,但其动机具有恶的趋向,其后果是对善的减轻,因而也是一种恶,应当去除之。(2)善(G)、恶(E)冲突,显而易见,选择善,拒斥恶。(3)两恶(E_1,E_2)冲突是最难以抉择的。如果不进行选择,听任双恶(E_1,E_2)并行,则为放弃善之责任的大恶。如果选择,无论选择 E_1 或 E_2 都是恶。这种必然出现恶的境遇,已经超出了道德边界,不可能出现传统伦理理论所追求的道德标准。德性论、功利论、义务论和权利论都将无能为力,因为它们的选择都是善。比较而言,E_1、E_2 并行之恶,甚于二者择一之恶。是故,后者是恶的减轻,二恶择一是明智的。设若 $E_1=E_2$,则只能凭道德直觉当机立断,二者择一。设若 $E_1 > E_2$,则选择 E_2。相对于两恶并存或两恶取重而言,两恶取一、两恶相权取其轻(lesser of evils)是消极恶,两恶并存或两恶取重则是根本恶(积极恶)。虽然消极恶(E_2)和根本恶(E_1)的后果都是恶,但是其动机具有善的趋向,其后果是对恶的减轻,对伦理生

---

① Andrew Sayer, *Why Things Matter to People: Social Science, Values and Ethical Life* (Cambridge: Cambridge University Press, 2011), p. 145.

命的伤害是一种减弱。或许这就是亚里士多德早就主张恶中取其最小的伦理选择规则的原因。[1]需要特别注意的是,根本恶(radical evil)是对伦理生命的致命威胁。康德从形上层面研究了根本恶的理据,阿多诺把根本恶规定为社会性恶,其中种族灭绝之恶(the evil of genocide)是典型的根本恶。种族灭绝植根于如下信念:"'异类'(other group)对同类的个人、社会和国家利益构成威胁,乃至需要以一种果断的、粗暴的方式予以解决。异类是内在令人厌恶的、不可同化的,不仅仅是使其作为一个被抛弃的异类处在一个遥不可及的地方,而且要名副其实地予以彻底毁灭。"[2]这根本恶"已经导致了如同真正地狱般的东西"[3]。因此,根本恶是要绝对弃绝的恶。

不可忽视的是,通常意义上的恶是自由选择的必须承担相应责任的恶(即康德说的道德恶)。此外,还有另一种恶:它是一种非自由选择的不必或不能承担相应责任的恶。如果前者称为内在恶(internal evil),后者则可称为外在恶(external evil)。外在恶常常是源自自然界的破坏性力量给人类带来的灾难、苦难等负价值性存在,如地震、火山、飓风、洪水等自然灾难,还包括给人类带来或可能带来危害的生物等,如毒蛇、鲨鱼、虫子等。究其实质,外在恶的实体本身属于事实范畴,并非价值载体。如果它们对人类没有造成任何影响和后果,也就无所谓善恶。之所以称之为外在恶,只是由于它们对人类或人类所伦理关照的客体造成了危害或可能造成危害,而被赋予恶的负面价值。尽管如此,外在恶毕竟是对生命的戕害和摧残,是对善的践踏和危害。而且,外在恶会诱发内在恶,为内在恶的衍生提供机遇和条件(如枪为枪击案提供了条件、核武器为核辐射提供了机遇)。伦理生命虽然无法完全控制外在恶,但应当尽力躲避或减少外在恶。灾难预防机制、自然科学、医疗卫生、法律制度等都是伦理生命对抗外在恶的坚强举措和实践路径。祛恶之生命是求善之生命的前提和基础。

---

[1] See: Aristotle, *The Nicomachean Ethics*, translated by David Ross, revised by Lesley Brown (Oxford: Oxford University Press, 2009), p. 36.

[2] Calvin O. Schrag, "Otherness and the Problem of Evil: How Does That Which Is Other Become Evil?", *International Journal of Philosophy and Religion* 60 (2006): 149–156.

[3] Theodor W. Adorno, *Metaphysics: Concept and Problems*, translated by Edmund Jephcott (Cambridge: Polity Press, 2001), p. 105.

(二)伦理生命是求善之生命

求善之生命是在祛恶的基础上,融自由、理性、自律、至善于一体的实践智慧之生命。或者说,它是以自由为基点,以理性、自律的伦理实践为基本路径,以追求幸福德性一致的至善为最高目的的价值性存在。

亚里士多德在《尼各马可伦理学》的开篇就说:"善乃万物所求之目的。"[①]以善为目的的生命即伦理生命。用黑格尔的话说,伦理生命的实体是善,其本质则是自由,"伦理生命是作为活着的善的自由理念,这种善在自我意识中具有其知识和意志,并通过自我意识的行为而成就其现实性。类似地,正是在伦理存在中,自我意识具有其发动作用的目的和自在自为的基础。因此,'伦理生命'是自由的概念,'自由'的概念是已经成为实存世界和自我意识的本质"[②]。其实,"自由"并不仅仅是抽象的概念,而是具体境遇中理性(rationality)的生命谋划和自律(autonomy)的实践智慧。在罗尔斯看来,理性的生命谋划有两大基本法则:"(1)当其生命谋划运用于所有境遇的相应部分时,是一种合理性选择原则的谋划,以及(2)在此境遇中的谋划将会是他完全深思熟虑的理性选择,就是说,是对相关事实了如指掌、对其后果详细斟酌之后的谋划。"[③]在理性判断、选择和谋划的基础上,自律的实践智慧体现为遵循道德法则,严格审慎地控制欲望和提升德性,不断地积累善、提升善,促进德性和幸福一致的至善。诚如明尼苏达州立大学教授马克·切科拉(Mark Chekola)所言:"理性和自律存在之处,作为拥有理性和自律之人的目的是善的,因而它们应当和幸福一起作为善之生命的构成部分。"[④]善之生命谋求并实践德性和幸福一致的至善的基本规则是:首先,理性、自律地谋求最大幸福;其次,如果不能谋求最大幸福,即在必须放弃某些幸福的情况下,放弃最小幸福;最后,谋求最大幸福的底线是不得造成恶的后果。这里需要注意的是,边沁、密尔的古典功利主义谋求最大多数人的最大幸福。其问题在于:为了

---

① Aristotle, *The Nicomachean Ethics*, translated by David Ross, revised by Lesley Brown (Oxford: Oxford University Press, 2009), p. 3.

② G. W. F. Hegel, *Elements of the Philosophy of Right*, translated by H. B. Nisbet (Cambridge: Cambridge University Press, 1991), p. 189.

③ John Rawls, *A Theory of Justice* (Cambridge, Massachusetts: Harvard University Press, 1971), p. 408.

④ Mark Chekola, "Happiness, Rationality, Autonomy and the Good Life", *Journal of Happiness Studies* 8(2007): 51-78.

这个目的可能去伤害少数人的幸福进而产生恶果。对于善之生命而言,只有在不给每一个人造成伤害的前提下,谋求每一个人的最大幸福才是善的。如果说不伤害每一个人是德性的底线规则,那谋求每一个人的最大幸福则是德性和幸福的鹄的。这种把德性和幸福融为一体的正当地求善的实践智慧,就是德福一致的至善,也是伦理生命的内在价值。在这个意义上,德沃金说:"善之生命存在于一种灵巧娴熟、炉火纯青的生存之道的内在价值之中。"[1]不过,也不可忽视伦理生命的外在价值。

既然伦理生命是求善的生命,善的价值观念就特别值得重视。为此,赛耶尔强调:"我们是伦理的存在,其意义不仅仅是说我们必然总是按伦理行动,而是说在我们生成的过程中,要根据一些什么是善或什么是可以接受的观念来评价行为。"[2]如前所论,通常意义上的善是自由选择的必须承担相应责任的善(包括至善),这是伦理生命自身所求的内在善,即道德善(内在价值)。不过,还有另外一种善:它是伦理生命赋予的并非自由选择的,不必或不能承担相应责任的善——外在善(外在价值)。外在善主要是自然界所具有的保护性力量或可供人类与其他动植物生成发展的优良资源。青山、绿水、阳光、空气、矿物等是这类善的常见形态。外在善本身是无目的的自然事实,只是由于它们对人类或人类所关照的客体带来了实际的利益和好处,才被赋予善的正面价值。既然外在善是由内在善的伦理生命赋予和决定的具有伦理价值的存在,其获得和失去也就依赖于内在善。如麻雀在除四害的时代,是四害之一,而今却是保护对象,即获得了善的认可,具有了外在善的价值。农药曾经作为杀死害虫、增产丰收的有效手段被大力推广(外在善),而今却因其有害健康、污染环境而丧失了外在善的价值。相对于内在善,外在善是第二位的。内在善是自由意志的产物和本质体现,是外在善的根据,它常常体现为包容、互惠、共存、和平、友善、公正等对生命的良性价值和实践意义。虽然如此,外在善为内在善提供了存在、发展和提升的境遇和条件。因此,伦理生命要理性自律地综合外在善和内在善以更好地实现德福一致的至善。

---

[1] R. Dworkin, "Foundations of Liberal Equality", in *Equal Freedom: Selected Tanner Lectures on Human values*, edited by S. Darwall (Ann Arbor: University of Michigan Press, 1999), pp. 190–306.

[2] Andrew Sayer, *Why Things Matter to People: Social Science, Values and Ethical Life* (Cambridge: Cambridge University Press, 2011), p. 143.

从根本上讲,生命包括遵循自然规律的自然生命和遵循自由规律的伦理生命两个基本层面。在这个意义上,伦理生命是相对于自然生命而言的自由生命。从自然生命到伦理生命(自由生命)是生命自身的质的变化和提升。自然生命应当但未必具有伦理生命。伦理生命必定具备自然生命,因为伦理生命是在自然生命的基础上对生命目的和价值的深刻肯定与具体实践。就是说,伦理生命是去除内在恶和外在恶,追求内在善和外在善的自由存在。相对于自然生命而言,伦理生命既确证了生命的存在意义,又提升了生命的价值品位。

从伦理生命的视角思考生命,生命就具有了存在的价值和意义,人造生命也同样具有存在的价值和意义。凭直觉而言,人造生命是具有伦理生命的生命。这就提供了人造生命伦理治理的可能契机。

第三节　人造生命伦理的突围

生而脆弱却又孜孜追求去弱权的人类一直试图干预甚至计划自然生命的孕育和生产过程,乃至不能遏制自己充当造物主(上帝)的内在冲动。这就必然出现增强权的极端性困境——人造生命的伦理困境。

众所周知,1978年7月25日,人类历史上第一个试管婴儿路易丝·布朗在英国一家医院诞生。就其象征意义而言,这是人类繁殖的技术革命。如库尔特·拜尔茨所说:这是"一个迄今一直在人体的黑暗中发生的过程,不但被带到了实验室的光明之中,而且还被置于技术控制之下,它就超越了通常意义上的技术进步。同时,它又只不过是一次发展的开端;在这一发展之中,人的整个繁殖过程的每一步骤,都将会被一个接一个地从技术上加以掌握"[1]。生殖工程同时带来了诸多生命伦理问题。

21世纪,人造生命的重大突破,既给生命伦理学带来了深刻危机,也给生命伦理学带来了涅槃重生的可能契机。或许,这是祛弱权摆脱其终极性困境的可能出路。如前所述,2010年以文特尔为首的科研小组在合成生物学领域取得的

---

[1] 库尔特·拜尔茨:《基因伦理学:人的生殖技术化带来的问题》,马怀琪译,华夏出版社,2000,第1页。

重大成就：创造出由人造基因控制的单细胞细菌——辛西娅。①人造细胞的成功标志着人造生命技术的突破性进展，预示着人造生命由可能性转向现实性，同时也向实践理性领域的生命伦理学发起了强劲挑战。

如果说当下的生命伦理学是奠定在自然生成的研究对象基础上的"自然"伦理学，那么奠定在人工建造的研究对象（人造生命）基础上的"人工"伦理学则可被命名为人造生命伦理学。在祛弱权、增强权视域下，人造生命伦理学可能在突破有机和无机、人工和自然、必然和自由等界限的基础上，突破自然生命伦理学的藩篱，为科技伦理治理注入全新的要素和价值观念，担负起催生新型的科技伦理领域的历史使命。问题在于：（1）这如何可能？或人造生命是否有资格成为人造生命伦理学的研究领域？如果答案是肯定的，那么，（2）人造生命如何成为人造生命伦理学发端的可能契机？

一、人造生命伦理学的契机

人造生命可否成为人造生命伦理学的研究领域呢？人造生命（artificial Life）引发了生命安全、生命保护和生物恐怖主义等诸多挑战当下伦理观念的全新问题。如何应对之，是生命伦理研究不可推卸的历史使命。早在1994年，丹尼尔·丹尼特（Daniel Dennett）就思考了此类问题。他明确断言："在直面人造生命之时，哲学家有两种途径可供选择：要么把人造生命看作一种研究哲学的全新途径，要么仅仅把它当作当下哲学运用当下哲学方法予以关注的新的研究对象。"②与此相应，研究人造生命带来的伦理问题也有两种基本路径可供选择：一是纳入当下伦理学范畴，运用当下伦理学的思路方法研究相关伦理问题；二是超越当下伦理路径，以一种全新的思路研究相关伦理问题。如此一来，选择何种路径就成为研究人造生命带来的伦理问题的首要任务。需要特别说明的是，这里并不讨论人造生命方面的纯粹自然科学和技术问题，而是以此为讨论前提，因为伦理学不必也不应该等到科技发展成熟及其带来的伦理问题充分暴露时再去讨论，必

---

① See: Daniel G. Gibson, et al., "Creation of a Bacterial Cell Controlled by a Chemically Synthesized Genome", *Science* 10 (2010): 1–5.

② John P. Sullins, "Ethics and Artificial Life: From Modeling to Moral Agents", *Ethics and Information Technology* 2005(7): 139–148.

须也应该以深刻的伦理反思走在科技发展的前面。这样才能彰显伦理学的价值判断和实践引领功能,避免常常出现的伦理学研究落后于科学研究的消极被动局面。

值得肯定的是,人造生命有望给现代社会带来全新水准的舒适便利。但是,"这项技术也潜在地具有各种相关的风险和危害,因为其主要目的关涉对生命有机体的控制、涉及与合成"①。结果,人造生命改变并模糊了物体和信息、生命和非生命、自然进化物和人工设计物、有机和无机、创造者和被造物之间的界限。对此,生命伦理学家莱昂·卡斯(Leon Kass)说:"所有的自然界限都是可以争论的。一方面是我们人类自身的界限、人和动物的界限,另一方面是人和超人或上帝的界限、生命和死亡的界限。在21世纪的诸多问题中,没有什么比这更重要的了。"②质言之,人类自己设计并合成生命的理念肇始了一种全新的生命概念和革命化的生物技术,同时也提出了当下伦理学始料未及的全新伦理问题。这些问题强劲地撼动着当下伦理学的藩篱。当下伦理学大致经历了理论伦理学、应用伦理学的基本演进历程,其研究对象从根本上讲都是自然产物(包括自然生命)。和当下伦理学奠定在自然产物的基础上迥然相异,人造生命带来的伦理问题奠定在人造产物(主要是人造生命)的基础上。这些问题远远超出了当下伦理学的视域,对当下伦理学所秉持的一些深层价值和道德直觉以及诸多根深蒂固的伦理区分和划界产生了猛烈的冲击,严重威胁着当下伦理学的基本理念和基本格局。因此,不可停滞在当下伦理学的框架内,仅仅把人造生命简单地看作运用当下伦理方法研究的一种新对象。相反,应当把人造生命看作一种研究伦理学的全新途径——人造生命伦理学。或许,人造生命伦理学有望在突破有机和无机、人工和自然、必然和自由等界限的基础上,突破理论伦理学和应用伦理学的藩篱,为伦理学研究注入全新的要素和价值观念,担负起催生新型伦理学的历史使命。

虽然当下伦理学和人造生命伦理学的界限(自然产物与人造产物的界限)从总体上看好像十分明晰,然而,达尔文主义伦理学、基因伦理学和神学伦理学都

① M. Schmidt et al. (eds.), *Synthetic Biology: The Technoscience and Its* Societal Consequences (London and New York:Springer, 2009), pp. 65–79.

② Henk van den Belt, "Playing God in Frankenstein's Footsteps: Synthetic Biology and the Meaning of Life", *Nanoethics* 3 (2009): 257–268.

曾对当下伦理学产生了极大的冲击和影响,也都和人造生命的伦理问题密切关联且极为相似,极易带来模糊不清的理论问题。是故,厘清它们和人造生命带来的伦理问题之间的本质区别,是人造生命伦理学得以可能的必要前提。

(一)人造生命与达尔文主义伦理学的本质区别

达尔文在其自传中把自己的伦理思想概括为,上帝和来世绝不可信,生活的唯一规则在于"追随最强烈的或最好的冲动或本能"[1]。这是达尔文主义伦理学的基本观点。19世纪末20世纪初,哈耶克尔、布赫、卡尔内里等一批达尔文主义者的观点虽然各有不同,但"他们都认同,包括伦理在内的人类社会及其行为的各个方面都可以用自然进程加以解释。他们否定任何神圣干预的可能性,蔑视身心二元论,拒斥自由意志而偏爱绝对决定主义。对他们而言,自然的每一种特征——包括人的精神、社会和道德——都可以用自然的因果关系来解释。所以,任何事物都必定遵循自然法则"[2]。奠定在生物进化论基础上的达尔文主义伦理思想诠释了自然与自由的表面联系,却轻率地抹杀了二者的本质区别,即以自然本能取代自由规律,试图建构一种以自然进化为基础的生物进化论伦理学。达尔文主义伦理学虽然强烈冲击了盛行当时的"自由、平等、博爱"等价值观念,但是并没有也不可能超越当下伦理学,因为它探讨的依然是自然产物范围内的伦理问题。与自然进化的伦理观念不同,人造生命引发的后应用伦理问题以人工创造设计的人造产物为研究对象。诚如 M. 施密特(M. Schmidt)所说:"合成生物学家不但想要生命有机体适合人的目的,他们还致力于生产出生命机器或完全人造的有机体。因此,由合成生物学导致的生命世界的技术化扩展将会更加广阔,更加彻底,更加系统化。人的创造进入了一个全新的领域,生命和非生命之间的差异变得更加模糊不明。专家们认为,这种科学特性使合成生物学成为一种不同于当下生物技术的全新学科,也同样提出了全新的伦理挑战。"[3]如果说生物进化论否定上帝和自由,主张生命是自然演化的自然作品的话,那么人造生命

---

[1] Charles Darwin, *Autobiography* (New York: Norton, 1969), p. 94.

[2] Richard Weikart, *From Darwin to Hitler: Evolutionary Ethics, Eugenics, and Racism in Germany* (New York: Palgrave Macmillan, 2004), p. 13.

[3] M. Schmidt et al. (eds.), *Synthetic Biology: The Technoscience and Its Societal Consequences* (London and New York: Springer, 2009), pp. 65–79.

则肯定人自身在某种程度上类似上帝而具备了创造生命的能力和自由,主张生命也可以是人工设计的人工产品。就是说,人造生命是人这个创造者的被创造者,由此带来和达尔文主义进化论伦理学截然不同的后生命伦理话题。

(二)人造生命与基因伦理学的本质区别

基因伦理学是达尔文主义生物进化论伦理学的深化和拓展。如果说达尔文主义生物进化论伦理学以外在的自然进化现象为理论基础的话,基因伦理学则以内在自然机理的基因图谱为理论基础。出于对基因问题的严肃思考,英国著名科学家理查德·道金斯(Richard Dawkins)在《自私的基因》一书的前言中说:"我们是生存机器——一种被盲目地输入了程序以便保存为称作基因的自我分子的机器人载体。这是一个依然令我震撼惊异的真理。"[1]这个真理虽然比进化论所揭示的伦理存在更加深刻,但是它研究的依然是奠定在自然人基础上的当下伦理问题。其实,即使被生殖技术或基因工程干涉的有机体也依然是自然产物,因为从某种程度上讲,其整个身体和新陈代谢依然是源自进化的自然目的的结果。众所周知,人类基因组计划(Human Genome Project)自2006年完成后,生命科学进入"后基因组时代"。相应地,人造生命带来的伦理问题并非基因伦理问题,而是"后基因组时代"的伦理问题,即属于后伦理的问题。原因主要在于,人造生命或人造有机体和道金斯所看到的自然机器人载体有本质区别:它是合成生物学家有目的地自觉地设计出来的科学产品或人造有机体。在生物学从生物分类基础学科向信息基础学科转变的途中,"(合成)生物学家梦想着造就控制生命的机器,如同工程师控制计算机芯片的设备配置一样"[2]。合成生物学是一种编码,它运用细胞设备,从现存有机体的修修补补的改变,到白手起家式的设计生命。可以说,文特尔等人合成的最小染色体组作为支撑复制有机体的最小基因单元,回应了古典笛卡尔式的理性还原主义者模型观念。换言之,在生命还原为一个基础性的单元的过程中,人们能够以一种添加的方式建造起来一种综合的复杂有机体。据此观点,一块精良的"生命之砖"就足以从简单的活体实体建造成为更加复杂精密的生命有机体,或者至少开始了一个类似于进化的过

① Richard Dawkins, *The Selfish Gene* (Cambridge: Cambridge University Press, 1989), p. XXI.

② McEuen P and Dekker C, "Synthesizing the Future", *ACS Chemical Biology* 3 (2008): 10-12.

程。[①]显然,人造生命引发的并非基因伦理问题,而是后生命伦理学问题。

特别需要提及的是,基因伦理学是生命伦理学的前沿课题之一。目前生命伦理学的研究对象也是自然物,属于当下伦理学的应用伦理学领域。从某种意义上讲,人造生命带来的伦理问题可以作为生命伦理学的全新话题。据此,或许可以谨慎地把生命伦理学大致分为两部分:研究自然生命的生命伦理学和研究人造生命的生命伦理学,后者和前者具有本质的区别。不过,这种区别绝不仅仅是生命伦理学领域自身的变革,而是关涉整个伦理学转向的全新话题:由自然生命的伦理思考转向人造生命的伦理革命。人造生命的伦理意义不仅仅是生命伦理学自身的自我超越,更是当下伦理学超越自身,进而转向后伦理学的可能契机。

(三)人造生命与神学伦理学的本质区别

达尔文主义伦理学、基因伦理学都是世俗伦理学,涉及的是对自然和伦理关系的思考。与此不同,神学伦理学试图思考万物的神圣创造者(通常指上帝或神)和被创造者之间的伦理关系。正因如此,人造生命不可避免地遭到神学伦理学的质疑和反对:人是否在充当上帝或取代上帝而成为造物主? 神学伦理学视域的创造者–被创造者与人造生命视域的创造者–被创造者之间的区别,决定着二者的本质差异。

关于人造生命问题,文特尔说:"第一个组,即一个自然器官的剥离版,仅仅是个开端。我现在想更上一层楼……我计划向世人展示,我们通过创造出真正的人造生命,去读懂生命软件(the software of life)。以这种方式,我想发现破译密码后的生命是否是一种可以被读懂的生命。"[②]世界首例人造生命辛西娅的成功,标志着"写作"基因密码的初步实现。用文特尔的话说:"我们正在从阅读基因密码转向到'写作'基因密码。"文特尔把此合成生命称为第一个以计算机为父母的生命。[③]这就是人造生命视域的创造者–被创造者关系的深刻体现。不过,文特

---

① See: Mihai Nadin, "Anticipation and the Artificial: Aesthetics, Ethics, and Synthetic Life", *AI & Society* 25 (2010): 103–118.

② Shailly Anand et al. , "A New Life in a Bacterium Through Synthetic Genome: A Successful Venture by Craig Venter", *Indian Journal of Microbiology* 50 (2010): 125–131.

③ See: Henk van den Belt, "Playing God in Frankenstein's Footsteps: Synthetic Biology and the Meaning of Life", *Nanoethics* 3 (2009): 257–268.

尔等合成生物学家无论是读懂理解生命,还是创造设计生命,本质上只能读懂或创造生理生命,而非伦理生命。一旦生理生命进入伦理生命的领域,即进入自由生命的领地,就不可能再被完全读懂乃至创造,因为伦理生命是自由的存在者,它不在生理规律和自然规律的控制之下,而是自由规律的承载主体。换言之,人造生命只能创造遵循自然规律的生理生命,而遵循自由规律的伦理生命并非创造设计者(合成生物学家)所能预料或控制的。在某种程度上,如同上帝创造了人并赋予人以自由意志,但不能控制人的自由意志一样,合成生物学家同样不具备这种控制能力。和传统的自然机器或工程设计不同,一旦有目的地设计创造出来的人造生命脱离设计者而独立存在,其生命历程就有可能背离设计者或创造者的原初目的,甚至和该目的背道而驰,形成一种类似亚当、夏娃悖逆上帝式的"新原罪"(new sin)。这种"新原罪"还会导致一系列前所未遇的、不可控制的、不可预测的、新兴的、未知的伦理问题。不过,"新原罪"和"原罪"不同,后者是自然人和虚拟的或神圣的创造者之间的伦理关系,前者是人造人和现实的世俗的创造者之间的伦理关系。这就把人造生命带来的后伦理问题和宗教伦理问题严格区分开来。可见,人造生命对当下伦理学的冲击,不同于宗教伦理学给世俗伦理带来的伦理问题。

总体看,达尔文主义伦理学、基因伦理学和神学伦理学等当下伦理学与人造伦理学的本质区别在于:当下伦理学的研究对象是自然产物引发的伦理问题,人造生命伦理学的研究对象是人造生命可能引发的一系列伦理问题。从这个意义上讲,人造生命有资格成为人造生命伦理学的契机。那么,人造生命如何成为人造生命伦理学发端的可能研究领域?

二、人造生命伦理学的领域

人造生命可能引发的人造生命伦理问题,主要包括身体伦理问题、优生伦理问题、自然生态伦理问题、国际正义问题、人性尊严和人权问题、伦理责任问题等六大层面。只有反思和研究这些问题,才有可能确立人造生命伦理学的领域。

(一)人造生命引发的身体伦理问题

人造生命技术和DNA的重新合成技术能够合成治病药物或人体器官等,这是一个关涉人类自身福祉和健康权益的身体伦理问题。合成生物学有目的、有针对性地设计生产出来的治病药物或人造器官比传统的医疗技术更加具有目的性,更加富有成效。可以说,"'辛西娅'的创造在生命技术领域是一个里程碑,其在药物中的应用将能够拯救生命和增强健康"[①]。以器官移植的药物排斥问题为例,在当下医疗领域,它依然是一个不能甚至根本无望解决的生命和医学难题。如果合成生物学合成一个和原有器官的构造机能大致相同的器官,就可能解决这个难题,给生命和医疗带来前所未有的成效乃至奇迹。同时,它还有望解决器官供给和需求之间不平衡的问题,避免不必要的人身伤害,甚至可能根本杜绝器官买卖的恶行。然而,人造生命技术一旦被误用或恶用,因人造生命具有自我复制、自我生成的能力,将会导致伤害身体健康的致命危害,甚至毁灭生命。这种风险高不可估,甚至可能比没有自我复制能力的原子弹带来更加可怕的灾难性后果,由此可能引发前所未有的身体伦理问题。不过,这些问题与目前业已在欧美兴起的身体伦理学(ethics of the body)的研究对象不同,因为当下的身体伦理学研究的依然是自然生成的生命的身体伦理问题。[②]思考人造生命引发的身体伦理问题必须秉持后伦理的有力论证。

(二)人造生命引发的优生伦理问题

从理论上讲,生物合成的人类胚胎干细胞也可以用在生殖技术方面。一旦如此,必然导致人类优生的极端形式,这可能比从几个自然胚胎中选择优秀胚胎引发更严重的新的优生伦理问题。自柏拉图到基因工程以来涉及的优生对象都是自然生命,与这种传统优生范式不同,合成生物学带来的优生对象则是人造生命。如今,"为生命技术开辟革命性路径的合成生物学业已形成,它是一种具有开创性和高度发展前景的科学与工程的综合,其目的在于建构出奇妙的实体和

---

① Shailly Anand et al. , "A New Life in a Bacterium Through Synthetic Genome: A Successful Venture by Craig Venter", *Indian Journal of Microbiology* 50 (2010): 125–131.

② See: Margrit Shildrick and Roxanne Mykitiuk (eds.), *Ethics of the Body: Postconventional challenges* (Cambridge and London: The MIT Press, 2005).

重新设计存在着的个体"①。在人造生命这里,优生成了一种人工设计、控制、规划的有目的的实践活动,自然淘汰、适者生存的优生法则受到史无前例的冲击。问题是,人工优生的合法性、正当性何以可能? 人工优生的后果如何预测和控制? 谁来承担人工优生可能带来的灾难性后果(如新的种族歧视乃至种族灭绝之类的大灾难等)? 更为麻烦的是,人工优生的人造人可否生育后代,如果不能,为什么? 如果能,人造人生育的后代既是自然人又是人造人,是一种自然和人工的综合性存在者——他们将会引发更加错综复杂的伦理问题:人造人和自然人是否具有同等的道德地位? 人造人的后代和自然人的后代是否具有同等道德地位? 人工优生的人造人和自然人发生冲突时,是否适用同样的伦理和法律规则? 人造生命可能带来的诸如此类的优生伦理问题迫切需要实践理性的关切。

(三)人造生命引发的自然生态伦理问题

合成生物学家的一个特别目标和伦理使命是,合成微生物并运用这些合成微生物治理污染区域或降低环境污染,以便改善人类生存环境,解决目前运用自然物不能或难以解决的环境问题,为人类带来不可估量的环境福音。不可忽视的是,为了治理环境污染,需要把合成微生物释放进自然环境之中。合成微生物不同于合成化学物,因为它或许会自我繁殖、自我复制并发生进化。这就潜在地具有如下危险:合成微生物相互配合,持之以恒地影响甚至取代自然内生的物种,某些自然物种或许会因此而逐渐衰弱乃至消亡。生物多样性的前景将因此变得模糊不明,环境治理的后果将因此更加诡异难测。"我们并不清楚,在何种程度上会让自然处在此风险中,以及我们是否有权利运用这种直接方式干扰生态系统,我们也很难对风险和益处进行确定性评估。"②令人担忧的是,这只是合成微生物的善用带来的潜在威胁。不可否认,如同电脑黑客一样,某些人可能无意误用甚至故意恶用合成微生物,即把合成微生物用于污染环境、干扰生态系统、削弱乃至取代自然内生物种,直接威胁物种多样性和生态环境平衡。这就极有可能导致生态系统的严重破坏和加速某些濒危珍稀物种的灭绝,给人类带来不

---

① Shailly Anand et al. , "A New Life in a Bacterium Through Synthetic Genome:A Successful Venture by Craig Venter", *Indian Journal of Microbiology* 50 (2010): 125–131.

② M. Schmidt et al. (eds.), *Synthetic Biology: The Technoscience and Its Societal Consequences* (London and New York:Springer, 2009), pp. 65–79.

可预料的祸患。这种威胁比人类当下的自然污染更加危险叵测,更加难以控制,甚至具有完全失控的可能性。与善用相比,避免人造生命的误用或恶用将是一个极其艰巨的历史使命,也是当下应用伦理学尤其是生态伦理学未曾深度关照的后伦理问题。

(四)人造生命引发的国际正义问题

目前,合成生物学区域发展的巨大差异和国际社会共享其成果诉求之间的尖锐矛盾极有可能促发新一轮的全球正义问题。生命有机体形式的合成生物产品有望比化学合成品更有成效,这种运用在发展中国家尤为重要。合成生物产品可以取代发展中国家运用传统方法生产的低效率的同类或相似产品。遗憾的是,合成生物学的发展需要高投入。迄今为止,这些科技知识和产品都集中在发达国家,发展中国家很难具备生产合成生物产品的各种条件和科学资源。如不改变这种现状,"或许合成生物学的作用仅仅在于强化贫穷国家对富有国家的依赖"[①]。合成生物学领域关涉人造生命问题的科技知识和科技产品,将会严重加大发达国家和发展中国家之间的差距。这将引发不同国家之间的新的贫富悬殊——人造生命资源的贫富悬殊,由此引发前所未有的国际正义问题。罗尔斯说得好,"正义否认为了其他人享有更大的善而使某些人丧失自由是正当的……在一个公平的社会里,基本自由是理所当然的,正义所保障的权利绝不屈从于政治交易或社会利益的算计"[②]。就人造生命而言,享有人造生命带来的便利,避免人造生命带来的危害是每个人的基本自由和权利。由于人造生命技术集中在发达国家,极有可能导致发展中国家屈从于政治交易或社会利益算计,并可能危害个人的基本自由和权利,进而肇始新的人性尊严和国际人权问题。

(五)人造生命引发的人性尊严和人权问题

2005年10月19日,联合国教科文组织成员国全票通过《世界生物伦理与人权宣言》,其首要原则即总第3条"人的尊严和人权"规定:1.应充分尊重人的尊

[①] M. Schmidt et al. (eds.), *Synthetic Biology: The Technoscience and Its Societal Consequences* (London and New York:Springer, 2009), pp. 65–79.

[②] John Rawls, *A Theory of Justice* (Cambridge, Massachusetts: Harvard University Press, 1971), p. 28.

严、人权和基本自由;2.个人的利益和福祉高于单纯的科学利益或社会利益。人造生命(尤其是人造人)技术使自然人的尊严遭受到空前的危机:自然生命的神圣性和神秘性在合成生物学面前荡然无存(需要说明的是,这是以人造人技术的成熟为前提的,尽管目前技术还没有真正达到这一点,但是这并不妨碍我们思考这个问题)。这涉及人性尊严的根本问题:人造人是否是人? 如果人造人不是人,人造人就会被贬低为一种非人的物种而不配享有人的尊严。由此而来的不可回避的问题是:人造人不是人的命题何以可能? 其正当性根据何在? 如果承认人造人是人,他就应当配享人的尊严。但是,人造人是被自然人设计和创造而成的产品,其尊严和自然人的尊严必定有着重大差异。由此而来的不可回避的质疑是:与自然人的尊严相比,人造人的尊严是何种尊严? 其根据何在?

更为严重的是,这些尊严问题直接威胁到作为自然权利的人权理念。人权作为一种人生而具有的自然权利,其普遍性伦理规则的地位在人造生命这里遇到了颠覆性的冲击。因为人造人并非自然人,很难具有自然权利的人权资格。如果不承认人造人是人,就可以否定其人权资格。难题在于,其伦理正当性如何可能? 如果承认人造人是人,就必须承认人造人具有人的资格,因而应该享有人权。显然,这种人权的正当性、合法性并非传统意义的自然权利(natural rights),只能是一种人造权利(artificial rights)。关于自然权利意义的人权,杰克·马哈尼(Jack Mahoney)说:"人权能够作为一个普遍性伦理规则,指导所有人在全球化境遇中的行为。"[1]与作为自然权利的人权不同,作为人造权利的人权何以可能? 这种人权如何作为一个普遍性伦理规则指导所有人在全球化境遇中的行为? 等等这些都是传统人权伦理未曾遇到的问题。由此还可能生发一系列必须予以重新反思和诠释的后应用伦理问题:人造权利和自然权利的关系如何? 如何处理二者的关系? 涵纳自然权利和人造权利的人权理念是否具有普遍性伦理法则的资格? 自然权利的义务和人造权利的义务有何关系? 与人造权利相应的责任和义务为何? 如何履行和保障这些责任和义务?

---

[1] Jack Mahoney, *The Challenge of Human Rights: Origin, Development, and Significance* (Malden: Blackwell Publishing Ltd., 2007), p. 166.

(六)人造生命引发的伦理责任问题

当下伦理学的基本伦理要素包括上帝、自然人和自然物。上帝与自然人和自然物具有本质的区别：上帝是创造者，自然人和自然物是上帝的作品——被创造者。合成生物学家创造生命的活动模糊甚至扼杀了这种区别，他们也因此难免受到"充当上帝角色"（playing God）的伦理责难。早在 1999 年，文特尔的研究就已经被报道为在实验中扮演上帝。[1]为了回应文特尔及其小组申请支原体实验室专利的消息，帕特·穆尼（Pat Mooney）于 2007 年 6 月明确宣称："上帝第一次遇到了竞争对手。文特尔及其同事们已经毁坏了社会界限，而公众甚至还没有机会争论合成生命所带来的影响深远的、社会的、伦理的和环境的（暗含的）可能影响。"[2]如果说神或上帝创造了自然物和自然人的话，创造生命的合成生物学家则是类似于上帝或神的"神人"，即能够创造出人造生命的人。合成生命技术带来的自然与人工、创造者与被创造者、控制者与被控制者关系的改变和日益复杂化，集中体现为人造生命者和上帝之间的地位问题，以及人造有机体的道德地位和创造者对它的责任问题。对此，莎莉·安纳德（Shailly Anand）等人说："正在创造着的生命是控制其他有机体的最极端的形式，也赋予科学家和社会以一种新的责任和身份地位。"[3]人们自然会追问：科学家作为创造者，其本身也是被创造者，他有何资格进行创造？如果答案是否定的，根据何在？如果答案是肯定的，创造者是否对其被创造者负有责任？如果创造者不承担责任，这和创造者自身的自由意志是相矛盾的，因为创造者是有目的的自由设计者和理性存在者。质言之，人造生命的创造者既然享有了创造生命的权利，就应该对人造人的行为负责。然而，他是否有能力对此负责？他是否有资格或可能为自己创造的产品承担责任？他应当承担什么责任？如何追究其责任（尤其在创造者死亡之后）？相应地，被创造者（人造生命）是否应该为自身的行为负责？是否有能力对此负责？如果答案是否定的，根据何在？如果答案是肯定的，人造生命要承担何种责任？

[1] See: Henk van den Belt, "Playing God in Frankenstein's Footsteps: Synthetic Biology and the Meaning of Life", *Nanoethics* 3 (2009): 257–268.

[2] Henk van den Belt, "Playing God in Frankenstein's Footsteps: Synthetic Biology and the Meaning of Life", *Nanoethics* 3 (2009): 257–268.

[3] Shailly Anand et al., "A New Life in a Bacterium Through Synthetic Genome: A Successful Venture by Craig Venter", *Indian Journal of Microbiology* 50 (2010): 125–131.

如何承担责任？其理据为何？人造生命引发的诸多伦理责任问题聚集成不可逃匿的人造生命伦理难题。

既然以人造生命为研究领地、以人造生命带来的诸多伦理问题为研究基础的人造生命伦理学是可能的,那么人造生命就有资格成为人造生命伦理学发端的重要契机。

结语

自然生命和人造生命的差异和联系决定着当下伦理问题和人造生命伦理问题的表面对立与内在关联。如果说当下伦理学是奠定在自然生成的研究对象基础上的"自然"伦理学(natural ethics),人造生命伦理学则是奠定在人工建造的研究对象基础上的"人工"伦理学(artificial ethics)。

尽管人造生命伦理学方兴未艾,但人造生命带来的全新的伦理问题和伦理路径却是当下伦理学无法应对的。这种前所未有的伦理领地或许是当下伦理学突破自身瓶颈、迈向新型科技伦理的前提。或者说,人造生命伦理学的使命是,在重新反思当下伦理学的基础上,以一种全新的视角,研究自然生命(以及自然物)和人造生命的内在关系,确证(或否证)人造生命的道德地位,思考人造生命和自然生命(以及自然物)的道德关系。这是人造生命伦理治理的理论基础。

第六章

工程伦理治理

工程伦理治理属于沟通人类自身和外在要素的桥梁或中介的科技伦理治理实践,与人工智能伦理治理、网络伦理治理等属于科技伦理治理的同一类型,即中介型或桥梁型科技伦理。

工程活动是现代社会中一种影响深远的实践方式,它表面上体现着人与自然的关系,本质上体现的依然是人与人、人与社会的关系和人之本性,这种强烈的实践特质早已预制了工程伦理学(engineering ethics)诞生和发展的内在机制。

20世纪七八十年代起,工程伦理学在欧美诞生并蓬勃发展起来,如今业已成为科技伦理领域的一支劲旅。然而,跟工程伦理学相关的争论愈演愈烈,极难达成伦理共识。归纳起来,学者们主要围绕如下几个密切相关的问题展开激烈争论:工程伦理学是否可能?工程伦理学为何种伦理学?工程伦理学应当选择何种伦理路径?工程伦理学的价值基准是什么?在我们看来,对这些问题的争论和思考,从不同的层面共同彰显出了工程伦理学的本真特质:以人权为价值基准的应用伦理学。人权也是工程伦理治理的价值基准。

第一节　工程伦理治理是否可能

工程伦理学首当其冲的问题是应对"工程伦理是否可能?"的挑战。目前,对工程伦理学的质疑可主要归结为三种类型:法律可否取代工程伦理治理? 传统可否取代工程伦理治理? 价值中立说可否否定工程伦理治理? 尤其是第三种类型的质疑具有哲学理据且根深蒂固,影响甚大。

一、法律可否取代工程伦理治理

著名工程作家萨缪尔·C.福劳曼(Samuel C. Florman)等人强调工程法律的重要,怀疑工程伦理的必要性,他认为只要工程师及其雇主尊重法律边界,工程师就应当自由地遵循雇主的指令,沿着其创造性的道路前行。他非常担忧地强调"工程伦理标准或许会扰乱法律标准的持续发展和实施"[①]。

我们认为,这种担忧源自对法律和伦理关系的误解:

其一,此论是(一种无视法律作用的限度,进而夸大了法律作用的)法律万能论和(蔑视道德功能、作用的)道德无能论的混合产物。伊利诺伊州立技术学院伦理学研究中心主任维维安·韦尔(Vivian Weil)教授反驳说:"这种推理思路忽视了一些重要因素。法律、规章和诉讼的作用产生于伤害和损坏发生之后。法律回应不可避免地滞后于这些情况。"[②]和法律的滞后不同,工程伦理能够积极地发挥作用:现场负责的有良知的工程师们能够及时采取措施避免或降低伤害,主动地解决问题。

其二,此论是把法律和道德完全隔离的机械论观点。实际上,二者具有内在的密切联系:法律是具有强制性的底线道德,道德是法律的价值基础和导向。法律应以道德为基础和目的,接受道德的批判和审视,基于此得以修正和完善。道德应以法律为坚强的底线保障,运用法律的力量实现其最低限度的道德目的。

---

① Raymond E. Spier (ed.), *Science and Technology Ethics* (London and New York: Routledge, 2002), p. 84.

② Raymond E. Spier (ed.), *Science and Technology Ethics* (London and New York: Routledge, 2002), p. 84.

因此,强调工程伦理标准不但不会扰乱法律标准的持续发展和实施,反而会不断地促进和提升法律标准的持续发展和实施。

二、传统可否取代工程伦理治理

法国是以传统否定工程伦理学的典型国家。在法国,工程伦理学完全不被重视,正规教育课程认为工程伦理学纯属多余。[1]诚如克里斯泰勒·迪迪尔所说:"在法国,讨论工程伦理学的发展几乎是一件不可能的事……在任何一所法国大学的哲学系和工程系的理论课程中都对工程伦理学完全不予关照……在工程学课程中几乎没有伦理教育……几乎没有研究'工程伦理学'的理论计划……20世纪90年代以前,'伦理'这个词竟然没有出现在任何专业组织或贸易联盟的出版物中。"[2]尽管如此,这种传统并不能否定工程伦理学自身的存在。

从法国之外的工程伦理学状况来看,德、美、日等国的工程伦理思想以及当今工程伦理学的迅速发展都证明了工程伦理学的重要价值。关于这一点,盖瑞·李·唐尼等人有专文论及,[3]兹不赘述。

从法国工程师事业的发展中也可以看出工程伦理学存在的必要性:

其一,从法国传统来看,虽无"工程伦理"之名,却有工程伦理之实。法国轻视工程伦理的传统和法国工程师由来已久的精英(中坚)地位有关。法国新闻记者让-路易·巴索克斯解释说:"在法国,工程教育绝不是给医学、法律或建筑学当第二提琴手,它被公认为是通向社会和专业高端的途径。"[4]就是说,工程师是为国家政府工作的一个特殊的行业,即所谓的"国家"工程师("state" engineers)。要成为工程师的学生必须经过最为严格的选拔和训练。他们进入工程学院不是"被录取"(admission)而是"晋升"(promotion),一旦完成学业,就被永久性地作为

---

[1] See: Gary Lee Downey, Juan C. Lucena, and Carl Mitcham, "Engineering Ethics and Identity: Emerging Initiatives in Comparative Perspective", *Science and Engineering Ethics* 13 (2007): 463–487.

[2] C. Didier, "Engineering Ethics at the Catholic University of Lille (France): Research and Teaching in a European Context", *European Journal of Engineering Education* 25, no. 4 (2000): 325–335.

[3] See: Gary Lee Downey, Juan C. Lucena , and Carl Mitcham, "Engineering Ethics and Identity: Emerging Initiatives in Comparative Perspective", *Science and Engineering Ethics* 13 (2007):463–487.

[4] Jean-Louis Barsoux, "Leaders for Every Occasion", *IEE Review* 35, no. 1(1989): 26.

提拔对象。换句话说:"进入工程学院,就意味着进入国家工程师制度体系之内,他们有望最终成为领袖和法国社会的化身。这样,他们成了国家发展的正统的火车头。"①从某种意义上讲,法国国家工程师的精英地位决定着其道德素养是在极其严格的考试体系中得以培育的。正如盖瑞·李·唐尼等人所说:"对于法国工程师而言,证明其有精于工程学的数学基础能力、承诺(义务)和自制,就证明了他具有确保共和国信誉并领导它追求理想未来的道德品性"②。斯密斯也说:"毋庸置疑的是,250年来,他们始终如一的公共服务的道德气质在任何地方都极为罕见。"③

其二,就法国传统的现代化而言,也经历了从无伦理之名到工程伦理学的出现的历史进程。冷战结束后,国家之间的联系通过联合国的推动进一步加强。法国工程师教育作为回应,期望工程师们参与欧洲之外的国际工程,工程学院因此开始扩展其非技术类的工程教育。在此境遇中,对工程专业的伦理反思获得了立足之地。1995年,工程师资格任命委员会支持工程研究生的正式资格要具有非技术性的要求,包括"外语、经济、社会人文科学以及解决信息问题的具体方法途径,同样向工程专业的伦理反思提供机会(通路)"④。工程伦理学的这个立足之处否定了轻视伦理的传统,为法国工程伦理的研究活动打开了通道。

其三,传统本身包含着伦理的要素,但也不可避免地存在着违背伦理的要素,而和人密切相关的工程中的伦理问题却是充满生命力的活生生的伦理实践。传统自身的滞后和不足不但不能否定工程伦理学的存在,反而要求工程伦理学的精深发展。

---

① Gary Lee Downey, Juan C. Lucena , and Carl Mitcham, "Engineering Ethics and Identity: Emerging Initiatives in Comparative Perspective", *Science and Engineering Ethics* 13 (2007): 463–487.

② Gary Lee Downey, Juan C. Lucena , and Carl Mitcham, "Engineering Ethics and Identity: Emerging Initiatives in Comparative Perspective", *Science and Engineering Ethics* 13 (2007): 463–487.

③ Cecil O. Smith, "The Longest Run: Public Engineers and Planning in France", *The American Historical Review* 95, no.3 (1990): 657–692.

④ Gary Lee Downey, Juan C. Lucena, and Carl Mitcham, "Engineering Ethics and Identity: Emerging Initiatives in Comparative Perspective", *Science and Engineering Ethics* 13 (2007): 463–487.

三、价值中立说可否否定工程伦理治理

如果说法律和传统只是外在挑战的话，价值中立说则是从哲学理论的高度对工程伦理学可否成立构成的内在挑战。那么，价值中立说能够否定工程伦理学吗？

价值中立说认为真理事实与伦理价值缺乏内在联系，科学家、工程师只需尊重真理事实，对伦理价值可以不屑一顾。在西方哲学史上，休谟最早明确了真理与价值、"是"和"应该"之间的划分，提出了两者间是否有内在联系的问题。逻辑实证主义者秉承这一思路，进而主张所有价值命题都既不能通过逻辑分析加以证明，也不能通过经验来证实，因而既不具有逻辑意义，也不具有经验意义。只有真假意义的事实命题即真理命题，才有意义——由此即可推出科学的价值中立性命题。马克斯·韦伯从科学的价值中立性出发，系统论证了经验科学与价值论、伦理学的严格界限，特别强调："'存在知识'，即，关于'是'什么的知识，与'规范知识'，即，关于'当是'什么的知识之间的逻辑（prinzipielle）区分。"[1]这样一来，价值中立的工程学和价值科学的伦理学就不可能有任何关联，工程伦理学也就失去了存在的根据。而且，即使工程伦理学存在，它也是没有价值的。

我们认为，价值中立说不能否定工程伦理学，因为：

从工程发展的历史和现实来看，并不存在任何"价值中立"的工程。历史上第一所授予工程学位的学校是1794年成立的法国巴黎综合工艺学校，当时它隶属于国防部门，出自这种具有一定军事性质的学校的工程不可能价值中立。18世纪下半叶，英国出现了最早的民用工程，如修建运河、道路、灯塔、城市水系统等。由于修建运河沿途要跨多个行政区、涉及众多土地所有者，当时的土木工程师要到英国议会为运河修建项目做论证，陈述实施项目的理由，争取议会和政府的批准，这直接跟现实中的价值密切相关。[2]由此可见，工程自诞生之日起，就与社会环境、社会事务联系紧密，就与现实中的价值密切相关。当代工程与价值的关系，无论在深度还是广度上都比以往更加密切。所谓价值中立的工程绝不可能存在。

---

① 马克斯·韦伯：《社会科学方法论》，朱红文等译，中国人民大学出版社，1992，第48页。

② See: Robert A. Buchanan, *The Engineers : A History of the Engineering Profession in Britain, 1750–1914* (London: Jessica Kingsley Publishers, 1989).

从工程的特质来看,它自身是具有其内在价值的存在。胡塞尔说:"在19世纪后半叶,现代人的整个世界观唯一受实证科学的支配,并且唯一被科学所造成的'繁荣'所迷惑,这种唯一性意味着人们以冷漠的态度避开了对真正的人性具有决定意义的问题。"[①]这也适用于对工程价值中立说的批判。价值中立说从原则上排除的正是工程本身的核心问题:即关于整个工程有无价值意义的问题。

价值中立说的实质是认为对于包括工程在内的一切客观的考察都是在外部进行的考察。不过,这种考察只能把握外在性、客观性的东西。实际上,对于包括工程在内的任何对象的彻底考察,是考察主体对于自己本身在外部表现出来的主观性的系统的纯粹内在的考察,"这些问题终究是关系到人"[②]。人的存在,及其意识生活和其最深刻的世界问题,最终就是有关生动的内在存在和外在表现的一切问题都得到解决的场所。人的存在是目的论的应当—存在,即人是价值和事实的综合存在,这种目的论在自我的所有一切行为与意图中都起着支配作用,在缜密严谨的工程活动中尤其起着支配作用。因此,工程并非纯粹客观的、实证的、独立的,它们建立在承载着价值的人的主观性的基础之上。这也决定了工程及其诸要素如科学、技术、工程师等都是以人权为价值基准的价值主体。这一点将在后文详述。

可见,价值中立的工程确系子虚乌有,甚至可以说,工程是道德哲学的重要分支。换言之,工程伦理学不但可以成立,而且具有鲜明的现实的价值和意义。

我们既然批判了各种怀疑论,肯定了工程伦理学的内在合理性及其可能性,那么,它应当是何种伦理学呢?

第二节　何种伦理治理

就工程伦理学阵营内部而言,虽然都肯定工程伦理学的可能性,但是在"工程伦理学应当是何种伦理学?"这个关乎其学科性质的基础问题上,依然争论激

---

① 胡塞尔:《欧洲科学的危机与超越论的现象学》,王炳文译,商务印书馆,2001,第16页。

② 胡塞尔:《欧洲科学的危机与超越论的现象学》,王炳文译,商务印书馆,2001,第15-16页。

烈,分歧甚大。论争可主要归结为如下几个方面:微观伦理学、宏观伦理学还是综合(协作)伦理学? 经验伦理学还是理论伦理学? 实践伦理学还是应用伦理学?

一、微观伦理学、宏观伦理学还是综合(协作)伦理学

部分学者把工程伦理学分为微观伦理学和宏观伦理学:约翰·赖德(John Ladd)等学者比较关注微观伦理学,R.C.赫德斯皮斯(R. C. Hudspith)等人比较关注宏观伦理学。

一般而言,微观伦理学(microethics)主要研究工程师个体的职业伦理:从工程学会的伦理准则出发,围绕工程师个人的责任和义务,采用案例研究的方法,重点研究工程师在工程实践中可能碰到的伦理难题和责任冲突,思考工程伦理准则如何适用于具体的现实环境,以使工程师的决定和行为符合伦理准则的要求等。宏观伦理学(macroethics)着眼于工程整体与社会的关系,主要研究和社会领域相关的责任问题,思考关于工程(技术)的性质和结构、工程设计的性质等更广泛的伦理问题。

随着研究的深入,多数学者倾向于对微观伦理学与宏观伦理学两个层面的综合研究。威廉姆·林奇(William Lynch)等人认为,工程外的知识、制度、历史、文化等对工程伦理学都具有重要作用。就飞行事故而言,制度因素和工程技术因素对于旅客的安全同等重要。[①]

政治学家E. J. 伍德豪斯(E. J. Woodhouse)主张工程伦理学应当建立在集体职业责任的基础上,并高度注重工程师作为公民的作用,认为工程师不仅应当承担工作中的职业责任,而且应当承担其作为普通公民和消费者的责任。[②]这种工程伦理学的综合研究视角,实际上是超越宏观伦理学和微观伦理学的理论诉求的体现。北卡罗来纳州立大学的约瑟夫·R.赫克特教授在此基础上,提出了超越微观伦理学和宏观伦理学的综合伦理学——协作伦理学(collaborative ethics)。

[①] See: W. T. Lynch, and R. Kline, "Engineering Practice and Engineering Ethics", *Science, Technology and Human Values* 25, no. 2 (2000): 195–225.

[②] See: E. J. Woodhouse, "Curbing Overconsumption: Challenge for Ethically Responsible Engineering", *IEEE Technology and Society* 20, no. 3(2001): 23–30.

他把协作伦理学的基本观点概括为四个方面：工程师、伦理学家和科学技术学者、老师之间的协作；工程和计算机领域的伦理学家的协作；伦理学家、工程教育者和职业工程界的协作；同一系统领域内的协作，重视工程职业界的共同作业和共同社会责任。[①]另外，中国学者李伯聪在《绝对命令伦理学和协调伦理学——四谈工程伦理学》中谈到了协调伦理学，即协作工程伦理学。[②]

我们认为：微观、宏观的分类是量的角度的模糊划分，如果愿意，我们甚至可从微观、中观、宏观等量的角度无穷地分割下去。所以，这种划分只是停留在工程伦理学的外在因素，并没有深入其内在本质。应当肯定的是，协作伦理学中贯穿各领域的"协作"精神已经触及到了工程伦理学本质问题的边沿。问题是，协作的根据是什么？若不能回答此问题，协作伦理学就可能沦为无原则、无立场的道德相对主义而流于空谈。对此，可从两个层面深入讨论：经验还是理论？实践还是应用？

二、经验伦理学还是理论伦理学

比较而言，协作伦理学虽然触及工程伦理学的本质问题，但它还是表面的，并没有从根本上摆脱量的思路，而关于"经验伦理学还是理论伦理学？"的论争已经明确地从协作伦理的根据的角度深入工程伦理的学科性质。

就伦理直觉和多数工程伦理学学者而言，工程伦理学应当是以理论研究为主的伦理学。然而，斯坦福大学的罗伯特·E.迈克格因在《"警惕鸿沟"：工程伦理学的经验路径，1997—2001》一文中，特别提醒理论伦理和现实中的实际伦理存在着巨大的差距。他对斯坦福大学工程学学生和正在工作的工程师进行了为期5年的关于工程伦理问题的调查，"分析结果强烈地表明：一方面是正在接受教育的工程专业的学生面对的工程伦理问题，另一方面是当代工程实践中的现实伦理问题，二者之间存在着严重的分离。这种鸿沟导致了两种值得重视的后果：工程专业的学生对什么使一个问题成为伦理问题的观点存在着巨大的争议，而工

---

① See: Joseph R. Herkert, "Ways of Thinking About and Teaching Ethical Problem Solving: Microethics and Macroethics in Engineering", *Science and Engineering Ethics* 11, no. 3(2005): 373—385.

② 参见：李伯聪：《绝对命令伦理学和协调伦理学——四谈工程伦理学》，《伦理学研究》2008年第5期。

作的工程师们对于在当代社会中什么是能够成为有责任心的工程师的最重要的非技术方面的因素存在着重大分歧。这些分歧阻止(妨碍)了对具体职业实践中的工程师的明确的道德责任和伦理问题达成共识。这证明对工程专业的学生和工作的工程师关于工程伦理问题进行适宜精确的调查研究非常重要,尽管工程伦理研究忽视了经验的方法途径。这种途径可以优化占主流地位的个案研究方法,并对极其有条不紊的理论分析的方法途径构成挑战"①。

显然,工程伦理学决不可忽视其经验性的研究路径,强烈的实践和应用精神是其应有之义。同样,忽视其理论研究,停留在零碎的经验思维水平上,就不会对工程经验有深刻的思考和指导作用,也不会有工程伦理学。工程伦理学应当把工程经验和理论融为一体,而不是二者取一。

三、实践伦理学还是应用伦理学

将经验和理论融为一体的工程伦理学应当是何种伦理学呢? 基于这种思路,就有了工程伦理学是"实践伦理学还是应用伦理学"的争论。当前,工程伦理学的主流学者主张它应当是实践伦理学而不是应用伦理学。

R. L. 皮克斯等人明确主张,工程伦理学是实践伦理学(practical ethics),而不是应用伦理学(applied ethics)。②李伯聪也说:"工程伦理学应该定性和命名为'实践伦理学'而不是'应用伦理学'。"③支撑此论的主要论据在于:

其一,工程伦理学要批判地反思工程师的道德观念和行为,揭示其背后的道德依据,这种推理过程所参考的一般道德原则明显或不明显地与伦理理论直接有关。但是,如同工程不是科学的简单应用,工程伦理学也并非将一般伦理理论简单、机械地应用于实际问题。其二,为了避免对"应用"的误解。诚如朱葆伟所说:"我们宁愿把工程伦理学称为一门'实践伦理学',以区别流行的'应用伦理学'。因为在这里,'应用'是一个容易引起误解的说法。近代以来流行的理论与

---

① Robert E. McGinn, "'Mind the Gaps': An Empirical Approach to Engineering Ethics, 1997–2001", *Science and Engineering Ethics* 9 (2003): 517–542.

② See: Rosa Lynn B. Pinkus et al., *Engineering Ethics: Balancing Cost, Schedule, and Risk* (Cambridge: Cambridge University Press, 1997), p. 20.

③ 李伯聪:《工程伦理学的若干理论问题——兼论为"实践伦理学"正名》,《哲学研究》2006年第4期。

实践关系的二元论以及重理论、轻实践的观念往往把应用理解为首先获得一种纯理论的知识,或者从这种知识中制定出一个普遍有效的行为原则,然后把它现成地搬用到一个特殊的情境中去。这种看法没有正确把握理论和实践的关系,尤其是没有把握实践的特征和丰富内涵。"①这种看法从总体上讲是深入伦理学自身的逻辑,较之量的区分(微观、宏观、综合),更切近工程伦理学的本质。

不过,此论认为工程伦理学是实践伦理学,把工程伦理学排除在应用伦理学之外。这是值得商榷的。因为:

其一,伦理学的实质就是实践伦理学,而不是简单地把伦理理论运用于实际问题。实际上,伦理理论的应用需要明智的道德判断力和坚强的道德意志,绝不是一个理论和实际的简单的结合运用。严格说来,这种运用并不存在,那种(把伦理原理应用于现实问题的)"应用"伦理学是不可能的。这是因为应用和实践本质上是一致的。

其二,应用和实践本质上是一致的。对"应用伦理学"而言,"应用"的首要含义就是"实践的",这种强烈的"实践"指向是批判性道德思维的根本功能。伽达默尔在《真理与方法》中对"应用"概念进行了实践的解释。他认为理解、解释和应用都是解释学的要素。理解是在具体境况中的理解,解释是对理解的再理解,理解就是解释,解释是深层次的理解,而"理解在这里总已经是一种应用"②。"应用"绝不是对某一意义理解之后的移植性运用,即把现有的一个基本原理应用于实践。伽达默尔认为,对于伦理学这样的"实践的学问"而言,"实践"就是"应用"。"应用"就是特定目的和意图在特定范围和时机中的实践性"行为"。实践性"行为"是基于某个特定事物的"内在目的",而"内在目的"又必然包含其现实化的根据,这样的实践性行为就是"事物"成其自身的自我实现活动。因此,"应用"就是事物朝向自身目的(内在的"好"——善)的生成活动,或者说是一种从自在到自在自为的活动。就是说,"应用"是善本身的实践—实现—生成活动(自在—自为—自在自为的过程)。这直接体现为应用是一个不断自我否定的实践过程。

其三,如果把应用伦理学和实践伦理学分开,那么,二者的区别和联系是什么? 二者和理论伦理学的关系分别是什么? 伦理学的实践特质在理论伦理学、

① 朱葆伟:《工程活动的伦理问题》,《哲学动态》2006年第9期。
② 汉斯·格奥尔格·加达默尔:《真理与方法》(上卷),洪汉鼎译,上海译文出版社,2004,第400页。

实践伦理学、应用伦理学中如何体现？它们有何内在联系和区别？等等一系列诸如此类的基础伦理问题就会随之出现。然而，由于当今（实践意义上的）"应用伦理学"术语业已得到普遍公认，这些问题实际上已经没有任何意义。

综合考虑这些要素，尽管实践伦理学的提法并没有学理上的大问题，我们还是主张工程伦理学是应用伦理学。

据前所论，如果说微观伦理学、宏观伦理学、综合（协作）伦理学的讨论主要是从外延的视角对其学科地位的研究，其二、其三则主要从工程伦理的内在性质来讨论其学科地位。这样一来，工程伦理学可从三个层面来把握：从其外延来看，它可相对地归结为微观伦理学、宏观伦理学、协作工程伦理学三种基本形态；从其内涵来看，它是以工程师为道德主体的融经验、理论于实践之中的应用伦理学；从逻辑上讲，内涵是外延之根基，是不依赖于后者的自在存在；外延则是派生于、依赖于内涵的存在。据此，工程伦理学的第二个层面可以容纳第一个层面，反之则不然。所以，简言之，工程伦理学是应用伦理学。

接下来要追问的是：作为应用伦理学的工程伦理学的道德目的是什么？这就进入了"人权如何成为工程伦理学的价值基准？"的伦理视域。

第三节 何种价值基准

工程不是科学的简单应用，也不是技术的机械叠加，而是工程师以科学知识为依据，以技术的综合运用为具体操作途径所进行的合目的的创造性伦理实践。可见，科学、技术、工程、工程师是工程伦理学的四大要素。这里直觉的回答是工程实践的价值目的，是以人权为价值基准的伦理活动。要回答人权如何成为工程伦理学的价值基准，就要分别回答人权如何成为科学、技术、工程、工程师等要素的价值基准。

一、科学的价值基准

Science 源自拉丁文 scientia，其本意仅仅指"知识"（knowledge）。胡塞尔解释说："科学的起源以及它从未放弃过的意图就是，通过阐明最后的意义源泉，获得有关现实的被理解的，另外也是在其最终意义上被理解的东西的知识。"①科学知识是人们通过科学方法获得的：观察自然的几种状态或很多次观察同一状态，并对观察的对象或各对象之间的关系形成一种假设或猜想，再通过经验或考验来决定这种假设的可信度。如果这种假设（hypotheses）通过了具有多种偶然性的、非常困难的检验，其结果尽管和一个经过微弱的或未加批评的检验完全一致，我们也会对前者更有信心。"当我们的假设经过了良好的检验以致我们实际上一贯地认为它具有完全的可靠性时，我们就把它称为知识。"②可见，科学的本质是其可靠性而非通常所说的客观性。

实际上，并不存在和人无关的客观性。没有人这个主体，科学就是无根之物。所谓科学真理的客观性，其本质就是人这个主体所确认的可靠性。用雅斯贝斯的话说，就科学而言，居于首位的不是上帝，也不是自然界，"居于首位的是人"③。既然可靠性和人这个价值主体密不可分，科学成果就有可能被人用来行善或作恶。诚如斯蒂芬·J.博德所说："科学是充满激情的人类活动，其本身体现着人类的力量和脆弱的全部领域。它奠基于我们对周围世界的好奇，以及我们渴求知晓和理解包括从宇宙的外部界限到人类思想深处的每一事物。科学研究也是以各种形式的人类创造性应用来满足我们的好奇心的典范。与此同时，科学研究也提供了表达人类脆弱性和易错性的机遇：傲慢、情欲、贪财、迟钝、固执、无知、残酷和滥用权力等。"④虽然科学提供了践踏伦理和人权的机遇和可能，但"真正的科学，是那些自愿献身于科学研究的人的一项高贵的事业"⑤。这种高贵主要体现为科学研究所蕴含的伦理实践精神，因为"伦理关怀在各个阶段的研究

① 胡塞尔：《欧洲科学的危机与超越论的现象学》，王炳文译，商务印书馆，2001，第234页。
② Raymond E. Spier (ed.), *Science and Technology Ethics* (London and New York: Routledge, 2002), p. 3.
③ 卡尔·雅斯贝斯：《时代的精神状况》，王德峰译，上海译文出版社，2008，第121页。
④ Stephanie J. Bird, "The Process of Science", in *Science and Technology Ethics*, edited by Raymond E. Spier (London and New York:Routledge, 2002), p. 22.
⑤ 卡尔·雅斯贝斯：《时代的精神状况》，王德峰译，上海译文出版社，2008，第115页。

行动和研究报告之中,同样也植根于解决现实世界问题的研究的应用之中"①。真正的科学,是把人居于首位的可靠性知识,是尊重和保障人权的道德实践,也是坚定地反对傲慢、贪欲、残酷和其他侮辱、践踏人权的伦理活动。

二、技术的价值基准

亚里士多德在其《物理学》中曾把技术看作工具性的技艺。笛卡尔进一步把技术和自然科学尤其是数学联系起来,认为技术是应用的自然科学,是万能普遍的中性工具系统。近代以来,这种笛卡尔式的工具技术观一直占据主导地位。在现代境遇中,此论遭到了诸多哲学家的质疑。海德格尔说:"所到之处,我们都不情愿地受缚于技术,无论我们是痛苦地肯定它或者否定它。而如果我们把技术当作某种中性的东西来考察,我们便最恶劣地被交付给技术了;因为这种现在人们特别愿意采纳的观念,尤其使得我们对技术之本质茫然无知。"②技术的工具性规定既没有把我们带入一种自由的关系中,也没有向我们显示出技术的本质。

不幸的是,与笛卡尔时代相比,当代技术工具论获得了更加强有力的支撑。对此,德国著名技术哲学家H.伦科指出,如今技术已远非简单的工具,而是成为改造世界、塑造世界、创造世界的重要因素。有史以来,人类从来没有像现在这样借助技术进步拥有如此巨大的力量和能量。他认为,当代技术呈现出和人密切相关的六大新趋势:(1)受技术措施及其副作用影响的人数剧增;(2)人类技术活动开始干扰甚至支配自然系统;(3)技术开始控制人本身:它不仅通过药理作用、大众媒体影响潜意识,而且通过基因工程潜在地影响控制人的身心;(4)信息技术领域的技术统治趋势日益加强;(5)"能够意味着应当"的"技术命令"甚嚣尘上;(6)技术尤其高新技术对人类和自然系统的未来具有重大影响能力。③这种技术至上论的趋向把工具技术论推向了登峰造极的地步,尤其是把"应当意味着

① Raymond E. Spier (ed.), *Science and Technology Ethics* (London and New York: Routledge, 2002), p. 23.
② 孙周兴选编:《海德格尔选集》(下),生活·读书·新知上海三联书店,1996,第925页。
③ See: Hans Lenk, "Introduction : The General Situation of the Philosophy of Technology and a Tribute to the Tradition and Genii Loci", in *Advance and Problems in the Philosophy of Technology*, eds. Hans Lenk and Matthias Maring (Munster: LIT. , 2001), p. 1.

能够"颠倒为"能够意味着应当"的技术工具主义的去伦理化倾向,使技术伦理问题日益尖锐。

从词源学看,希腊词techné主要指一种偶然发明的技艺和技能。techné后来发展为可以传授训练的工艺方法technique。17世纪,人们把techné(技艺)和logos(讨论、演讲、理性等)结合为technology,指关于技艺的讨论、演讲或理性本质。从这个意义看,把technology翻译为"技术"是不准确的,倒不如翻译为"技道"或"技理"。这个"道"或"理"(logos)主要有两层意思:一是指技艺所遵循的规则或知识。换句话说,技术是一种(如何制造东西或如何去做工作的)知识;二是指技艺的理性目的,即道德目的。因此,保罗·古德曼(Paul Goodman)说:"不论技术利用新的科学研究与否,它都是道德哲学的一个分支,而不仅仅是科学的一个分支。"[1]可见,工具技术论的实质是固执地停留在technique的techné层面,而抛弃了其根基性的logos。海德格尔明确反对这种观点,他把技术看作一种自由的解蔽方式,"技术乃是在解蔽和无蔽状态的发生领域中,在真理的发生领域中成其本质的"[2]。技术的本质是自由,自由正是道德哲学的本体根据。工具技术论恰好是暴力霸权扼杀自由和人性的借口,甚至可以成为肆意践踏人权的"道德"借口。真正的技术(technology)是为了达到理性的道德目的而运用知识的技艺或技能,是"应当意味着能够"的自由实践,而不是"能够意味着应当"的强制暴力性工具。

当今技术每个变化趋势都和人这个主体密切相关,自由技术论的底线只能是普遍人权,即不得侵害人权的"应当"决定着技术"能够"的限度和范围。可见,尽管"技术并不是科学"[3],但它们也有着内在的联系:科学和技术都是以人权为价值基准的知识和道德实践活动,都属于道德哲学的重要实践领域。

三、工程的价值基准

18世纪,"engineering"这个词在欧洲出现时,专指作战兵器的制造和执行服务于军事目的的工作。随着科学技术的发展,人们可以建造出比单一产品更精

---

[1] Mike W. Martin. Roland Schinzinger. *Ethics in Engineering* (Boston: McGraw-Hill Companies, Inc., 1996), p. 1.
[2] 孙周兴选编:《海德格尔选集》(下),生活·读书·新知上海三联书店,1996,第932页。
[3] 胡塞尔:《欧洲科学的危机与超越论的现象学》,王炳文译,商务印书馆,2001,第234页。

密、更复杂的作品,即各种各样的所谓"人造系统"。"工程"的概念应运而生,并且逐渐发展为一门独立的学科和技艺。

和科学技术相比,工程活动的本质与工程"设计"(design)的本质密切相关。"它(design)源自16世纪的法语词'dessein',其清晰的内涵是目的、意图或者决定。它具有算计、密谋以便达到其目的的期望,并因而成为连接目的和现实的关键点。一个为了达成特定目的而形成的物质实体即一项工程可以看作从设计开始的一个过程的作品。"①融科学、技术于一体的工程设计的目的和科学技术的目的本质上是一致的:以人为目的。

"工程"一词在现代语境中,有广义和狭义之分。就广义而言,工程是由以工程师为主体的团体为达到某种目的,在一个较长时间周期内进行协作活动的实践过程。就狭义而言,工程可从三个角度理解。(1)从动态的过程看,工程是以工程师为主体,以某种设计目标为依据,应用相关的科学技术知识和技能,通过团体的有组织的活动将某个(或某些)现有实体(自然的或人造的)转化为具有预期使用价值的人造产品的过程。(2)从静态的角度看,指具体的基本建设项目的理念或结果,如信息工程、基因工程、生物工程等。(3)从学科的角度看,工程是将自然科学的知识创造性地应用到工农业生产部门或军事领域中去而形成的各种学科的总称。这些学科是应用数学、物理学、化学等基础学科的知识结合在生产实践中所积累的技术经验创造性地发展而来的,如土木建筑工程、水利工程、冶金工程、机电工程、桥梁工程、生态工程等。显然,无论从广义或狭义的角度看,工程都应当以人为目的,都应当以人权为价值基准。

工程作为把科学和技术的共同目的——把人权落实到实践的过程和产品中,其真正的价值基准就在于把科学和技术的人权基准在落实为工程实体的现实路径中,比科学更加切实,比技术更加广泛深刻地尊重和保障以人权为价值基准的道德目的。这也是对前述工程价值中立说的有力回击。不过,这一切都必须通过工程师这个伦理主体来具体实践。工程师是工程伦理学的道德主体,没有工程师的价值基准,科学、技术、工程的价值基准就丧失了其主体性和最终根据。

---

① Raymond E. Spier (ed.), *Science and Technology Ethics* (London and New York: Routledge, 2002), p. 7.

四、工程师的价值基准

费希特曾在《伦理学体系》中详尽探讨了责任（职责）的分类问题，他把实现道德规律的范围作为各类道德职责的标准之一。据此，每个人必须亲自完成而不得转交别人的事情，是普遍的职责；每个人可以分工合作，可以转交给别人的事情，是特殊的职责。[①]我们借用并改造这种思想：以履行责任的范围作为责任的分类标准，把应当对每个人负责的责任称为普遍责任，把只对某些人或某些团体负责的责任称为特殊责任。

工程师不仅要承担其作为一个工程师的特殊责任，同时也要承担其作为一个人的普遍责任——前述维维安·韦尔等人的责任论偏重特殊责任的不同层面，相对忽略了普遍责任。工程师的特殊责任源自其作为工程师应当享有的特殊权利，如工程决策和实施权等；其普遍责任则源自人人应当普遍享有的人权。换句话说，工程师的普遍责任和特殊责任的根据在于其特殊权利和人权。如果工程师放弃了对其人权和特殊权利的尊重，他就必须为此承担相应的责任（普遍责任或特殊责任）——责任正是由权利而来的。根据前述特殊权利和人权的内在关系，工程师的特殊权利必须是以不损害人权为底线的合道德的权利。所以，人权是工程师特殊权利的价值基准，也是其责任的价值基准。

前面我们已经论证了人权是功利、道义的价值基准，同理，人权也是工程师追求的功利、道义的价值基准。因此，人权有资格成为工程师的价值基准。

下面，我们以人权范畴的生命权为例，进一步具体明确这个观点。

从消极方面看，20世纪的军事工程是有史以来对人权影响最大的工程历史事件。当时，为破坏性战争而制造的精良武器和运输系统均出自精于此道的工程师之手。虽然军人运用这些工程对于生命权的践踏负有直接的罪责，但这些工程师们也难辞其咎，他们至少应当承担相应的普遍责任。"工程师们应该集中精力关注那些具有和平前景的工程，而摒弃那些鼓动战争的工程。"[②]支撑这种观点的价值基准正是生命权。

从积极方面看，与某些工程师滥用其特殊权利践踏人权不同，著名工程师弗

---

① 参见：费希特：《伦理学体系》，梁志学、李理译，商务印书馆，2007，第277–397页。

② Raymond E. Spier (ed.), *Science and Technology Ethics* (London and New York: Routledge, 2002), p. 86.

雷德·库尼(Fred Cuny)多次在其工程建设中尽力避免工程可能危及人权的后果。他总是责问政府为什么不预先考虑加固工程设施系统,却总是被动地试图减缓工程坍塌。他生前最后一次保障人权的工程行为是1993年通过修复水利工程来降低由轰炸和狙击手给萨拉热窝人民带来的生命灾难。事前,他首先考虑的是饮水问题。在当地人的帮助下,他和其助手预先修复了古老的供水系统。当轰炸导致断电,进而导致现代化的水利系统停止运行时,因为有了古老的供水系统,三分之一的人没有冒险到外地取水,而幸免于狙击手的射杀。[①]他利用其作为工程师所享有的特殊权利(设计修复工程的权利)进行行为选择,其价值基准正是基本的人权——生命权。

行文至此,工程伦理学的本真特质已明晰可鉴:它是以人权为价值基准的应用伦理学。工程伦理治理应当以人权为价值基准。

结语

康德说:"在人借以形成自己的学术的文化中,一切进步都以把这些获得的知识和技巧用于世界为目标;但在世界上,人能够把那些知识和技巧用于其上的最重要的对象就是人,因为人是他自己的最终目的。"[②]其实,科学、技术、工程和工程师等要素综合形成的工程伦理治理的目的并非单一的,而是一个包括功利、道义、责任、权利等不同层面的综合目的。如前所述,功利、道义是责任、权利要实践的对象:功利目的的冲突求助于道义目的,道义目的的空洞求助于责任,责任目的的根据奠基于权利,权利的基准在于人权。换言之,人权是它们共同的价值基准,即人权是工程伦理治理的价值基准。工程伦理治理作为以人权为价值基准的科技伦理,不但应该努力深化对人、社会和自然的知识,而且应该基于此把这些学科的理论知识转化为践行功利、道义、责任、权利等价值的强劲的伦理能力,并使自己成为保障和促进人权伟业的现实力量。

当前,工程伦理治理面临的最为突出的问题是:工程师既对雇主、公司、国家负有责任,又对自己、家庭负有责任,当他坚持人权底线时,很可能与自己、雇主、公司乃至国家利益相互冲突。换言之,功利、权利、责任与职业道德发生冲突的

---

① See: Raymond E. Spier (ed.), *Science and Technology Ethics* (London and New York: Routledge, 2002), p. 85.
② 李秋零主编:《康德著作全集》(第7卷),中国人民大学出版社,2008,第114页。

具体处理方式是和人权密切相关的一个突出的现实问题。据前所论,应对此类问题的基本思路如下:

其一,确定工程伦理学的价值序列:人权、特殊权利、责任、道义、功利。工程伦理治理的基本程序可归结为:以人权为价值基准,明确工程伦理的特殊权利和相应责任,并具体判断工程实践的特殊权利、责任、道义和功利的正当与否。其二,据此价值序列,确立积极合理的民主商谈途径,以有效缓和、化解日常的人权冲突和伦理矛盾。民主商谈应当在一个由工程师、科学家、法学家、伦理学家、政治家、社会组织代表组成的专门的工程伦理委员会中进行。工程伦理委员会应当是人们通过民主对话与协商应对并解决工程问题中涌现出的伦理悖论与道德冲突,从而形成道德共识的重要场所。它是一个不仅仅从工程设计、科学研究、经济商业、社会政治的角度,而且主要是从人权、道德和工程伦理学价值序列的角度来分析某一个工程难题的利害关系,从而求得符合人权价值基准的解答方案的专门的工程伦理实践平台。其三,在遇到工程伦理难题的情况下,即在现行的法律条款和工程伦理基本规范均无法对之提供指导而丧失效力的情况下,最后就必然归结到以人权为价值基准的制度设计:以价值序列为基本依据,通过建构合道德的制度来化解工程伦理中的各种矛盾冲突,从而推动相应法规的形成或更新。需要强调的是,工程师不但要承担责任,其自身的权利也必须得到法律制度的充分保障。我们应当以人权为基准,用法律制度的形式明确工程师的权利以及其相应的责任。否则,法律制度就无权追究工程师的责任,至少这种追究是不正当的。

显然,这还只是一个原则性的构想,如何设计出更加具有可操作性的具体应对程序,应当是今后有待深入探讨的致思方向。

第七章

网络伦理治理

工程伦理治理和网络伦理治理同属于桥梁型或中介型科技伦理治理范畴。如果说工程伦理治理属于现实世界的中介型科技伦理治理,那么网络伦理治理则属于虚拟世界的中介型科技伦理治理。

20世纪90年代,商用互联网这一跨时代的进步标志着网络时代的到来。随着计算机和网络技术的迅速更新换代,计算机用户的迅猛增长,互联网的覆盖面日益扩大。而今,计算机网络已经走进寻常百姓家中,深刻地改变着人与人之间的交往方式和信息传播方式,对人类的道德和伦理问题提出了新的挑战。这些迫切需要解决的伦理问题肇始了网络伦理这一全新的应用伦理学领域。

第一节　网络伦理的基本问题

由于计算机网络最早是在西方发达国家普及和运用,因此,对于网络伦理问题的研究,国外学者处于领先地位,并形成了比较成熟的系统的网络伦理规范体系。西方学者认为,网络伦理作为一门新兴应用伦理学科,它所研究的伦理道德问题,不仅仅只在虚拟的网络环境中才会出现,有些在现实中就已经存在的问题,随着网络的普及,逐渐渗透进网络世界中,在更广泛的意义上对人的生活构成了挑战。

近年来,中国对网络伦理的研究也有了长足发展。有些学者认为网络传播这种特殊的社会现象,是人类所特有的一种精神生活。它是为适应处理个人利益和社会共同利益的关系这一人类社会生活的必然要求而产生的。道德的产生跟人与社会的产生和发展不可分割。人的社会关系的形成和发展是道德产生的客观前提和直接基础。网络道德的产生也不例外,它植根于人类生活的现实。因此,网络伦理学是一门在应用伦理学基础上衍生出的新的伦理学。对于网络道德这一全新的虚拟领域的伦理问题,我们不能以传统的伦理学知识来对它进行简单的阐述,需要从新的视角去研究、构建这一新兴学科。

一、网络伦理学何以可能

网络伦理学的根据在于网络给人类带来的诸多伦理问题。首先,网络扩大了人们的社会交往领域。网络的出现,彻底打破了传统熟人社交的小圈子,使人的交往不再受地域的限制而进入陌生人交往的领域。无论你在哪里,只要你有一个网络ID,你就可以随意与地球另一端的人相交往,这在一定程度上促进了世界各国人们的相互了解。其实,这种交往也是一种伦理交往。其次,网络在丰富人们生活的同时,也对人们的精神生活提出了更高的要求,尤其是对网络主体的道德要求。在网络中,由于不受空间的限制,人与人之间的道德关系无限扩展,这使得人们对于自由、人权、公正等道德理念的诉求比以前更为迫切,从而在某种程度上也促使人的行为方式的改变。再者,互联网的出现使得人们能够更快捷更方便地接触和获取大量的信息,信息传播的数量和速度呈几何级增长。互联网大大地改变了整个社会信息的传播方式。只要打开电脑,连接上互联网,你就可以随心所欲地查看世界各地的信息。和互联网相比,传统的信息传播和获取方式,已经显得极其滞后缓慢。互联网的快捷性、国际性给传统伦理带来了史无前例的冲击,也催生了诸多新的伦理问题。

正像硬币有两面一样,网络的作用也具有两面性。虽然网络的出现对人类社会的发展和进步起了相当大的促进作用,但同样也带来了不少负面影响。由计算机、远程通信技术等构成的网络空间使得我们的现实生活中的社会越来越两重化——我们生活的世界分化为现实世界和虚拟世界(网络空间)。虚拟世界的出现自然而然就会产生许多在虚拟环境中的生活和交往问题,以及虚拟世界与现实世界的关系问题,从而使得网络道德问题日益显现。由于网络的虚拟性和开放性,在现实中循规蹈矩的人,到了网络虚拟世界却把人性的灰暗面暴露无遗,如在网络游戏中肆意杀人、偷窃等。由此滋生了诸多道德问题和困惑:现实的"我"和虚拟的"我"何者更接近真实的自我? 现实中的伦理道德是否适用于网络虚拟世界? 如何治理虚拟世界中的道德失范问题? 诸如此类的网络伦理问题肇始了网络伦理学这一全新的应用伦理学领域。那么,何为网络伦理学呢?

二、何为网络伦理学

目前并不存在一个明确的网络伦理学定义。学者们在关于"何为网络伦理学"的问题上,众说纷纭,莫衷一是。

有些学者认为,虚拟社会和现实社会在对伦理道德的诉求上具有某种一致性,网络伦理学并不需要去创造一个新的伦理学理论或体系,人们完全可以依靠传统的道德原则与理论去解决网络伦理的理论与实践问题。网络伦理学可以运用传统伦理学的基本概念,如隐私权、财产权、犯罪、泛用、权利、责任、职业道德等去分析和解决网络道德问题。这种看法忽视了网络伦理所具有的不同于传统伦理的特质,演变成了研究现实具体行为的规范性指导方针。但是,用现实具体行为的规范来解决信息技术带来的一系列道德问题显然是不太现实的。

另外一些学者认为,网络伦理学的研究领域应该是网络行为中的道德关系和道德行为,这和传统的伦理学中研究现实的道德关系和行为存在很大差别。网络伦理问题属于一种新的伦理学,因而要使用一种新的理论和体系对它进行研究。传统的伦理学是以道德作为自己的研究对象的科学,主要研究的是人类社会中的意识主体的道德行为。网络是虚拟的,它所包含的道德行为是社会中作为意识主体的人在网络中以虚拟身份所进行的,是在虚拟社会中所产生的道德活动。因此,对于网络伦理学的研究对象主要是现实人在网络中的化身:虚拟人和由这些虚拟人的各种关系所组成的虚拟社会中的伦理问题。这是一种不同于传统伦理学的新领域。我们同意这一观点。

具体说来,网络伦理学建立在以网络通信为基础的虚拟空间和现实空间相互关联的基础上,它具有和网络密切相关的虚拟化、开放性、多元化的伦理品格。

(一)网络伦理主体身份的虚拟化

网络是由计算机和数据通信技术所组成的一种虚拟空间,各个网民进入网络中并不需要很烦琐的手续,只需要一个虚拟的账号,有些甚至连虚拟的账号都不需要就可以连入互联网,这就给网络主体身份造成了极强的隐蔽性。这种网络主体间的无差别化,使人们根本无法得知或极难知道在这个虚拟社会中进行社交活动的人的性别、年龄、职业、姓名等真实的身份信息。在互联网的虚拟空间中进行的所有网络社会活动都是一种虚拟的社会行为。在虚拟空间中,人们可以忽略所有的身份信息,我们只要申请一个虚拟的电子邮箱,或者一个即时聊天工具的账号就可以进行无差别的沟通,这也使我们对网络各个主体身份的真实性产生了怀疑。甚至有人说:"在互联网络上,没有人知道你是一条狗。"[①]这一点类似于罗尔斯在《正义论》中所讲的无知之幕。由此可见,网络伦理主体身份的虚拟化是网络伦理学和传统伦理学之间存在的最大不同之处,这一虚拟特征是传统伦理学所不具有的。

(二)网络伦理主体行动的开放性

作为一个公共信息平台,网络虚拟空间中的资源包括新闻、视频、音乐、图片等都是开放的。网络这一平台和这些数字资源是所有网络伦理主体共同拥有的,并不属于某一个人或某一个组织。每个人都应当具有平等使用的权利,享有获取网络资源和得到相应的网络服务的自由。对于每一个网络主体来说,在网络中是人人平等的,大家都具有同样的权利和义务。这一开放性的网络原则,也促进了网络主体之间相互的沟通与交流,大家愿意拿出自己的资源放在网上与更多的人进行分享或互换。同时,这也促进了网络信息资源的更新和发展,也是网络信息资源能够不断丰富的原因之一。在虚拟空间中,网络伦理主体的行动具有传统伦理主体并不具备的开放性。

---

① 尼古拉·尼葛洛庞帝:《数字化生存》,胡泳、范海燕译,海南出版社,1997,第226页。

（三）网络伦理价值的多元化

目前,人们的网络社会生活,正处在飞速发展的阶段。在经济发展和文明建设的推动下,国际社会正处在多元化的发展阶段,各行各业的发展使得社会就业形势日益多样化。城镇居民收入快速增长,生活水平大幅度提高,这也促进了网络文化事业的繁荣发展。由于社会和文化日趋多元化,网络行为也随之日趋多元。每个人在互联网上都能自由地发表自己的观点,传播各种信息,包括文字、图片、音乐、视频等。商家、机构也都纷纷进入网络这个大市场,从事各种交易活动。这一现象大大促进了网络行为的丰富化,使得网络主体的活跃程度提高,充分激活了网络这一虚拟社会的发展动力和潜力。网络的多元化会推动网络经济、文化的发展,直接催生了网络伦理价值的多元化。

据上所述,我们认为,网络伦理学既不是描述性伦理学,也不是传统的理论伦理学,而是应用伦理学的一个重要分支领域。网络伦理是一般的道德理论与网络领域的道德现象相结合的产物。也就是说,网络伦理是人们在试图运用一般的道德理论去解决网络社会中的伦理道德问题的过程中,创造出全新的伦理观念而逐渐形成的新学科。传统的理论伦理学主要是研究道德主体之间的各种伦理关系并且形成与之相对应的伦理道德规范,网络伦理学则是研究计算机网络所形成的网络主体之间、网络主体与自身以及现实社会和虚拟社会之间的道德关系的一门学科。网络伦理学问题涉及千家万户,关涉每一个人和所有人,具备应用伦理学的本质内涵,是属于物理应用伦理学的一个重要分支。简言之,网络伦理学是以网络行为活动中所产生的道德问题为研究对象,研究网络主体之间的道德关系和各网络主体在网络中的虚拟道德行为的应用伦理学。

第二节　网络治理的道德困境

网络伦理治理的首要问题是直面网络境遇中的各种道德困境。概言之,网络治理的道德困境主要有网络境遇的自由困境、网络境遇的人权困境以及网络境遇的其他道德困境。

一、网络境遇的自由困境

网络的虚拟性和隐蔽性给各个虚拟主体提供了具有比现实生活中更加不受限制的行为空间。匿名登录等行为使有些人误解了"自由"的含义。许多网络主体对"自由"这一概念的理解很肤浅，甚至严重歪曲，认为自由就是不受任何约束的为所欲为。网络虚拟社会中法律和道德规范的不健全往往会给这种"伪自由"提供借口，以致一些不道德的网络个体以这种虚伪的自由为借口而行为不端，造成了对其他网民自由的侵害。

在网络境遇中的言行不受约束，人们可能展现出更加真实的一面。由于网络的虚拟性，组织、个人都可以在网上发布自己不同的观点，造成了信息的多样化趋势。有些网民在这种情况下失去了自我约束的能力，盲目甚至随心所欲地在网络上散播不良信息、虚假信息，甚至捏造信息等，乃至完全丧失对网络道德行为的自我判断力。这也给其他网民的网络道德意识造成很大的负面影响。这一现象反映出人们在网络中的行为是更加真实的自我展现，也使得人性的阴暗面暴露无遗。其中，"黑客"是最为典型的一种体现。"黑客"最早源自英文hacker，早期在美国的电脑界是带有褒义的。"黑客"一词原指喜欢钻研计算机技术、拥有高超程序设计和计算机应用能力的专家。但到了今天，"黑客"一词已被用于泛指那些专门利用电脑网络搞破坏或恶作剧的网络个体。由于这些"黑客"往往独来独往，造成了众多网民的刻意模仿和盲目崇拜。"黑客"成为众多网民竞相模仿的虚假自由典型，导致越来越多的网络不道德行为，甚至网络犯罪。

网络虚拟环境中如何纠正网民对自由的误解，如何保证网民的自由权利不受侵害始终是网络时代面临的道德困境。

二、网络境遇的人权困境

随着网络对社会影响的日益加深，越来越多的人开始关心网络这个没有边界的现代化产物是否应该用原则加以规范。

网络应用的盲目扩张已经使人们付出代价，引起了一系列极其复杂的人权难题。美国的理查德·斯皮内洛是最早揭示伦理困境的复杂性以及网络与个人生活相关性问题的学者。

网络中存在的对人权的侵犯现象是当前网络伦理道德中的一个突出问题。这一问题越来越引起专家和学者们的关注。比如,隐私权被众多"黑客"和不道德的网民肆意侵犯。现实社会中的隐私权由于受到实在的法律法规和传统伦理道德保护,只有极少数人敢以身试法。在网络这一复杂的虚拟环境中,由于网络接入的匿名性以及相应的规约机制缺乏,使得隐私权极易受到侵害,保护难度也大增。在网络中,因满足个人私欲和变态报复心理造成的隐私权被侵犯的案件比比皆是。人们面临着前所未有的隐私权被侵犯的危险。

除此之外,知识产权受侵犯的问题也备受关注。网络的开放性给人们提供了获取信息资料的极大便利。网络上拥有丰富的数字资源。数字图书馆的出现让我们查阅资料时再也不用去现实的图书馆,只需要鼠标轻轻一点,就可以随时查阅和下载大量的文章和著作,也可以保存到个人计算机以便查阅。网络给我们带来便利的同时,也使得著作权的保护更是难上加难。不少网民诚信缺失,利用网络所提供的便利性,进行文章、著作抄袭、学术造假等。

与此同时,由于网络经济的迅猛发展,越来越多的网民喜欢上了便捷的网上购物。只需要动动手指,所认购的物品就能很快送到自己的手上,免去了逛商场的麻烦。这种便利性导致各种假冒产品如雨后春笋般层出不穷。"山寨"这一名词已成为大家的口头禅。"山寨"最早的意思是泛指那些生产假冒伪劣产品的小作坊。但是由于假冒伪劣产品存在巨额利润,各种商品的假冒伪劣版本陆续出现,"山寨"就成了大家熟知的对于假冒伪劣产品的统称。这些山寨产品外观和正规产品几无差别,甚至连品牌和包装都仿照得丝毫不差。山寨产品存在的优势就在于零税率和低廉的生产成本,使其出售价格低于正规产品。可是这些产品存在严重的质量问题,对消费者的人身安全权和生命权构成潜在的侵犯。

三、网络境遇的其他道德困境

除上述道德困境外,网络时代还有其他许多值得关注的问题。

首先,网络给青少年的健康发展造成了潜在的威胁。低俗文化的横行、不良信息的传播、五花八门的网络游戏,使得许多青少年沉迷其中,无法自拔。而且网络的隐蔽性导致不良文化(色情、暴力等内容)呈现出一种蝴蝶效应,大肆传播,屡禁不止,对青少年的生理和心理都造成了严重的危害。许多学生成绩下降、厌学、逃学都与此有很大关系。"黑网吧"的横行也为未成年人上网提供了便利条件。这些青少年由于长时间沉迷于网络游戏,缺乏人与人之间的沟通,造成人际关系淡漠。长此以往,就导致对于亲情、友情等各种关系无法得当处理。为了得到上网的费用,有的青少年对父母拳脚相向,甚至弑父杀母的报道已经见怪不怪了。网络成瘾导致青少年心理扭曲,踏入社会后无法处理各种人际关系,极有可能被社会淘汰。

其次,由于网络虚拟社会经济的飞速发展,虚拟财产也成为虚拟社会的一个重要组成部分。但是由于虚拟财产的特殊性,即它没有实质上的存在,这与现实生活中的财产差异过大,因而无法以现实生活中的货币作为衡量。所以,难以对此类犯罪做出比较明确的定性,犯罪数额难以计算导致难以定刑。这种无法可依、无法可循的状态使得网络中对于虚拟财产的侵害日益增长,网络陷阱层出不穷。正是网络的隐蔽性导致网络犯罪案件呈现出不断上升的趋势,已经成为非常严重的伦理问题。同时,网络欺诈、网络黑客盗窃、泄密现象也屡见不鲜。这些网络"无政府主义"所产生的"人对人是豺狼"的虚拟自然状态不但影响了网络主体的道德观念,也给现实生活中的道德观念、法律观念带来了强烈冲击。许多网民受到暴力、色情内容的诱导,甚至在现实生活中无法控制自己的行为,犯下恶行。

网络伦理学必须在直面网络境遇中的各种道德困境的基础上,确立网络伦理的基本原则。

第三节　网络伦理治理原则

网络伦理治理原则是网络生活中维系人与人之间道德关系,对网络行为具有抽象规范作用,使网络道德规范得以确立的伦理原则和道德标准。从某种意义上来说,伦理治理原则就是具有最大普遍性的伦理规则,它是其他一切具体的道德规则得以确立的依据,是一切道德规范的支撑点。网络伦理治理原则就是一切网络道德规则的理论支撑点,离开它,一切网络伦理道德规则就会成为无源之水、无本之木。

一、网络伦理治理原则的依据

人权(自然权利)和自由是网络伦理学的核心范畴,它是网络伦理原则及其规范得以建构的前提和依据。也就是说,在构建网络伦理学的过程当中,必须围绕"人权"和"自由"这两个概念展开。

(一)人权

所谓人权,"是作为个体的人在他人或某一主管面前,对于自己基本利益的要求与主张,这种要求或主张是通过某种方式得以保障的,它独立于当事人的国家归属、社会地位、行为能力与努力程度,为所有的人平等享有"[①]。与人权密切相关的一个概念就是"权利",权利是一个人对他人或某一事物提出的一种特殊要求。这种要求和一般的要求不同,这种要求在得不到满足时,当事人可以追究权利的应答者或责任者的相应责任。人权属于权利的一种,拥有权利的基本属性。但是人权又是一种普遍权利,有着和特殊权利不同的独特属性。特殊权利的最重要的特征是权利和义务的对等性。也就是说,一个人只有当其履行了规定义务之后,他才会享有相应的权利——权利和义务互为一体,密不可分。与此不同,当我们提及个人的人权时,首先涉及的总是他人对这个人的权利所担负的义务,而不是这个人本身的义务。因此我们可以说,人权是每个人都可以针对所有其他人来主张的一种正当要求,是让他人来尽义务的一种(道德的)能力。这就是说,当一个人已经失去了履行义务的能力时(比如失去了行为能力的人),他仍然享有人权,他的人权仍然受到相关职能部门的保护。对于人权,到目前为止学术界还没有一个统一的认识,特别是对于人权的范围和分类,学者们更是众说纷纭。但是,归结起来人权的划分方法基本上有两种:一种是狭义的划分方法,

---

[①] 转引自甘绍平:《人权伦理学》,中国发展出版社,2009,第2页。

认为人权仅仅包括像生命权、自由权、人身安全权等这样一些对于个体的生存而言不可或缺的权利，即最低限度的人权。例如，亨利·舒的"基本权利说"把人权分为三种：生存权、安全权和自由权。①

另一种是广义的划分方法，把人权视为一个广泛的人的权利的集合体，其外延跟"权利"的外延相当。例如，耶利内克的"三分法"把人的权利分为消极权利、积极权利和主动权利。

消极权利：是公民针对国家暴力侵害的防御权利。这项权利对国家的要求是禁止某些行为，如禁止杀人和酷刑，维护公民的私人空间、言论及宗教信仰自由。国家相应的责任是不干预。

积极权利：是公民的生存保障、健康、教育、工作等方面的权利。该权利要求国家积极作为。国家相应的责任是贡献。

主动权利：是公民主动参与自身共同体的政治决断过程的权利，如选举、结社等权利。国家相应的责任是授权。②

哈斯佩尔的"三分法"是依据《世界人权宣言》的内容把人权做了三个层面的分类：

第一层面是政治与公民权利。该项权利保障一个人的安全与自由免受异在力量，特别是国家暴力的侵害。第二层面是社会、经济与文化权利。如《世界人权宣言》第22至28条提出的社会保障权（保障所有社会成员最低程度的生存条件）、劳动权、健康和幸福权、受教育权、参与文化生活权等。国家相应的义务是支援。第三层面是发展权利与环境权利。③这些观点都对人权研究做出了重要思考和巨大贡献。

"人权"历来是伦理学中的一个基础概念，因为它涉及人的生存和发展问题，这是一切伦理道德学说的根本出发点。人权的最初形式是一种道德原则，是一切伦理道德学说的论证依据和价值基准。当代，"人权"概念已经超越了道德范畴，成为一项刚性的法律规定。也就是说，在今天"人权"已经从一个道德概念上升为法律概念。最早把人权变成一种政治法律现实的是1789年法国颁布的《人

① 参见：甘绍平：《人权伦理学》，中国发展出版社，2009，第20页。

② 参见：甘绍平：《人权伦理学》，中国发展出版社，2009，第11页。

③ 参见：甘绍平：《人权伦理学》，中国发展出版社，2009，第12-16页。

权与公民权利宣言》。当前,人权更是从国家范围内的法律概念上升为国际法概念,最为我们所熟悉的关于人权的国际公约和宪章有《世界人权宣言》《公民权利和政治权利国际公约》《经济、社会、文化权利国际公约》以及《发展权利宣言》。这些人权的宣言和公约共同构成了一套较为完整的国际人权宪章,并得到了世界上大多数国家的认可。中国为了跟上国际人权事业发展的步伐,2004年3月14日十届全国人大二次会议通过宪法修正案,把"国家尊重和保障人权"写入宪法,使之成为一项国家基本义务,这标志着我国人权事业的一大突破。在这样的背景下,把人权作为网络伦理学的论证依据和价值基准放到网络道德建设中至关重要的位置上也是一种必然的趋势和价值要求。因为虽然网络属于一个"虚拟的社会",但是参与其中的活动的主体仍然是现实当中的人。网络的发展一方面促进了人权的实现,但是另一方面导致了一些侵犯人权的不道德的甚至违法的行为和现象的发生,这就需要网络伦理的介入和价值引导,以保障网络参与者的人权不受侵犯。在这一过程中,人权将作为一个论证依据和判断标准发挥至关重要的作用。

(二)自由

自由一直是哲人们研究的核心问题,尤其在文艺复兴和启蒙运动之后,人的自由问题更是受到了哲学家和政治学家们的高度重视。当代人关于自由的观点主要受到社会契约论者如霍布斯、孟德斯鸠、洛克等人自由观的影响。在霍布斯看来,"所谓自由也就是不受阻碍的状况,是没有什么东西可以阻碍人的活动的状况"[1]。孟德斯鸠强调:"自由是做法律所许可的一切事情的权利。"[2]洛克把自由视为人的一种自然权利,并对自由做了精辟的定义。他说:"哪里没有法律,那里就没有自由。这是因为自由意味着不受他人的束缚和强暴,而哪里没有法律,那里就不能有这种自由。但是自由,正如人们告诉我们的并非人人爱怎样就可怎样的那种自由(当其他任何人的一时高兴可以支配一个人的时候,谁能自由呢?),而是在他所受约束的法律许可范围内,随其所欲地处置或安排他的人身、行动、财富和他的全部财产的那种自由,在这个范围内他不受另一个人的任意意

① 张传有:《伦理学引论》,人民出版社,2006,第258页。
② 孟德斯鸠:《论法的精神》(上册),张雁深译,商务印书馆,1961,第154页。

志的支配,而是可以自由地遵循他自己的意志。"①从上述的社会契约论者的自由观中我们可以得出这样一个结论:所谓自由是相对于受约束和受阻碍状态而言的,是指人能够根据自己的意志或意愿自主选择做什么和不做什么的行为。但是,这种行为并不是想做什么就做什么的为所欲为,而是受到某种限制的自由,即相对自由,主要是指在法律许可范围内的自由。一旦超出这一范围,人的自由(指行为自由)就会受到限制,甚至被剥夺。但是,法律限度内的自由还仅仅是一种消极的、被动的自由。

康德第一次对自由做了区分,把自由分为消极自由和积极自由两种,试图超越以往人们对"自由"概念的狭隘理解。所谓消极自由,是指在某一限度(比如法律道德限度)内,某一个主体能够做他能做的事或成为他能够成为的角色,而不受到别人的干涉。在这种意义下,如果是自由的,那就意味着我不受别人的干涉。我不受干涉的范围越大,我就越自由。积极自由不仅仅指自己的行动意志不受外在的干扰,而且还能服从内心的道德法则而行动。真正的意志自由既不是意志想做什么就可以无阻碍地做什么,也不是仅仅不受外在干扰,而是意志完全排除各种经验的和感性的动机而服从理性的指导。康德把这种自由称为自律,自律就是积极的自由,它是人的自由的最高表现形式,是人自己服从自己所立法则的自由。正如康德所说:"纯粹的且本身实践的理性的这种自己立法则是积极理解的自由。所以道德律仅仅表达了纯粹实践理性的自律,亦即自由的自律,而这种自律本身是一切准则的形式条件,只有在这条件之下一切准则才能与最高的实践法则相一致。"②此外,自由与责任是密切相关的。因为我们能够根据自己的意志或意愿,并且在不受外在阻碍的情况下做成某事,因此,无论此事造成了什么样的后果,我们都必须对之负责。

网络的发展为人的自由的实现和扩展提供了有利的环境,但是在缺乏有效的法律和道德约束以及人的网络道德修养不高的情况下,网络自由往往被人们滥用和歪曲。当下某些网民打着自由的幌子在网络世界中做出种种不道德行为,诸如偷窥别人隐私、发布不良信息,侵犯知识产权,制造和传播电脑病毒等。这些行为虽然以自由为名,但实质上背离了自由的精神。自由首先必须是在法

① 洛克:《政府论》(下篇),叶启芳、瞿菊农译,商务印书馆,1996,第36页。
② 康德:《实践理性批判》,邓晓芒译,人民出版社,2003,第44页。

律和道德的许可范围内的行动自由,上述的不道德行为是与道德甚至法律相违背的,因此它是不自由的。自由意味着对自己的行为后果负责,而上述行为往往都是不负责任的,是对别人自由的蔑视和侵犯,必然要受到法律和道德的制裁,这是不自由。在鱼龙混杂的虚拟世界中,我们不仅要善于戳穿谎言,而且要懂得识别各种伪道德。自由,作为人类的道德价值追求,应该为每一个人所追求和遵守。我们在追求自己的自由时,必须要尊重别人的自由。如果我们侵犯了别人的自由,那么我们就是不自由的。在网络社会中,人们对自由的追求更为迫切,要求也更高,因此要创造一个自由的网络环境,就需要让网络参与者对"什么是自由"以及"怎样实现自由"有一个正确的认识。构建网络伦理需要以自由作为道德根据,因为网络伦理的最终目的是实现和保障人的自由。

二、网络伦理治理原则的要求

在学术界,关于网络伦理原则的争论一直没有停止过。学者们从不同的角度提出了许多相异的原则。国外有学者提出网络伦理基本原则:一致同意原则、诚信原则、公正原则等。基于此,国内一些学者也提出了知情同意原则、以人为本原则、因势利导原则、无公害原则、人性关怀原则、诚信原则等。通过以上对网络特性和网络道德行为的分析和研究,我们认为,作为虚拟社会的伦理道德,其所要维护和保障的基本利益和现实社会中所要维护和保障的基本利益具有相同的出发点,其最主要目的是要通过对网络伦理原则的确立,使之作为保障网络个体的人权和自由的标准,无论现实社会还是虚拟社会的道德标准,都要达到同样的目的,即保障个体的自由和人权不受到侵害。因此,网络伦理原则最基本的内容必须建立在自由和人权的基础上,以人权为价值基准,以自由为道德目的。其具体内容是:不伤害原则、平等原则、尊重原则和互惠原则。

(一)不伤害原则

之所以把不伤害原则作为网络伦理的首要原则,主要原因在于它是保障人权的底线原则,是对网络主体的最低道德要求。不伤害原则要求网络主体在参与网络活动时不得对其他人的正当权益构成伤害。不伤害是基本的、实质性的原则,"可以讲是道德的核心"①。密尔也曾指出:"人类之所以有理有权可以各别地或者集体地对其中任何分子的行动自由进行干涉,唯一的目的只是自我防卫。这就是说,对于文明群体中的任何一个成员,所以能够施用一种权力以及其意志而不失为正当,唯一目的只是要防止对他人的危害。"②密尔这一观点从自由和权利的角度主张保障人的根本利益。这也是我们进行网络活动的最基本的出发点和行为底线。不伤害原则要求人们"达成一种实践,它对人类不是伤害,而是令其成功"③。虽然从表面上看,把不伤害视为网络道德的基础理念及价值原则似乎是降低了道德的要求或水平,但实际上是多元化价值理念时代人们以理性的方式所能期待的能够具体实践的普遍性价值。计算机网络技术并无好坏善恶之分,其对道德造成冲击的主要原因在于个人价值取向的歪曲导致对网络技术的恶意使用。对于网络,许多学者达成了这样一种共识:网络是一把双刃剑。合理地使用网络能给人类的生存和发展带来极大的便利,但恶意地利用网络则会对人的权利和自由造成极大的侵害。对于网络技术使用的理想状态是发挥这把双刃剑的善的功能,抑制其不利的恶的影响。这就要求人们在遵守不伤害原则的前提下运用网络技术和参与网络活动,切实保障网络技术的发展不给他人和社会造成直接或间接的伤害,促进善的网络文明的发展。在网络伦理原则中,始终把不伤害原则放在第一位,为虚拟社会中每一个个体的生存和发展提供最基本的人权保障和自由空间。

(二)平等原则

平等是人类进入文明社会以来所追求的政治和社会理想,也是彰显人性尊严的道德价值和伦理要求。在传统伦理学意义上,平等指的是每个人都拥有平等的生存、发展的权利和机会。平等和公正具有内在联系。亚里士多德在《政治学》中指出:"人人都把公正看作某种平等。"④正义是某些事物的平等观念。由此可见,平等在某种意义上也就是公正的同义词。罗尔斯曾经对公正做了精辟概述,他指出:"人们在社会合作系统中所可能合理选择的基本正义原则应当体现

① 转引自甘绍平:《应用伦理学前沿问题研究》,江西人民出版社,2002,第19页。
② 约翰·密尔:《论自由》,程崇华译,商务印书馆,1959,第10页。
③ 转引自甘绍平:《应用伦理学前沿问题研究》,江西人民出版社,2002,第20页。
④ 亚里士多德:《政治学》,颜一、秦典华译,中国人民大学出版社,2003,第95页。

以下最基本的要求:首先,它必须确保人的自由平等权利;其次,保证人人机会均等;最后,适当限制社会实际不平等的差别。"①罗尔斯实际上是把平等看作人的一项普遍的权利,是人权的一个组成部分。平等原则要求在社会资源分配方面做到公平公正的同时,还特别强调了对弱势群体的关照。因人的能力不同,势必会在社会资源分配方面产生不平等现象,这就需要某种调节机制(比如法律制度等)来实现社会资源的二次分配。对于网络伦理而言,平等原则涉及网络资源的分配问题和网络主体参与网络活动的机会均等问题。网络平等原则要求在虚拟社会中的每一个网络主体都能够平等地享有网络提供的各种资源和服务,但是也要承担相应的网络义务,即不对他人的正当利益造成侵害。时下,由于网络监管制度的不健全以及网络平等理念的缺失,某些人或者某些组织常常在网络资源分配方面占有极大优势,其他人或者组织则处于劣势,造成网络不平等现象。这时就需要借助罗尔斯的正义原则进行纠正,以弥补网络弱势群体的损失。平等原则的最终目的是要使人人都能够平等地享受网络技术成果,消除网络不平等现象,维护人性尊严和人权价值。

如果说不伤害原则和平等原则主要是消极层面的伦理原则,那么尊重原则和互惠原则则是在消极伦理原则前提下的积极网络伦理原则。

(三)尊重原则

在网络境遇中,尊重要求积极自觉地维护网络主体的各项正当权利和自由。在现实生活中,人与人之间的交往需要彼此尊重,否则交往就无法正常进行。在虚拟社会中也是一样,因为参与者都是现实中的人。虽然有时是借助虚拟角色进行交往,但这同样要求交往双方相互尊重。这种尊重包括尊重对方的权利和自由,例如尊重别人的隐私权、著作权,对他人的正当网络行为不干涉等。这种尊重是建立在平等的基础之上的。如果双方在利用网络上处于不平等的地位,就难以做到相互尊重。同时,尊重又是双向的。一个人不能因为自己地位和身份的优越性,不尊重另一个人。网络由于虚拟性,往往能消弭现实社会中人的地位和身份差别,使得人与人之间能平等交往。在网络虚拟环境中,只有相互尊重彼此的人格和权利,网络主体间的交往才能实现良性互动。像我们常说的那样:

---

① 万俊人编:《罗尔斯读本》,中央编译出版社,2006,第11页。

要想得到别人的尊重,首先必须尊重别人。为什么在网络虚拟环境中常常会出现尔虞我诈和人身攻击等不道德现象呢?那是因为网络的虚拟性和开放性特征使得监督作用无法有效发挥,这时人的道德意识和道德自觉性就容易松懈,从而造成对他人缺乏尊重意识。尊重原则,不仅要求人们按照道德要求行事,而且要求人们在缺乏法律和道德监督的情况下,也能够做到对他人真诚地尊重,即做到古人讲的"慎独"。

(四)互惠原则

在网络中,网络主体在享受他人提供的网络信息资源的同时,也应该按照对等原则提供相应的回报,不管这种回报是有形的还是无形的。也就是说,每一个网络参与者应当既是网络信息的使用者和享有者,又是网络信息的提供者和生产者,这就是网络伦理的互惠原则的基本要求。互惠原则是基于网络主体权利和义务相统一的基础之上的,网络主体在享受网络交往行为中的一切权利的同时,也要承担网络交往对其成员所要求的义务。互惠原则的重要组成部分是寻求利益的平衡,"利益平衡原则的目标是最大限度地满足最重要的和需要优先考虑的利益,使其他利益的牺牲最少,从而达到二者之间的平衡"①。把重要的利益放到首要的位置,达到以最小的牺牲换取最大的利益,促进交往双方利益的平衡,这恰恰体现着网络主体的互惠要求。例如,我们在网络上下载音乐或软件等作品时就必须取得作者的授权,并给予相应的报酬。一切未经允许而肆意下载别人作品的行为都属于侵权行为,都是与网络伦理的互惠原则相违背的。如果每个人都这样行动,那么将严重挫伤网络信息提供者创作的积极性,造成的结果就是网络信息日趋减少。当然,有些信息提供者在提供信息时并不要求得到回报,网络用户在免费获取这些信息时,按照互惠原则也应该给予回报,哪怕只是情感上的回报。只有坚持互惠原则,使网络信息提供者在提供产品时得到应有的报偿,才能激励他们创作的热情,提供更多的信息和服务。这样,每一位网络主体才能享受到更多、更丰富的网络资源。

显然,不伤害原则、平等原则、尊重原则和互惠原则是祛弱权、增强权在网络伦理治理中的具体伦理法则。

---

① 李伦:《鼠标下的德性》,江西人民出版社,2002,第102页。

第四节　网络伦理治理实践

不伤害原则、平等原则、尊重原则和互惠原则只有落实到网络伦理的实践中,才能真正彰显人权和自由的伦理价值。

一、网络伦理治理的实践价值

毫无疑问,构建网络伦理具有重要的理论意义,它能促进网络伦理学这门学科的发展壮大。然而,更重要的是其实践价值:提升网络主体的道德修养,弥补网络境遇的法律盲区,为网络技术发展提供价值导向,化解虚拟社会和现实社会的冲突。

(一)提升网络主体的道德修养

在网络虚拟环境中,之所以会出现诸如网络欺诈、散播不良信息、侵犯他人知识产权等不道德行为,除了与此相关的法律制度的缺失或者不完善外,更为根本的原因在于网络主体的道德修养低下。因此,杜绝和减少网络不道德行为,关键在于提高网络主体的道德修养。这离不开对他们进行网络道德教育。这是网络伦理的最重要的一项功能。那么网络伦理如何提升网络主体的道德修养呢?第一,处理好权利和义务的关系。在当今的网络时代,每个人的生活越来越离不开网络,每个人都有权利参与网络生活,充分享受网络带给我们的便利和好处,这已经成为社会的一项共识。然而,在整个社会强调尊重网络权利的时候,网络主体的义务却没有受到应有的重视,以至于出现不履行义务的现象时常发生。这不仅扰乱了网络秩序,而且造成了对他人和社会的合法权利的侵害。为此,在强调网络主体权利的同时,必须对网络主体的道德义务给予同样的重视。网络主体的道德义务指的是网络主体"对自己、他人和社会所应履行的道德上的责任、使命与任务"[1]。在网络社会生活中,只有每个人都自觉地履行自己的道德义务,才能从根本上杜绝道德失范行为的发生。第二,增强网络主体的自律性。现

---

[1] 卢风、肖巍主编:《应用伦理学概论》,中国人民大学出版社,2008,第496页。

实社会中的交往基本上是一种面对面的交往,其中又以熟人之间的交往为主,这有赖于熟人以及其他交往者的监督,传统道德正是通过这种交往方式得到了比较好的维护。在现实社会中有这样一只"看不见的手",因此人们的道德意识比较强烈,行为也比较谨慎。与现实社会相比,网络虚拟社会由于具有极大的隐匿性,因此在传统社会中发挥重要规约作用的伦理道德(他律)失去了约束力。这就要求网络主体具有较高的道德自律能力,需要他们自觉地把外在的道德要求内化为自我监督,在自由开放的网络虚拟社会中保持自身的道德尊严和操守,避免在形形色色的诱惑中堕入道德失范的陷阱。第三,提升网络主体的诚信意识。目前,网络世界缺乏诚信的不道德行为正是由于网络个体缺乏诚信意识造成的。令人担忧的是,网络上的欺诈行为还呈现团伙化特征,甚至发展出与此相关的黑色产业链。如网上就有一大批帮助卖家刷信用的网站,在平台对此打击时,这些网站甚至组织人员对其进行攻击。诚信问题已经成为电子商务发展的最大障碍。对于电子商务来说,诚信是一种软性竞争力。如果想积极、健康地发展电子商务,必须要把诚信问题作为首要解决的问题。构建诚信网络已经成为我们主要的社会责任。网络伦理学旨在规范网络主体的网络行为,让其更好地遵守网络道德要求,解决目前网络中存在的诚信等道德问题。

(二)弥补网络境遇的法律盲区

虽然道德和法律同属于行为规范,但是两者规范性的效能和力度有极大差别。法律以国家强制力为后盾,对人的行为具有强制性,不论行为者愿意与否,都不能违抗法律,不能逾越法律规定的行为范围,否则就会受到法律的强制性惩罚。从某种程度上来说,法律是道德的底线,在法律的范围内,可以按自己的意志随意行事,但绝不能超越法律的界限。道德并没有法律那样的强制性,它的规范性的实现需要诉诸行为者的良心和道德自觉,因此是对人的较高的行为要求。如果说法律是硬性的,那么道德就是软性的。道德作为对遵守法律前提下的更高的行为要求,是对法律空白区的一种良性规范。一个人人都自觉遵守道德的社会,必定是一个和谐美好的社会。在互联网世界,一方面需要建立和完善相关法律制度;另一方面则需要构建网络伦理,通过道德的内行作用,培育网络主体为善向善的信念和行为。在对层出不穷的网络违法和失范行为法律还无法追究的情况下,构建网络伦理就能够很好地弥补法律的不足。况且,法律只能起到威慑和禁止的作用,只能治"标",而网络伦理则能够从根本上防范网络失范行为的发生,起到治"本"的作用。所以在网络社会中,法律对网络主体的行为无法有效约束时,网络伦理道德就起到了补位作用。

(三)为网络技术发展提供价值导向

在网络技术日新月异的今天,网络技术对人类生活产生了越来越大的影响。但是这种影响是双重的。一种是积极的影响,能改变人类的生活方式,促进人类文明发展。网络为信息的传播提供了快捷的途径,为人与人之间的交往提供了便利,为人们的休闲娱乐提供了丰富多彩的选择等,这些都是网络技术的积极面。但是,网络有时也会对人们的生活产生消极影响,比如借助网络侵犯别人的隐私权和知识产权,实施网络诈骗和盗窃,传播不良信息和病毒等。对于网络技术,善者能用其为善,恶者也能用其作恶。如何避免网络技术沦落为作恶的工具呢?网络伦理的价值引导具有不可替代的重要作用。网络技术作为科技的一部分,表面上在于追求技术进步、技术性能和效率提高,本质上则在于其道德意义和价值。伦理道德的本质在于使人类生活得更好,如果说科技所追求的是"真"是"事实",那么伦理道德所追求的"善"就是"应该"。两者是"事实"和"价值"的关系,但又是相辅相成的。因此,网络技术的发展必须以网络伦理为价值导向,否则就有可能阻碍人的发展,悖逆了网络技术的逻各斯即道德实践目的。网络伦理以网络技术为基础,对网络技术的道德性进行伦理反思,并积极引导网络向合人道的善的实践方向发展。因此,网络伦理对网络技术的发展有着重要的价值导向作用,尤其需要引导网络技术向合乎自由和人权的道德价值方向前行。

(四)化解虚拟社会和现实社会的冲突

从表面来看,网络伦理的目的是要减少网络虚拟社会中的道德失范现象,规范网络世界人的行为。但是,网络虚拟社会中的一切人的行为都植根于人的现实生活。网络中的各种虚拟角色和行为是由现实中的人扮演和实施的,是人的真实想法和预期的虚拟反映。所以,网络虚拟社会中的不道德现象实质上反映的是现实中人与人之间的利益冲突和道德冲突。从这一角度来看,构建网络伦理实质上是要正确处理好现实当中人与人之间的道德关系,消弭人在现实社会和网络虚拟社会中的道德冲突。实际上,所谓网络虚拟社会与现实社会只是网络伦理学出于研究的方便所做的理论上的区分和假设,现实当中并没有两个社会之分,而是同一个社会。网络伦理学致力于消弭网络虚拟社会与现实社会中的道德差异和冲突,促进现实人和虚拟人之间的道德融合,维护网络虚拟社会中的人际和谐,实质上就是要构建自由、民主和公正的网络伦理秩序,提升现实当中人与人之间的道德实践能力。

二、网络伦理治理的实践路径

网络伦理要在具体的实践路径中实现、完成自己的使命。网络伦理的实践路径主要有:完善网络监管制度、建构网络道德规范、加强网络主体道德教育、提升网络主体道德素养等。

(一)完善网络监管制度

建立完善的网络监管制度是网络伦理道德建设的出发点和制度保障。网络信息的管理机构有义务按照有关法律法规和相应的管理办法对网络的信息内容进行过滤、审核和管理,进而完善并落实以保障人权和自由为目的的网络监管制度。具体说来,主要包含以下几个层面。

其一,完善相应的网络法律法规。如果仅仅依靠伦理道德规范和网民的自律来约束网络行为,很难达到比较理想的效果。网络法律法规是网络伦理建设的法律依托。法律法规对于网络的管理具有举足轻重的作用。必须加强信息网络领域的司法工作,通过司法手段保护公民的合法权益,保障国家的政治和经济安全,保障和促进信息网络产业健康有序发展。加强网络文化建设和管理,营造良好网络环境。近些年来,一些国家和地区颁布了一系列网络法律法规。中国也相继出台了《互联网信息服务管理办法》《计算机软件保护条例》《信息网络传播权保护条例》《全国青少年网络文明公约》《中华人民共和国电子商务法》等。这些法律法规在一定程度上打击了网络不道德行为,抑制了网络犯罪的嚣张气焰。不过,网络法律法规的制定还处于一个相对薄弱的阶段,与互联网的飞速发展相比,存在一定的滞后性。另外,信息的不对称也造成了不法分子钻法律空子、打擦边球的现象。因此,必须加快网络法律法规建设,制定符合当下网络时代需求的法律制度,让网络活动有法可循,有法可依。

其二,加强对网络信息发布的管理。如果想严格剔除网络中存在的不良信息等,首先要对网络信息的发布者进行管理,从根源上断绝网络不良信息的产生。如果仅仅是对已经发布的信息进行管理,与不良信息的这场战斗只会愈演愈烈,甚至可能成为一场闹剧。要想严格控制网络上的信息发布,必须成立相应的审查部门,对网络信息的发布者进行网络法律和道德教育,增强网络信息发布者的法律意识、道德意识和道德责任感,使之提高对自身的网络道德要求,自觉履行网络道德行为规范。执法部门和人员依法严厉打击网络个体的网络违法、违规活动,为那些有意图进行网络违法、违规活动的网民敲响警钟,将网络不良行为彻底扼杀在萌芽阶段。从事网络行业的组织要切实实行行业自律,严格遵守网络法律法规,彻底阻断网络不良信息等进入互联网,为网络的健康发展打造一个良好的运行平台。

其三,通过技术手段对网络信息进行监控和过滤。为了保障网络虚拟社会的健康良性运作,保护广大网民的权利和自由不受侵害,必须利用现代化手段,建立并大力发展相应的监督、管理技术部门。技术部门通过相应的技术,对网络信息进行严格的管理,建立相应的网络安全体系,对不良信息、不良网站进行过滤,及时发现网络犯罪行为,在第一时间遏制网络犯罪和不道德行为的发生,切断不良信息的传播通道。要时时对网络上的信息进行监督和控制,对发现的不良网站、信息、网络陷阱等进行技术跟踪,彻底断绝网络上的违法犯罪活动。对于个人来说,仅仅依靠相应的职能部门还是远远不够的,应当加强自身的保护意识,充分利用现在的网络加密手段,对个人网络信息进行加密,严防网络犯罪行为,切实保护好个人的合法权益不受侵害。

其四,增强舆论监督。这不仅是网络从业者的责任,也是广大网民的责任,更是全社会共同的责任。必须充分发挥广大人民群众和社会各界的舆论监督作用,及时发现网络不良信息和网络犯罪行为,予以举报和曝光。相关机构应当严格履行舆论监督的义务,推动网络文明不断发展。对于个体来说,要时刻注意自己的言行,自觉接受舆论监督,及时发现和纠正自己存在的问题。

其五,完善不良信息举报等网上报警程序。目前,网络110等网上不良信息举报和报警程序相继确立,为保障广大网民的权益起到了相应的作用。但是,也存在不足之处:非互动的报警程序在报警上有一定的延时性,造成了网络警察履行的是事后报警机制。报警无法对正在进行的犯罪行为进行有效制止。我们认为,网络警察应当得到更高程度的重视,利用网络信息高速公路的便利,及时处理报警信息,在第一时间阻止网络犯罪才是重中之重。对网络犯罪的打击应当是防患于未然或及时消除侵害,才能更好地保障网络主体的个人权益和自由不受侵犯。

(二)建构网络道德规范

网络道德原则和规范是顺应网络时代社会发展的客观需求而产生的。在网络道德规范建设方面,国外要领先于中国。我国相关的网络道德建设处在起步阶段,跟我国目前的网络伦理学发展现状是密不可分的。我们在加强国内的网络伦理道德建设方面可借鉴外国的成功经验和优秀成果。国外比较著名的道德伦理规范有美国计算机伦理协会制定的"计算机伦理十诫",它是最早的网络道德规范,内容如下:

(1)不可使用电脑伤害他人;

(2)不可干预他人在电脑上的工作;

(3)不可偷看他人的文件;

(4)不可利用电脑盗窃财物;

(5)不可使用电脑造假;

(6)不可拷贝或使用未付费的软件;

(7)未经授权,不可使用他人的电脑资源;

(8)不可侵占他人的智慧成果;

(9)程序设计之前,先衡量其对社会的影响;

(10)用电脑时必须表现出对他人的尊重和体谅。

可以说,这是不伤害原则的具体内容,也是保障网络主体的人权和自由的一些底线道德规定。

中国在2001年9月20日颁布的《公民道德建设实施纲要》中也提出了一些网

络道德规范:计算机互联网作为开放式信息传播和交流工具,是思想道德建设的新阵地;要加大网上正面宣传和管理工作的力度,鼓励发布进步、健康、有益的信息,防止反动、迷信、淫秽、庸俗等不良内容通过网络传播;要引导网络机构和广大网民增强网络道德意识,共同建设网络文明。另外,加强对网络化建设和管理的五项要求,也对网络伦理道德的建设起到了不可估量的作用。第一,坚持社会主义先进文化的发展方向,唱响网上思想文化的主旋律,努力宣传科学真理,传播先进文化,倡导科学精神,塑造美好心灵,弘扬社会正气。第二,提高网络文化产品和服务的供给能力,提高网络文化产业的规模化、专业化水平,把博大精深的中华文化作为网络文化的重要源泉,推动我国优秀文化产品的数字化、网络化,加强高品位文化信息的传播,努力形成一批具有中国气派、体现时代精神、品位高雅的网络文化品牌,推动网络文化发挥滋润心灵、陶冶情操、愉悦身心的作用。第三,加强网上思想舆论阵地建设,掌握网上舆论主导权,提高网上引导水平,讲求引导艺术,积极运用新技术,加大正面宣传力度,形成积极向上的主流舆论。第四,倡导文明办网、文明上网,净化网络环境,努力营造文明健康、积极向上的网络文化氛围,营造共建共享的精神家园。第五,坚持依法管理、科学管理、有效管理,综合运用法律、行政、经济、技术、思想教育、行业自律等手段,加快形成依法监管、行业自律、社会监督、规范有序的互联网信息传播秩序,切实维护国家文化信息安全。

这些伦理规范的确立,明确指出了网络主体在网络中"应当做什么"和"不应当做什么",对网络参与者的行为提出了具体要求。佀从总体上看,这些网络伦理道德还是一些零星的道德诉求,缺乏严格的道德论证,没有形成一个完整的网络道德规范体系,因此其规范性并不是很明显。这就需要我们的道德理论工作者们与政府相关职能部门通力合作,根据网络技术的发展趋势,制定系统的有效的网络道德规范体系,为网络社会的发展营造健康文明的环境。

(三)加强网络主体道德教育

仅仅有完善的网络道德规范体系,还不足以维护网络环境的秩序。因为如果这些网络道德规范不为网民所遵守,它就只能沦为一纸空文。因此,在建立完善的网络道德规范体系的同时,我们需要加强对网络主体的网络道德教育,让外在的网络道德规范内化为网络主体的自觉行动。对于网络主体的网络道德教育,可以通过线上和线下两条途径同时进行。

应当充分利用网络的生动性、时效性和广泛性的特点,把道德原则、规范引介到网络中去,并将其转化为网络主体的道德自觉。我们必须利用网络在道德教育方面的有利条件,不断通过各种形式、各种途径增强网络道德文明的建设,为网民灌输积极的网络道德思想。通过网络道德关怀,使网民树立正确的网络道德观。网络道德问题产生的最重要的一个原因就在于,网络中的道德和现实中的道德存在相当大程度上的信息差。这种信息差导致了网络主体对网络道德缺乏足够的重视,甚至持漠然态度。现实的伦理道德反映的是人们在社会生活关系中的一般规律,对现实中的人的行为起到了相当大的约束作用。但是进入网络这个虚拟世界后,网络的隐蔽性常常导致人们对传统道德规范的漠视,放松了对自我的道德约束,以致做出一些不道德的行为。无论在现实还是在虚拟的环境中,人们的道德行为必须要有一致性,无论在线上还是在线下,道德规范都应该对人具有相同的约束力。因此,加强对网络主体的道德教育的目的就在于,让他们意识到在遵守既有道德规范方面虚拟环境与现实环境的本质是一致的。

(四)提升网络主体道德素养

网络的虚拟性、开放性和多元性意味着对网络主体提出了更高的道德要求,也就是需要网络主体具有更高的道德修养。要提高网络主体的道德修养,教育宣传和他律只能起到部分作用,只有网络主体自主认识、自主实践,才能实现他从律向自律的转变。"自律的行为是根据我们作为自由平等的理性存在物将会同意的、我们现在应当这样去理解的原则而做出的行为。"[1]因此,提高网络主体自身的道德素养,主要从以下几个方面着手:

其一,增强网络个体的道德意识,增强他们的道德自觉。对于网络上每一个个体来说,必须要认识到,与自己进行交流的并不是机器或者文字,每一个与自己进行交流的对象都是现实中的人在网络中的虚拟化身。虽然都是通过网络产生互动,但从其本质上来讲,这与现实中人的交往没有根本区别。我们要严格按照道德规范约束自己的网络行为。

---

① 约翰·罗尔斯:《正义论》,何怀宏、何包钢、廖申白译,中国社会科学出版社,1988,第503页。

其二,辨明网络行为的善恶性质。在网络上进行一切活动的根本前提是不对任何其他个体、组织、社会造成任何危害。这是最主要的道德要求。即便是为了一个善的目的而实施的恶的行为也是道德所不允许的。不以善小而不为,不以恶小而为之。每个网民的道德认知水平不同,我们没有办法也不能要求网络上的每一个个体都成为道德圣人,人人皆为尧舜是虚幻的网络道德要求。不为恶是每个人都有义务且有能力做到的,是不得突破的道德命令。我们在网络上应注意自己的言行,不能做出伤害自己、他人和社会的行为。

其三,不断完善自我德行,提升自我尊严和道德境界。在日常生活中我们发现了自己在道德方面的某些不足,就需要我们自觉通过学习和实践去弥补不足。在网络虚拟环境中,这种自我完善更为重要,因为网络技术越是向前发展,我们面临的诱惑越多,越容易犯错误。只有不断完善自我,提高抵御道德败坏的能力,向更高的道德境界迈进,我们才能在网络虚拟环境中保持自身的道德操守。

结语

虽然计算机网络技术发展非常迅速,但与之相关的立法以及道德建设却严重滞后,网络伦理学的研究现状无法适应目前网络时代发展的要求。近年来,随着社会对日益凸显的网络伦理问题的关注,学术界对网络伦理学这门学科的研究热情日益高涨。相关管理部门和网络使用者对规范网络行为的需要日益迫切,社会对网络伦理问题日益关注以及学界对这门学科的重视和研究的不断深入,必将极大地推动这门学科快速发展。网络伦理学作为物理应用伦理学的一个重要领域,将成为维系人权、保障自由的实践道德哲学的骨干力量。

第三编

目的

科技伦理治理秉持祛弱权、增强权的权利价值和正义诉求,是自在型科技伦理治理、外在型科技伦理治理、中介型科技伦理治理相互支撑、共同推进的系统的人类实践的重要精神力量。科技伦理治理是关乎人类命运的大事,它直接关涉每个人的人性尊严,间接涉及人类赖以生存的地球乃至宇宙。科技伦理治理并非盲目的活动,而是有着明确目的的精神力量和实践活动。

科技伦理治理是人类自由精神的彰显,是人类理智进步的历程。科技伦理治理的目的可以分为两大类:科技自身的目的、科技实践或应用的目的。具体而言,科技自身的目的是科技理智德性,因为科技源自人的理智;科技实践或应用的直接目的或当下目的是人性尊严;科技实践或应用的间接目的或历史目的是发展。就是说,科技伦理治理的目的是建构有德性的、维系人性尊严的、推动人类历史发展的科技。或者说,科技伦理治理的目的是达成祛恶向善的有理想、有价值、有担当的科技力量。

第八章

科技理智德性

科技带来的伦理问题本质上是理智德性之实践问题,即科技理智德性问题。亚里士多德的理智德性论已经埋下科技理智德性的种子。不过,理智德性转变为科技理智德性面临两大困境:从整体上看,理智德性成为科技理智德性的困境;分而言之,沉思理智德性、实践理智德性成为科技理智德性的困境。造成这些困境的主要原因是,亚里士多德把理智德性(求真的德性)与道德德性(求善的德性)对立起来,并主张前者优先于后者。实际上,求真的德性归根结底以求善的德性为鹄的。或者说,求善的德性是目的,求真的德性是途径。因此,实践理智德性与道德德性可以综合为有道德的实践理智德性或有实践理智的道德德性,这是一种把求真与求善融为一体的德性,即科技理智德性。

第一节　科技理智德性证成

随着近代科学技术的兴起,人类逐步进入科技王国。21世纪以来,人类历史进入高新科技的全新时代。诸多高新科技带来的伦理问题直指人类生活与社会发展,人类中心的理念受到科技中心理念的强烈冲击。在此亘古未有之变革洪流中,虽然人类已经较为成功地避免或降低外在威胁,却不能避免或降低人性自身的威胁。这是因为高新科技带来的问题本质上是人性问题,是科技应用背后的理智德性之实践问题,即科技理智德性问题。这一问题既是传统德性论未曾涉及之领地,又是高新科技面临的亟待解决的德性问题。问题的关键是,科技理智德性何以必要? 科技理智德性如何可能?

一、科技理智德性何以必要

科技理智德性既是哲学与科技发展的当下诉求,也是德性论与科技伦理的当下诉求。

(一)哲学与科技发展的当下诉求

作为古希腊人智慧的产物,哲学与科学是同一的。在古希腊思想中,哲学指研究整体、包罗万象的知识,"这个整体并不象其他任何限定的整体一样,仅仅是包含了它的一切部分的整体。作为这个整体,它是超出各种知识的有限可能性的一种观念。因此,它就不是我们以一种科学方式能够认识的东西"[1]。既然哲学不是以实证科学方式存在的科学,"于是就产生了一个问题:哲学本身不是科学,怎么能对科学具有维系特性"[2]? 古希腊无所不包的哲学本来应当囊括科学与技术,但实际上把科学与技术排除在哲学之外。然而,随着科学技术的日益强大,哲学受到科学技术的猛烈冲击。

17世纪以来,开普勒、伽利略、牛顿、笛卡尔等人的有关力学的理论及研究方法拓展到整个经验领域。结果,不依赖古希腊第一哲学的近代自然科学观念随之出现,"它们首次使完全运用科学于对自然界的技术改造成为可能,这种改造是为了人类设想的目的"[3]。现代经验科学追求知识的确定性和可控性,拒斥亚里士多德式的包罗万象的全面哲学知识,并成功地摆脱哲学藩篱而获得独立发展。同时,与科学密切相关的技术彻底摆脱古典技艺的私人爱好的狭小领域,在科学和近代哲学的推进中走进公共生活领域,成为联结人与自我、人与人、人与自然的关键纽带。科学技术的强大力量把科学之科学意义上的抽象哲学挤压在

① 伽达默尔:《科学时代的理性》,薛华等译,国际文化出版社公司,1988,第1页。
② 伽达默尔:《科学时代的理性》,薛华等译,国际文化出版社公司,1988,第2页。
③ 伽达默尔:《科学时代的理性》,薛华等译,国际文化出版社公司,1988,第138页。

一个狭小的思辨领域之中,哲学面临着空前的危机。

哲学陷入贫困境遇,也意味着科技缺失了哲学精神。在伽达默尔看来,"现代经验科学的成功正是依靠艰苦的批判工作,从亚里士多德哲学无所不包的知识禁锢中获得了解放"[1]。这同时意味着"它没有能力和缺乏任何明白的需要,来估量它自己在人类生存整体内、特别是在它运用于自然和社会方面意味着什么"[2]。也就是说,科学技术拒斥哲学造成了自身在人类整体中的方位迷失与价值缺位。

哲学与科技相互拒斥的困惑也意味着二者相互融合的内在需求,高新科技把这种关系更为深刻全面地显示出来。20世纪后期以来(尤其是21世纪以来),高新科技以前所未有的巨大力量,深刻广泛地影响着人类命运。日益强大的高新技术加速改变人类赖以生存的外在自然生态,甚至通过改写基因等技术改变人类生存的内在身体要素。对于当代人而言,似乎"一切都只是技术问题"[3]。随着科技的快速前进,由此引发了全新的强烈的科技伦理困惑。这些困惑可以分为两大类型:改变人之智能的科技伦理问题(以人工智能为典范),改变人之生命进程的科技伦理问题(主要包括生殖的伦理问题,以合成生物为典范),改变人类生活世界的科技伦理问题(以人类增强为典范),改变人类死亡的伦理问题(包括临终关怀、延长寿命的技术等)。把二者归结为一个根本问题就是康德说的"人是什么"的问题。既然如此,如何回应高新技术时代哲学与科技面临的伦理问题呢?

究其实质,哲学与科技都是认识自我的学问。高新技术时代,认识自我就是指,理智应用高新科技把握自我的本质,并在实践中持之以恒地实现自我,成就自我。深刻理解并实践这个过程是哲学与科技的共同诉求,是回应当下伦理问题的必要前提。高新科技应用的关键是理智德性之实践问题,这是科技理智德性的本质所在。因此,探究科技理智德性成为哲学与高新科技的迫切需要,也是德性论与科技伦理学的当下诉求。

---

① 伽达默尔:《科学时代的理性》,薛华等译,国际文化出版社公司,1988,第127页。
② 伽达默尔:《科学时代的理性》,薛华等译,国际文化出版社公司,1988,第143页。
③ 尤瓦尔·赫拉利:《未来简史:从智人到神人》,林俊宏译,中信出版社,2017,第20页。

(二)德性论与科技伦理学自身发展的当下诉求

"德性"在亚里士多德那里还是一个古老的广义概念,它包括道德德性与理智德性。与道德德性相比,理智德性在亚里士多德的德性论中所占比重较小。亚里士多德之后,道德德性逐步成为伦理学的主要范畴(理论伦理学领域的德性主要指道德德性),理智德性则逐渐远离伦理学的中心而被边沿化。更为不幸的是,理智德性在18世纪遭到法国思想家卢梭等人的毁灭性质疑与否定。卢梭认为,科学产生于人的安逸,又反过来助长安逸。更为不幸的是,科学探究遇到的危害和谬误是多样的,真理则只有一种,最令人困惑不解的是,"即使我们幸而最后发现了真理,在我们当中谁知道该怎样好好地应用它呢"[①]? 此问题是科学应用(技术)的应当问题,其实质是科学技术的德性问题。卢梭断然拒斥科学与艺术发展的道德价值,并判定科学与艺术是恶的。卢梭的观点实际上否定了科学技术的应用德性,遮蔽了科技理智德性。这就是科技理智德性的遮蔽问题。

如果说科技理智德性的遮蔽问题暴露出真与善的矛盾,那么价值领域的休谟问题(从不能推出应当的问题)则明确割裂德性与真理的关系,从根本上否定了应当与事实的联系。为了回应休谟问题,康德主张现象与本体、理论理性与实践理性的分离,他把德性(自由)与真理(必然)分为不可通约的两个领域。[②]尽管康德本人以及费希特、谢林、黑格尔等对此不断地探赜索隐,试图解决两大领域的关系问题,也取得了研究自然与自由理论的重大突破,但是尚未解决科技理智德性的遮蔽问题。随着科学主义的盛行,两次世界大战期间出现的诸多科学技术的现实问题(如核武器给人类带来的恐怖冷酷的战争阴影等),使科技理智德性的遮蔽问题更加严重。

虽然此类情况的出现是各种复杂原因造成的,但主要原因则是科学技术尚未真正全面渗透人类生活世界之中,或者说,"科技理智德性的遮蔽问题"显示的只是科技理智德性的消极层面,并非科技理智德性的本质和影响力。20世纪70年代以来,科学技术开始全面渗透、深刻影响人类活动(如公众意见的形成、每个人的生活行为、每个人对职业和家庭中时间的安排等),成为人类历史发展的重

---

① 卢梭:《论科学与艺术的复兴是否有助于使风俗日趋纯朴》,李平沤译,商务印书馆,2016,第24页。
② 参见康德:《纯粹理性批判》,邓晓芒译,人民出版社,2004。

要杠杆,也带来了诸多伦理问题。这些问题也促使众多哲学家,如胡塞尔、海德格尔、尤纳斯、梅洛-庞蒂等对人类命运问题进行深刻反思,由此出现的《正义论》《责任伦理》《理与人》等著作,有力地推动理论伦理学从逻辑分析的元伦理学演进为直面现实伦理问题的应用伦理学(包括科技伦理学)。

21世纪以来,人类理智通过高新科技(如人工智能、纳米技术、生物工程等)广泛渗透到人类生活的各个领地。高新科技把我们置于人类命运共同体之中,深刻地影响乃至改变着人类生活的未来命运与世界历史进程。这是理论伦理学视域的道德德性与亚里士多德的理智德性前所未遇的发展契机:有理智的道德德性或有道德的理智德性(即科技理智德性)呼之欲出,科技理智德性再也不能被重重遮蔽了。

值得庆幸的是,在日新月异的科技伦理学领域中,德性认识论(virtue epistemology)、理智德性、环境德性、机器人德性等科技理智德性的局部问题已经引起有关学者的关注或探究。[①]这些研究有力地表明,我们应当对科技理智德性进行深入全面的研究。可见,探究科技理智德性既是传统德性论与伦理学在高新科技时代发展的内在诉求,更是科技伦理学、当代德性论的重要历史使命。

既然高新科技的迅猛发展把科技理智德性问题提上了日程,那么如何探究科技理智德性呢?

探究科技理智德性应当从亚里士多德的德性论中的理智德性论开始。原因在于,虽然亚里士多德的理智德性(求真)尚未成为道德理智德性(求善),更谈不上科技理智德性,但是在亚里士多德的理智德性论中,科技理智德性已初现端倪。这是因为理智德性是科技理智德性的萌芽状态或普遍性环节,亚里士多德的理智德性论奠定了科技理智德性的理论基础。不过,在亚里士多德那里,理智德性成为科技理智德性面临着几乎难以逾越的三大困境。有鉴于此,探究科技理智德性需要回答:这三大困境是什么? 如何跨越这三大困境?

---

① 参见:谢阳举:《"无欲"概念的理智德性维度》,《江西社会科学》2019年第10期;童建军、林晓娴:《当代西方环境德性伦理的新发展》,《自然辩证法研究》2019年第5期; Robert C. Roberts & W. Jay Wood, *Intellectual Virtues: An Essay in Regulative Epistemology* (Oxford: Oxford University Press, 2007); R. Sandler,"A Theory of Environmental Virtue", *Environmental Ethics*, 28, no. 3(2006): 247–264; Chienkuo Mi, Michael Slote, and Ernest Sosa (eds.), *Virtues in Western and Chinese Philosophy:The Turn toward Virtue* (New York: Routledge, 2016);等等。

二、理智德性论的三大困境

科技理智德性是综合理智德性与道德德性的应用德性,也就是以求真为途径、以求善为目的的德性。这种似乎矛盾的真与善的关系,正是导致亚里士多德理智德性论陷入三大困境的根本原因。

在亚里士多德看来,德性的根据是灵魂。灵魂分为三个部分——感觉、欲求和理智。理智就是理性,感觉没有理性,欲求则是分有理性的感觉。在灵魂中,理智优先于欲求,欲求优先于感觉。理智包括把握永恒对象的理智(沉思理智)与把握变化对象的理智(实践理智),沉思理智优先于实践理智。[①]由此带来理智德性成为科技理智德性的三大困境:从整体上看,理智德性成为科技理智德性的困境;分而言之,实践理智德性成为科技理智德性的困境,沉思理智德性成为科技理智德性的困境。

(一)理智德性成为科技理智德性的困境

亚里士多德认为,德性是理性的本质。由于感觉没有理智,所以它和德性没有关系。欲求是分有理性或理智的感觉;欲求的德性是分有理智的德性,即道德德性。[②]是故,就德性而言,理智德性优先于道德德性。就理智德性而言,沉思理智德性优先于实践理智德性。合而言之,沉思理智德性优先于实践理智德性,实践理智德性优先于道德德性。

理智德性优先于道德德性,也就意味着求真优先于求善,因为理智德性是求真的德性,道德德性则是求善的德性。[③]理智德性求真的本质是远离甚至摒弃杂多的伦理质料,追寻普遍、永恒的知识。道德德性求善的本质是追寻中道的品格,它涉及诸多伦理品格,如公正、节制、智慧、勇敢、慷慨、幸福等。此论意味着道德德性应当以理智德性为先,优先于道德德性的理智德性不必要成为道德德

---

① See: Aristotle, *The Nicomachean Ethics*, translated by David Ross, revised by Lesley Brown (Oxford: Oxford University Press, 2009), pp. 102–118.

② See: Aristotle, *The Nicomachean Ethics*, translated by David Ross, revised by Lesley Brown (Oxford: Oxford University Press, 2009), p. 105.

③ See: Aristotle, *The Nicomachean Ethics*, translated by David Ross, revised by Lesley Brown (Oxford: Oxford University Press, 2009), p. 105.

性,道德德性也几乎不可能成为理智德性。也就是说,理智德性(求真)不必要也不可能成为道德德性(求善)。这等于厘定了理智德性与道德德性之间难以逾越的鸿沟,此即理智德性成为科技理智德性的困境,因为只有转化为道德德性的理智德性,才可能是科技理智德性。

亚里士多德根据理智的对象是否是永恒不变的事物,把理智分为沉思理智与实践理智(或推理理智)两个部分,理智德性也相应地分为沉思理智德性与实践理智德性(或推理理智德性)。是故,理智德性与道德德性之间难以逾越的鸿沟,更为具体地体现为沉思理智德性、实践理智德性与道德德性之间的鸿沟。这使得沉思理智德性、实践理智德性成为科技理智德性的困境。

(二)实践理智德性成为科技理智德性的困境

在亚里士多德看来,实践理智德性的对象是变动不居、受到某种限制的事物。所谓变化的对象就是自己能够转变为其他事物的暂时偶然的东西,或不具有永恒必然性的东西。

实践理智德性根据对象(物与人)分为两大类:造物的技艺(art)与人生的实践智慧(practical wisdom)。技艺是制作某物的知识,实践智慧是为了追求善的生活、实现人生目的所具有的判断善恶的知识。[①]实践智慧具有好的思考、理解与判断等三个辅助德性。[②]也就是说,实践智慧是有关善的生活与人生目的的辨别善恶的知识。或者说,是通过好的思考、理解、判断,进而择善祛恶的知识或人生目的的真理。

可见,实践理智德性是造物与人生领域中偶然的变化无常的知识。尽管如此,在亚里士多德那里,实践理智德性依然是求真的理智德性,而非求善的道德德性。就是说,实践理智德性与道德德性之间存在巨大的鸿沟。这就是实践理智德性成为科技理智德性的困境,因为只有转化为道德德性的实践理智德性,才可能成为科技理智德性。

---

① See: Aristotle, *The Nicomachean Ethics*, translated by David Ross, revised by Lesley Brown (Oxford: Oxford University Press, 2009), pp. 105−106.

② See: Aristotle, *The Nicomachean Ethics*, translated by David Ross, revised by Lesley Brown (Oxford: Oxford University Press, 2009), pp. 111−114.

(三)沉思理智德性成为科技理智德性的困境

与实践理智德性把握变化无常的对象不同,沉思理智德性思考永恒不变、常态必然的对象。比较而言,沉思理智德性本质上是优先于实践理智德性的。

亚里士多德根据把握必然对象的必然知识、第一原理以及整体知识,把沉思理智德性分为三大类:科学知识(scientific knowledge)、直觉理性(intuitive reason)与哲学智慧(philosophic wisdom)。[①]在沉思理智德性中,科学知识把握具有永恒性的必然规律,认识或者获得普遍命题或普遍条件;直觉理性是科学知识之第一原理的理智根据,是科学知识得以可能的前提条件;哲学智慧是对科学知识与直觉理性的综合与超越。

综上所述,在亚里士多德那里,就德性而言,理智德性优先于道德德性;就理智德性而言,沉思理智德性优先于实践理智德性。由此看来,沉思理智德性与道德德性之间的鸿沟,远远大于实践理智德性与道德德性之间的鸿沟。科技理智德性似乎陷入"方的圆"之类的困境。如何摆脱此困境呢?这就是科技理智德性何以可能的问题。对此问题的回应可以分为三大层面:理智德性如何成为科技理智德性?实践理智德性如何成为科技理智德性?沉思理智德性如何成为科技理智德性?

三、理智德性如何成为科技理智德性

理智德性如何成为科技理智德性的实质是道德德性(善)与理智德性(真)是否绝对对立乃至不可通约?或者说,求真之善的德性即科技理智德性是否可能?

其一,在亚里士多德的德性论中,理智德性(真)与道德德性(善)依然具有某种程度的内在联系,而非绝对隔离、毫无关系的两类德性。如前所述,亚里士多德认为,伦理学建立在灵魂的基础上,灵魂分为三个部分——感觉、欲求和理智。理智就是理性,感觉没有理性,欲求则是分有理性的感觉。理智德性是理智部分的理性的德性,道德德性是分有理性的欲求部分的德性。沉思作为道德德性中的最高幸福,与理智德性的哲学智慧本质上是一致的。亚里士多德说:"就其自

---

① See: Aristotle, *The Nicomachean Ethics*, translated by David Ross, revised by Lesley Brown (Oxford: Oxford University Press, 2009), pp. 104-107.

身的思想,是关于就其自身为最善的东西而思想,最高层次的思想,是以至善为对象的思想。理智通过分享思想对象而思想自身。它由于接触和思想变成思想的对象,所以思想和被思想的东西是同一的。"①理智德性与道德德性的共同根据是灵魂之理性,这就决定了理智德性与道德德性的内在联系,也为理智的道德德性(科技理智德性)提供了可能性。可见,在亚里士多德的德性论中,理智德性与道德德性具有共同的灵魂根据。

亚里士多德还主张,任何科学都有其目的,伦理学的目的是追求人性至善,同属于伦理学的理智德性和道德德性也追求人性至善。一方面,"思辨是最大的快乐,是至高无上的。如若我们能一刻享受到神所永久享到的至福,那就令人受宠若惊了"②。另一方面,"神就是现实性,是就其自身的现实性,他的生命是至善和永恒。我们说,神是有生命的、永恒的至善,由于他永远不断地生活着,永恒归于神,这就是神"③。至善是永恒的现实性的神,也是理智德性与道德德性的共同的终极目的和共同根据。

此外,亚里士多德所说的直觉理性也是构成科技理智德性的普遍心理结构的根据。

其二,理智德性与道德德性具有共同的本质根据。与亚里士多德所处的轴心时代相比,经过两千多年的发展,当下的人类历史发生了天翻地覆的变化,但是人类固有的本质根据并未改变,比如"人类心灵的深层结构仍然相同"④。共同的人性本质决定着不同层面的德性,也是不同层面德性的坚实根据。正因如此,就德性主体而言,麦金泰尔认为:"我们从原初动物状态发展为独立的理性主体所需要的德性,我们面对并回应自我及他者的脆弱性与无能所需要的德性,属于一个同样系列的德性。"⑤就德性主体追求或可能达到的德性层次来说,诚如施莱尔马赫所说,德性与最高善的关系可以用两种形式表达:"最高善的每个范围都

---

① 苗力田主编:《亚里士多德全集》(第七卷),中国人民大学出版社,1993,第278页。
② 苗力田主编:《亚里士多德全集》(第七卷),中国人民大学出版社,1993,第278-279页。
③ 苗力田主编:《亚里士多德全集》(第七卷),中国人民大学出版社,1993,第279页。
④ 尤瓦尔·赫拉利:《未来简史:从智人到神人》,林俊宏译,中信出版社,2017,第40页。
⑤ Alasdair MacIntyre, *Dependent Rational Animals: Why Human Beings Need the Virtues* (London: Gerald Duckworth & Co. Ltd., 2009), p. 5.

需要所有德性,每种德性都渗透在最高善的所有范围。"①理智德性与道德德性虽然层次不同,但都在人类共同德性的序列,具有共同的普遍德性根据和人性的心灵结构。换言之,有理智的道德德性或有道德的理智德性本质上是一致的,它们都是理智德性。

其三,理智德性、道德德性具有互相融通的要素,这使有理智的道德德性或求善的理智德性(即科技理智德性)得以可能。从一定意义上讲,理智德性、道德德性是通向科技理智德性的两个必要环节,科技理智德性是理智德性与道德德性的目的与完成。根本原因在于,作为认识能力的理智与作为道德能力的意志并非绝对对立,而是具有内在联系的人类实现自我的本质能力。在黑格尔看来,理智(纯粹思维)认识到,只有它自己,"能够把握事物的真理"②。意志知道自己是内容的决定者的理智或思维,"没有思维任何意志都是不可能的,而且甚至最没有受过教育的人也只有他已经思维过而言才有意志,而相反地,动物由于它不思维也就不能够有任何意志"③。理智是意志的认识前提或普遍环节,但理智是抽象的,认识的理智还不是具体的理智。具体理智要实现其认识,就必须做出决定并付诸行动,而根据认识做出判断、决定并付诸行为的理智就是意志。理智的普遍性通过知性、判断力到思维的过程,转变为意志与实践精神。理智的意志之德性就是有理智的道德德性,即科技理智德性。实际上,既不存在毫无理智的纯粹道德德性,也不存在毫无道德的纯粹理智德性。在科技伦理学领域,理智德性通过特殊环节的道德德性,有可能转换为普遍性与特殊性相结合的具体的科技理智德性。

这就为具体回答"实践理智德性、沉思理智德性如何成为科技理智德性"奠定了理论基础。

① Friedrich Schleiermacher, *Lectures on Philosophical Ethics*, translated by Louise Adey Huish (Cambridge: Cambridge University Press, 2002), p. 101.

② 黑格尔:《精神哲学》,杨祖陶译,人民出版社,2006,第293页。

③ 黑格尔:《精神哲学》,杨祖陶译,人民出版社,2006,第297页。

四、实践理智德性如何成为科技理智德性

实践理智德性是研究变化对象的理智德性,它分为两大类:技艺和实践智慧。与此相应,"实践理智德性如何成为科技理智德性"的问题也就是:技艺如何成为科技理智德性? 实践智慧如何成为科技理智德性?

(一)技艺如何成为科技理智德性

在亚里士多德那里,技艺(作为实践理智德性的一个类型)是指制作某物的理智德性。①而今,制作某物的技艺的主要形态早已演变为技术,尤其是高新技术。高新技术对人类与地球产生了前所未有的影响,也带来了史无前例的科技伦理问题。

就技艺而言,制作某物的德性是人把握对象、实现自身目的的行为活动的德性。这种活动自始至终都应当具有为人的某种道德目的,因为(1)不存在毫无目的地制作某物的技艺;(2)从本质上讲,制作某物的技艺并非以践踏道德为目的或以追求邪恶为目的。是故,技艺是有道德目的或道德要素的理智德性。或许,技艺的这种古老的理智德性还不具有真正的科技伦理意义,但它是科技理智德性的一种萌芽或古典状态。

实际上,当技艺提升为技术尤其是高新技术之时,古典形态的理智德性也就应当随之成为真正的科技理智德性。当然,技术与技艺有着巨大差异,因为技术本质上是科学的应用,或者说,运用科学进行制作某物的技艺就是技术。不过,技术绝不仅仅是应用科学。大体说来,技艺以及其当下形态——高新技术,都是人类有目的的实践活动,其本质都是以人为目的的自由实践。技术本质上是自由的技艺或技能,技术乃是在解蔽和无弊状态的发生领域中,在真理的发生领域中成其本质的。②或者说,技术是实现道德目的的科学实践路径,是以"应当"为本质的"是"的路径,是以"善"为目的的"真"的实践。诚如爱因斯坦所说:"关心人的本身,应当始终成为一切技术上奋斗的主要目标;关心怎样组织人的劳动和

---

① See: Aristotle, *The Nicomachean Ethics*, translated by David Ross, revised by Lesley Brown (Oxford: Oxford University Press, 2009), p. 105.
② 参见:孙周兴选编:《海德格尔选集》(下),生活·读书·新知上海三联书店,1996,第932页。

产品分配这样一些尚未解决的重大问题,用以保证我们科学思想的成果会造福于人类,而不致成为祸害。"①在这个意义上,"不论技术是否利用新的科学研究,它都是道德哲学的一个分支,而不仅仅是科学的一个分支"②。一旦技术尤其是高新技术成为理智的道德实践,它也就成为科技理智德性。

(二)实践智慧如何成为科技理智德性

亚里士多德认为,实践智慧具有三个要素:好的思考、理解和判断。③其实,当我们进行好的思考、理解和判断时,就已经在判断环节把理智德性和道德德性连接起来:根据判断进行选择并付诸行动。

思想一旦进入行动,也就意味着理智德性(求真)通过实践智慧进入道德德性(善)领域,知德、行德也就重叠交织。不过,这不是单向度的,而是双向的重叠交织。就是说,理智德性与道德德性只有逻辑上的先后,没有时间上的先后。道德德性需要理智德性对真的反思,理智德性需要落实道德德性的善的行为。在相互支撑、相互检验和相互反省中,它们追求知行合一、真善合一的德性——科技理智德性。就此意义上讲,或许可以说,"亚里士多德把实践智慧包含在理智德性之中,但是把它设想为一个综合德性,是唯一的同时也是道德德性的理智德性。它是道德德性的理智尺度。如其名称含义,它是实践的。实践或行为属于我们人类区别于其他事物的领域——是其他事物实际上不必如此的领域,是我们通过行为改变世界的领域"④。实践智慧与道德德性并非绝对对立,而是具有内在联系的同一德性系列的不同环节。实践智慧的对象是变动不居的事物。从变化的事物不能获得真理和科学知识,因为其本质是把握不住的,但是可以从其偶然性中获得自由,避免完全受自然规律的支配而成为必然性的奴隶。实践智慧通过思考、理解、判断、选择、决定等理智环节,把自己付诸道德行为,构成一个知行合一的德性序列,借此成为秉持自由法则的有道德的理智德性,即科技理智德性。

---

① 参见:《爱因斯坦文集》(第三卷),许良英、赵中立、张宣三编译,商务印书馆,2017,第89页。

② M. W. Martin and R. Schinziger, *Ethics in Engineering* (Boston: McGraw-Hill Companies, Inc., 1996), p. 1.

③ See: Aristotle, *The Nicomachean Ethics*, translated by David Ross, revised by Lesley Brown (Oxford: Oxford University Press, 2009), pp. 105–114.

④ Robert C. Roberts and W. Jay Wood, *Intellectual Virtues: An Essay in Regulative Epistemology* (Oxford: Oxford University Press, 2007), p. 305.

实践理智德性是道德德性的认识或精神根据,道德德性是实践理智德性的应用或完成。求真的德性归根结底是求善的德性,或者说,求善的德性是目的,求真的德性是求善的途径。由此看来,实践理智德性与道德德性可以综合为有道德的实践理智德性或有实践理智的道德德性,即科技理智德性。

五、沉思理智德性如何成为科技理智德性

沉思理智德性研究永恒不变的对象,它主要有三大类:科学知识、直觉理性与哲学智慧。①沉思理智德性如何成为科技理智德性呢? 此问题可分为三大层面:科学知识如何成为科技理智德性? 直觉理性如何成为科技理智德性? 哲学智慧如何成为科技理智德性?

(一)科学知识如何成为科技理智德性

科学知识是追求永恒真理、把握普遍必然规律的沉思理智德性。亚里士多德说:"科学知识的对象是必然规律。"②必然规律是指不受时间与空间限制的普遍性。就其不受限制的意义来讲,出于必然规律或具有必然性的事物是永恒的。就是说,科学知识不是偶然、模糊、相似或者类似的描述,而是经过有力证明且精确表达的关于必然规律的知识。值得注意的是,在亚里士多德这里,科学本质上是指具有完备知识体系的哲学,还不是近代意义上的经验科学。

实际上,哲学意义的科学知识与近代经验科学都根源于人类实践的道德德性之需求,并在应用中回归道德德性实践。正因如此,科学知识才有可能成为科技理智德性。追根溯源,科学知识是人类理智(主要是人类通过科学家的理智)有力证明和精确表达出来的必然规律,因而是人类理智自由诠释的产物。经验科学不仅仅是理智产生的静止的必然知识(科学知识),而且是具有目的和能动性地改变人类命运的精神力量,是源自自由、走向自由的认识能力。从表面看来,科学具有必然进程的外在形式,实际上"科学显现为一种主观的认识,这种认

---

① See: Aristotle, *The Nicomachean Ethics*, translated by David Ross, revised by Lesley Brown (Oxford: Oxford University Press, 2009), pp. 104–107.

② Aristotle, *The Nicomachean Ethics*, translated by David Ross, revised by Lesley Brown (Oxford: Oxford University Press, 2009), p. 104.

识的目的是自由,而认识本身就是自由产生出来的道路"①。科学知识是人类理智在道德德性的实践过程中自由地表达出来的普遍性、永恒性知识。不过,科学知识仅仅是人类认识阶段的知识体系。这种知识体系并非凌驾于人类道德德性实践之上的绝对真理,而是人类道德德性实践的产物或知识预备阶段。也就是说,科学知识是自由实现自身的途径之一。人类道德德性实践通过科学知识实现其认识目的,进而把科学知识具体运用到人类实践之中,使之成为推动人类历史发展的、革命的自由力量。只有人类道德德性理智地(而非盲目地)把科学知识具体运用到人类实践之中,才有可能实现其追求至善的行为目的。这就为科学知识向道德德性转变奠定了根基。

一旦道德德性应用科学知识实现其道德目的,真正的科技理智德性问题就出现了。著名物理学家爱因斯坦深刻地意识到,"科学是一种强有力的工具。怎样用它,究竟是给人带来幸福还是带来灾难,全取决于人自己,而不取决于工具……我们的问题不能由科学来解决;而只能由人自己来解决"②。而今,科学被广泛应用并深刻地影响着人类历史,事关人类命运的诸多应用伦理问题应运而生,如人工智能问题、基因编辑问题、生态问题、人类增强问题、信息网络问题等。值得注意的是,作为沉思德性,科学知识是普遍的必然的真理,是经验科学的原型和理念。所有经验领域的科学知识至多是科学知识原型的模板,并不具备科学知识的真正德性——永恒普遍的必然规律。诚如罗素所说:"科学告诉我们能够知道什么,但是我们能知道的东西微乎其微,如果忘记我们是多么无知,我们将对诸多极其重大之事漠然视之。"③的确,现有的科学知识只是一种假设,并非绝对可靠、不可动摇的必然规律。与真正的科学知识的德性相比,现有科学是有缺陷的知识,是不具备科学知识德性的有待完善的知识。既然如此,人类应当理智地警惕科学万能论与科学主义的陷阱,禁止误用或滥用科学知识危害人类实践和自由精神。这是理智地应用科学知识的道德德性的底线诉求。从根本上看,科学知识的根据依然是自由理性,它的应用也以自由为目的。科学力量具体化到各个应用科学领域,其目的是转化为推进人类福祉的德性力量,而非裂变为

① 黑格尔:《精神哲学》,杨祖陶译,人民出版社,2006,第398页。
②《爱因斯坦文集》(第三卷),许良英、赵中立、张宣三编译,商务印书馆,2017,第69页。
③ Bertrand Russell, *The History of Western Philosophy* (New York: Simon & Schuster, 1972), p. XIV.

祸害人类的邪恶力量。显然,科学知识在技术应用中,应当转化为理智的道德德性或道德的理智德性,即科技理智德性。

科技理智德性是理智德性与道德理智德性的扬弃和超越,是具体的实践的理智德性或道德理智德性。科学知识应用的德性或科技理智德性的重要标志在于给人类带来福祉,否则就是对科技理智德性的践踏。

(二)直觉理性如何成为科技理智德性

既然科学知识是关于永恒不变事物的必然规律的知识,那么科学知识的终极根据即第一原理是如何可能的?

亚里士多德认为,第一原理是直觉理性的对象。[①]为什么第一原理是直觉理性的对象而不是其他理智德性的对象呢? 亚里士多德运用排除法,逐一考察五种理智德性,排除其中四个,然后考察余下的那个德性是否是获得科学知识第一原理的理智德性。其基本思路是:

(1)第一原理是真的根基,以永恒不变的事物为对象。第一原理不能证明,因为能够证明的原则需要以其他原则为前提,所以能够证明的原则不是第一原则。(2)第一原理不是科学知识的对象,因为科学知识是从第一原理开端的、能够证明的普遍必然性的知识。(3)第一原理不是哲学智慧的对象,因为哲学知识依靠对事物的证明,同时也要证明事物。(4)第一原理亦非技艺、实践智慧的对象,因为艺术和实践智慧是关于可变事物的研究。(5)在五种理智德性中,科学知识、哲学智慧、技艺、实践智慧都不能把握第一原理,只有直觉理性才有可能把握第一原理。

直觉理性的对象是第一原理,其使命是研究永恒不变之物的第一原理的知识。换言之,直觉理性是把握第一原理的理智德性,是第一原理的理智根据或认识起点。事实上,直觉理性只能确信人类公认的、可信度高的理性结论,而非个别人特殊偶然的直觉理性。或者说,直觉理性必须淘汰不符合普遍原则的个别的特殊的直觉理性。

直觉理性把握第一原理的实质在于,它是认识的起点,也就是直觉。正是靠

① See: Aristotle, *The Nicomachean Ethics*, translated by David Ross, revised by Lesley Brown (Oxford: Oxford University Press, 2009), p. 107.

这种具有神秘性质的直觉,科学知识才有了开端,并经过论证而成为普遍知识。但是,直觉理性是抽象空洞的,它本质上是理智的认识能力的开端,即直观的最高抽象,"理智按其概念是认识……直观只是认识的开始。亚里士多德的名言:一切知识都以惊奇开始,是同直观的这种地位相联系的"①。从本质上讲,认识起点的直觉理性,与道德起点的道德直觉是同一个直觉。在认知和行动的原初状态,二者是同一的原始直觉。这种同一的原初起点,可以在理论上区分为直觉理性与道德直觉,却不能在事实上将二者隔离为互不相干的两类直觉。实际上,直觉理性是有道德的认知直觉,道德直觉是有理性的行为直觉。因此,直觉理性与道德直觉所把握的第一原理,既是科学知识的第一原理,也是道德行为的第一原理。作为科学知识与道德知识的第一原理,直觉理性经过科学技术应当转化为实现人之为人的行动——为了达成人类或每个人福祉的理性行动和科技行动,即道德行为。也就是说,直觉理性既是理智德性第一原理的心理起点根据,也是道德德性第一原理的心理起点根据。由此看来,直觉理性是把握认识与行为的第一原理的理智德性。换言之,直觉理性是科技理智德性的逻辑起点,亦即原初的科技理智德性或抽象自在的科技理智德性。

(三)哲学智慧如何成为科技理智德性

既然第一原则是科学知识的第一原则,把握科学知识与直觉理性关系的理智德性是什么呢? 亚里士多德认为,它就是哲学智慧。作为沉思理智德性,哲学智慧是直觉理性与科学知识的综合与超越,②是超越科学知识和直觉理性之上的完满的知识整体。就是说,哲学智慧知道第一原则,把握科学知识,研究整体的完善知识。

在亚里士多德这里,哲学智慧不是研究动物或人等部分对象的部分智慧,而是关于最高对象的整体或全体的智慧。或者说,哲学智慧是知识的各种存在形式中最完善的知识体系。所以,只存在一种哲学智慧。拥有哲学智慧的人不受自己特殊利益的羁绊,致力于探究罕见、重大、困难、超乎常人想象、神圣而又没

---

① 黑格尔:《精神哲学》,杨祖陶译,人民出版社,2006,第263页。

② See: Aristotle, *The Nicomachean Ethics*, translated by David Ross, revised by Lesley Brown (Oxford: Oxford University Press, 2009), p. 107.

有实际用处的最完美事物的至善。有哲学智慧的人不仅懂得从第一原理推出结论,而且最大限度地拥有第一原理的真理。[1]哲学智慧追求的不是人性之善,而是神圣至善。因此,沉思理智德性本质上可以归结为哲学智慧。或者说,哲学智慧是沉思理智德性的完成,是真正的沉思理智德性,也是最高的理智德性,它优先于科学知识、直觉理性、技艺和实践智慧等。这也就意味着,哲学智慧与道德德性之间的鸿沟是最难逾越的。尽管如此,此鸿沟并非绝对不可能逾越。

在亚里士多德这里,哲学智慧是科学,但不是一般的科学,而是科学之科学,是形而上学。与实践哲学相比,哲学智慧是绝对抽象的知识整体,似乎没有实际作用。伦理学、政治学等是实践哲学,是有用的哲学。如果说哲学智慧是第一哲学,实践哲学至多是第二哲学。也就是说,哲学智慧优先于实践哲学。哲学智慧(理智德性)是至善或最高道德。是故,对亚里士多德而言,"理智德性是目的,而实践德性仅仅是工具"[2]。哲学智慧属于理智世界,而实践德性或道德德性属于经验世界,二者似乎毫无关系。那么,哲学智慧如何成为科技理智德性呢? 或者具有哲学智慧的道德德性(科技理智德性)如何可能呢?

究其本质,高悬云端的哲学智慧是对杂多万物进行最高抽象而概括出来的绝对普遍性,是一种貌似神圣权威实则空洞虚无的至善理念。因此,哲学智慧是哲学的逻辑起点,亦是人类哲学初始阶段的重要使命。不过,这样的哲学智慧只是哲学的一部分——最为抽象的思辨部分。作为无用的抽象的普遍性,哲学智慧是科学之科学,是科学知识的根基——这就是哲学智慧的无用之用,即普遍性。同时,哲学智慧的本性是综合(第一原理和科学知识)的能力,这种能力是一种把握整体知识的精神力量。如此强大地把握整体的力量,不仅仅是空洞的虚无,更是实现自己的坚定决心和应用知识的强劲力量。哲学智慧决心把自己实现出来,并有足够的力量把自己实现出来。因此,哲学不能也不会仅仅停留在无用的抽象阶段,其更为重要的使命是运用普遍的"一",把握万物的杂多(分门别类甚至定量定性的研究)及其具体实践。当哲学的无用部分(哲学智慧)与具体领域(实践哲学)相融合之时,其巨大的生命力量就会奔涌而出,这就是哲学智慧

---

[1] See: Aristotle, *The Nicomachean Ethics*, translated by David Ross, revised by Lesley Brown (Oxford: Oxford University Press, 2009), p. 107.

[2] Bertrand Russell, *The History of Western Philosophy* (New York: Simon & Schuster, 1972), p. 179.

的有用之用。哲学之大用在于,它既实现其无用之用(理智),更实现其有用之用(德性)。

真正的哲学智慧既具有理论力量的抽象思辨之用,也具有实践力量的具体行为之用。在气象万千、丰富多彩的生活世界中,哲学智慧的"一"在各个领域的"多"中,经过具体实践进程,把抽象的至善转化为道德具体领域的应当,也把自己从沉思理智德性提升为有理智的道德德性——科技理智德性。

综上所述,沉思理智德性与实践理智德性并非毫无关系,也不仅仅是"一"与"多"的相互对立。实际上,沉思理智德性是理智德性的普遍性,实践理智德性是理智德性的特殊性,科技理智德性则是理智德性之普遍性与特殊性的具体统一。质言之,科技理智德性是把理智德性落实为生活世界的具体实践或有关行动的伦理德性。

第二节　科技理智德性的内涵

在人类社会中,只有少数人能够理解或运用科学技术,大部分人由于受到个人或环境等条件的各种限制,并不能真正理解或运用科学技术,遑论高新科技。然而,科学技术尤其是高新科技却深刻地影响并改变着每个人的生活图景乃至世界历史进程,也强劲地呼唤着科技理智德性的出场。那么,何为科技理智德性呢?

科技理智德性不是传统的道德德性,而是理智应用科技的实践德性或科技自身所应当具备的实践德性。也就是说,科技理智德性是理智把握、运用科学技术以达成平等、自由的实践德性,是理智的认知与实践相统一的德性。换言之,它是以追求平等、自由为根本使命的德性。不过,这种伦理直觉需要论证。

一、平等:科学之理智德性

平等既是经验科学从哲学中独立出来的价值诉求,也是经验科学冲破意见或谬误的重重遮蔽,进而彰显出的科技理智德性。

古希腊时期,哲学(或辩证科学)是第一高贵的知识体系,经验科学只不过是一种不可靠的意见。在古希腊的知识体系中,近代经验科学只属于历史与资料。"和我们通常的科学概念相应的东西,他们至多理解为一种可以在其基础上从事制作和生产活动的知识。古希腊人把这种知识称为生产性的知识(poietike epis-teme)或技术(techne)。"[①]古希腊人主张技术科学(大致类似今天的经验科学)是意见,而非知识或真理,认为它只是奠定在极不可靠的假设之上的。柏拉图说:"辩证科学所研究的可知实在,要比从纯粹假设出发的技术科学所研究的东西更明晰。技术科学研究实在时虽然不得不通过思想,而不通过感官,但是它们并不追溯到本原,只是从假设出发。"[②]就是说,技术科学不具有真理的理智德性,只有包罗万象的科学知识整体(哲学智慧)才具有求真的理智德性。这也是亚里士多德对科学知识、哲学智慧等理智德性的理解。古希腊哲学奠基在无限的求知本性上,与今天所说的经验科学有天壤之别。不过,经验科学与古希腊哲学又是一脉相承的。经验科学的基础正是"柏拉图以来称作哲学的古希腊思想"[③]。就此意义上讲,古希腊的生产性知识或技术是经验科学与技术的雏形,是潜在的科学技术。

现代经验科学在17世纪诞生于欧洲,并逐步拓展到整个世界。时至今日,随着科学的巨大进步,我们有足够的理由质疑古希腊的这一教条:哲学科学意义上的"科学即绝对和全部的认识"[④]。由于科学与技术共生共存,关系密切,人们常常把科学技术并用,甚至对二者不予明确区分。不可否认,科学与技术又有所差异。没有转化为技术或没有技术支撑的科学是一种理论的抽象知识,缺少技术(如计算机、望远镜、测量仪器等)支撑的科学知识,"只建立在思想和猜想之上……这样的科学和希腊时期的思辨科学相比并没有什么不同"[⑤]。尚未应用的科学停留在理智的沉思阶段,并未成为推动历史进步和人类实践的技术力量。可见,它的古希腊形式就是科学知识、直觉理性或哲学智慧,即求真的理智德

① 伽达默尔:《科学时代的理性》,薛华等译,国际文化出版社公司,1988,第5页。

② 北京大学哲学系外国哲学史教研室编译:《西方哲学原著选读》(上卷),商务印书馆,1981,第93页。

③ Martin Heidegger, *The Question Concerning Technology and Other Essays,* translated and with an Introduction by William Lovitt (New York and London: Garland Publishing, INC., 1977), p. 157.

④ 莫里斯·梅洛-庞蒂:《知觉的世界》,王士盛、周子悦译,江苏人民出版社,2019,第10页。

⑤ 布莱恩·阿瑟:《技术的本质:技术是什么,它是如何进化的》,曹东溟、王健译,浙江人民出版社,2014,第68页。

性。^①它寻求把握问题与解决该问题原理之间的桥梁,有时候依赖从潜意识中涌现出的灵感,这其实就是把握第一原理的能力——直觉理性。^②科学原理的实践,必须依赖其他设备、方法、理论或功能。这就需要把科学原理落实到具体的有目的的技术应用领域之中,也就是把"真理"落实到实践之中,这正是经验科学的本质所在。值得注意的是,虽然真理还不是德性,但它是德性的逻辑前提。也就是说,科学真理的客观规律不等于德性,但它蕴含的价值诉求则是科学面前人人平等。这种平等不受出身、地位、权威等因素的影响,不因特殊性、个别性而有所不同,因为没有仅仅属于个别人或部分人的科学知识。经验科学追求的真理是具有普遍性、必然性的客观规律,是公共的可以传授的理论知识,是人人可以学习的理论知识。质言之,科学知识求真的本性是对平等的价值诉求。或者说,经验科学的德性是真理实践中的平等。

科技理智德性的平等,被遮蔽在前科学技术或非科学技术的冷门技巧的萌芽之中,并在与之争斗中脱颖而出。神秘的前科学技术(如独门绝技、家传秘方、占星术、面相学、算卦、命运预测等)与科学具有一定关系,却又有本质差别,它属于个别人,服务于个别人。前科学技术为个别人所专有而拒斥人人共有,它主要靠个人的体悟、经验甚至灵感等发挥作用。前科学技术不可传授,不可言说,具有偶然性、神秘性、经验性,结果产生的主要是谬误或意见而非真理。前科学技术不可传授的神秘性,导致它自觉或不自觉地囿于狭小领域,甚至可能积极主动地把某项技艺或经验限制在极其狭小的范围内(如传男不传女的陋习等)。掌握这些神秘意见或技术的个别人,对于其他人具有一种特殊权威或优势地位。这就助长了主奴关系与等级地位,成为一些人奴役另一些人的工具或手段。其本质是遮蔽真理,服务特殊人群而不是所有个人,显然,其内在的价值诉求是不平等。只有科学取代神秘的非科学,否定虚幻臆想的谬误、意见或虚假的东西所导致的不平等,才可能敞开其本真的价值意蕴——平等。可以说,平等是经验科学冲破意见或谬误的重重遮蔽,彰显出的科技理智德性。

值得注意的是,从表面看来,与神秘的前科学技术类似,科学知识尤其是高

---

① See: Aristotle, *The Nicomachean Ethics*, translated by David Ross, revised by Lesley Brown (Oxford: Oxford University Press, 2009), pp. 102–117.

② See: Aristotle, *The Nicomachean Ethics*, translated by David Ross, revised by Lesley Brown (Oxford: Oxford University Press, 2009), p. 107.

深的科学知识也掌握在少数人手中或者只有少数人能够掌握科学知识。不过，这种情况是人的禀赋、修养、教育等差异所导致的后果，并非科学知识的德性或本质。从根本上讲，科学借助或利用技术展现其普遍性、公开性、可重复性，可以服务于每一个人，也是每一个人通过专业训练可能获得的知识，这就是其平等德性：适合每个人而不是一部分人或一个人，秉持人人平等的实践德性。这是神秘的前科学技术所不具备的价值追求。

经验科学的平等德性，需要借助或利用技术予以实现。科学从无所不包的科学之科学的哲学中独立出来的过程，同时也是从技术中独立发展出来的过程。独立的科学知识或科学原理的使命是改善技术，推动技术进步，促进新技术面世。可以说，"科学不仅利用技术，而其是从技术当中建构自身的"[1]。科学通过技术探索自然，提供观察对象的知识、理论、方法。当技术试图实现经验科学的平等德性时，理智在技术实践中扬弃科学平等的抽象性，使之否定自然外在的必然限制，确证自由的科技理智德性。质言之，自由正是技术的科技理智德性。

二、自由：技术之理智德性

通常认为，科学是技术的根本原理，技术是科学的具体应用。实际上，科学与技术互为体用，同生共存。科学的核心结构（仪器、方法、实验等）是技术，技术的灵魂是科学知识或科学原理。或者说，科学是技术的形式，技术是科学的质料。技术潜藏着科学的实践诉求，也是科学之平等德性的实现路径。这意味着，在科学实践中，技术把平等具体为自由。换言之，自由是技术之科技理智德性。

技术蕴含着科学的求真精神，是科学的萌芽或自在状态。技术（尤其高新技术）是理智运用科学知识，有目地改造某种现象并予以实践的途径方法。或者说，技术是理智的认知成就（科学真理）及其平等德性的实践路径。就此意义上讲，"技术的伦理意义在人类目的中具有核心地位"[2]。如果说科学是在技术基础

---

[1] 布莱恩·阿瑟：《技术的本质：技术是什么，它是如何进化的》，曹东溟、王健译，浙江人民出版社，2014，第67页。

[2] Hans Jonas, *The Imperative of Responsibility: In Search of an Ethics for the Technological Age*, translated by Hans Jonas and David Herr (Chicago and London: Chicago University Press, 1984), p. 9.

上建构的理论知识,那么"技术是从科学和自身经验两个方面建立起来的"①。从时间上看,先有古代技术的需求与出现,后有近代经验科学的诞生与发展。从本质上看,技术的出现可以归结为相互重叠的两大路径,它可能肇始于链条的一端,源于一个给定目的或需求,然后发现一个可以实现的原理。或者,它也可以发轫于链条的另一端,从一个通常是新发现的现象或效应开始,然后逐步嵌入一些如何使用它的原理。②这里的原理指科学知识。新技术把原理转译成工作原件之后,就基本完成了自己的使命。技术离不开科学原理,又具有自身独特的目的和价值。缺少科学原理的技术不具有平等价值,也不可能一以贯之地真正具备科技理智德性范畴的自由。这是因为,缺少科学原理支撑的技术具有较小程度的自由,但是隐含着更大程度的不自由。理智借助技术这种实践路径,把科学原理的平等之善转化为改变人类自身及其境遇的实践力量,进而实现自由之善。

技术是奠定在(科学)平等基础上的自由实践路径,它具有消极自由、积极自由两个层面。技术应用必须限制在经验的自然领域,不得僭越技术自身的限度,这是技术的消极自由。技术主体(主要指人类)根源于自然,也是自然的有理智的部分,因而应当与自然融为一体。在自然与技术的问题上,人类往往更加信赖自然而非技术。这是为什么呢? 对人类而言,"技术是对自然的编程,是对自然现象的合奏和应用,所以在最深的本质上,它应该是自然的,是极度的自然,但它并不使人感到自然"③。技术不是本然的自然,而是理智改造自然的理智化自然或人工自然。这就使技术不具有自然的客观性、必然性、可靠性,而具有人工或理智影响的主观性、偶然性、可变性。由于技术是人类自身的产物而非自然,所以不信任技术,本质上是不信任人自己。这是理智有限性、脆弱性体现出的德性危机,是理智不信任理智的一种自觉的自我节制、自我限定,也是人类理智自我警示、自我保护的本质诉求。设若超过经验的自然领域这个限度,把技术运用于其他领域(如康德所说的超验领域的灵魂、上帝、意志等,又如隐私权、人格权、祛

---

① 布莱恩·阿瑟:《技术的本质:技术是什么,它是如何进化的》,曹东溟、王健译,浙江人民出版社,2014,第68页。

② 参见:布莱恩·阿瑟:《技术的本质:技术是什么,它是如何进化的》,曹东溟、王健译,浙江人民出版社,2014,第123页。

③ 布莱恩·阿瑟:《技术的本质:技术是什么,它是如何进化的》,曹东溟、王健译,浙江人民出版社,2014,第239页。

弱权等），也就悖逆了科技理智德性。当今时代，个别科学家试图改变、修正或创造人类基因时，常常被指责为试图充当上帝。这在很大程度上是因为此类行为危害了科技理智德性。为此，技术消极自由的基本规则要求：技术不得僭越经验的自然领域，不得危害人性平等。

理智在运用技术以克服自然限制的消极自由的过程中，彰显出技术的积极自由。从表面看来，技术似乎仅仅是人类连接现象或关联自然与自身的工具。究其实质，技术并非盲无目的的纯粹工具，而是理智自觉实现其德性的实践。理智是一种否定自然的能力，是人类扬弃自然的自由精神。理智把目的渗透到对象之中，使之成为指向特定目的并拥有特定功能的技术物。其实，技术物（如钟表、锤子等）"自身根本不具有目的，只有其制作者或使用者'拥有'目的"[1]。或者说，技术具备技术物之工具性体现的客观功能，也具有理智之潜在的主观目的。当理智运用技术达成目的时，技术的本质也就借此呈现出来。用海德格尔的话说，技术是一种解蔽的方式，"如果注意到这一点，那么技术本质的另外一个领域将完全敞开。这就是解蔽的领域，即真理的领域"[2]。技术的解蔽与开显，亦是真理或无蔽的出现。如果这种关系面向技术本质而敞开人类的存在，这种关系就是自由的。也就是说，技术摒弃偶然经验狭隘的奇技淫巧（如巫术、占卜、读心术等），运用科学知识改善、促进技术自身的进步。在否定自然必然的限制或狭隘经验的误导中，在对科学知识的丰富、完善和实践检验中，技术彰显出相对于自然的积极自由品格。技术通过科学探索自然，提供给每个人知识、理论、方法，把科学知识落实为改变自然和人的自由实践。质言之，技术运用科学，促进科学，使科学的平等德性在人类理智的实践中具体化为伦理生活的自由。可见，技术不仅仅是工具，还是追求自由的理智实践活动。这就是技术的积极自由德性。

如果说人是有限的理智存在者，那么技术时代的人则是借助技术改变自身和他者的自由的理智存在者，因为"人不是直接去适应环境，而是借助于技术去适应环境。人最初只是自然的一个产物，后来成为'其自然状态的创造者和主

---

[1] Hans Jonas, *The Imperative of Responsibility: In Search of an Ethics for the Technological Age*, translated by Hans Jonas and David Herr (Chicago and London: Chicago University Press, 1984), pp. 52–53.

[2] Martin Heidegger, *The Question Concerning Technology and Other Essays*, translated and with an Introduction by William Lovitt (New York and London: Garland Publishing, INC., 1977), p. 12.

体'"①。从人与技术的关系来看,没有人类,就没有技术;没有技术,也不可能有真正的人类。在技术应用中,既要避免技术误用,又要禁止技术滥用(消极自由),应当持之以恒地坚持技术的正当应用(积极自由)。这就是技术的科技理智德性,即自由。

科技理智德性不但是平等(认知层面的科学的德性),而且是自由(实践层面的技术的德性)。如果平等与自由得以实现,那么理智的根本目的——人性尊严也就呼之欲出了。这也意味着,尊严应当是高新科技知行合一的科技理智德性的目的。

科技理智德性的追问既是解决人类生活世界面临的诸多高新技术伦理问题的内在要求,也是科技伦理学的历史使命。如果说人类理智是高新技术之根本,那么高新科技则是人类理智之成就或人类理智力量之定在。科技理智德性是理智通过认识原理(科学)及实践路径(技术)达成平等、自由的伦理德性。因此,科技理智德性不能仅仅停留在形上沉思或理论思辨层面,而应该理智地善用高新科技,致力于延长人类生存发展的时间,拓展人类生存发展的空间,把平等、自由落实为具体的科技方案和伦理行动,为实现人类平等、自由提供精神力量和德性引领。就此而论,科技理智德性既是科技的内在本质诉求,又是人类理智追求至善的精神力量与实践品格。

第三节　科技理智德性实践

科技理智德性是人类理智运用科学技术的德性或科学技术自身所应当具备的实践德性。也就是说,科技理智德性是理智把握、运用科学技术以达成平等、自由的德性,是理智的认知与实践相统一的德性。换言之,它是以追求平等、自由为根本使命的德性。②

① 库尔特·拜尔茨:《基因伦理学:人的生殖技术化带来的问题》,马怀琪译,华夏出版社,2000,第107页。
② 有关应用德性的论述,请参见任丑:《应用德性论及其价值基准》,《哲学研究》2011年第4期,第108-113页。

在帕菲特看来，"作为宇宙的一部分，我们属于开始自我理解的那一部分。我们不但能够部分地理解事实之真，而且能够部分地理解应当之真，或许我们能够真正地实现这种理解"①。理解"事实之真与应当之真"固然重要，实践"事实之真与应当之真"也同样重要，甚至更为重要。科技理智德性的实践问题就是科学技术的事实之真与应当之真的实践问题。此问题可以归结为如何应对科学技术所蕴含的两大矛盾：差别与平等的矛盾、必然与自由的矛盾。

一、差别与平等的矛盾

科学技术的应用，尤其是高新科技的应用，使人与万物的差别越来越大。这种差别对科技理智德性的平等理念提出了挑战。那么，科技理智德性如何理智地对待差别与平等的矛盾呢？

科学技术是理智把握人与万物之区别与联系的实践路径。一方面，科学技术致力于人与万物的区别，使人从万物中分离并独立出来，进而确证人的主体地位。另一方面，科学技术力图把握人与万物的联系，使人与万物处在共同的体系之中。其实，科学技术在把握人与万物联系的过程中，更为深刻地诠释出人与万物的巨大差异，也因此更为有力地确证人与人的平等。这是为什么呢？

人是机器的观点典型地体现出人与万物的联系。在拉·梅特里看来，人的身体是一架精密巧妙的钟表，"人是机器"②。如果说这种机械论观点只是从外在类比的角度论证人是机器，那么基因机器论则试图从科学角度确证这一观点。DNA双螺旋结构发现者之一弗朗西斯·克里克（Francis Crick）以及理查德·道金斯等人认为，人类和所有生物"都是基因创造的机器"③。道金斯说："我们是生存机器——一种被盲目地输入程序以便保存基因的机器人载体。这是一个依然令我震撼惊异的真理。"④21世纪以来，一些合成生物学家如文特尔等把合成生命称为基因工程的机器。如此看来，人是机器的原因似乎很简单，"人也是由各种物

---

① Derek Parfit, *On What Matters*, Volume Two (Oxford: Oxford University Press, 2011), p. 620.

② 拉·梅特里：《人是机器》，顾寿观译，商务印书馆，2009，第70页。

③ Richard Dawkins, *The Selfish Gene* (Cambridge: Cambridge University Press,1976), p. 2.

④ Richard Dawkins, *The Selfish Gene* (Cambridge: Cambridge University Press,1976), p. XXI.

理化学机制构成的,当然是机器了"①。如今,高新科技成功揭示了物质与信息、生命与非生命、自然与人造物品、有机与无机、创造者与被造物、进化物与设计物之间的联系,也因此改变并模糊了它们之间的界限,更为深刻地诠释了万物之间的密切联系。

究其实质,这种人与万物的联系意味着人与万物的根本差异。假如我们认同人是机器的观点,那么机器与人是否完全相同呢? 显而易见,人与机器具有本质差异。拉·梅特里也认为,虽然"人是机器,但是他感觉、思想、辨别善恶……他生而具有智慧和一种敏锐的道德本能,而又是一个动物。这两件事是并不矛盾的……思想和有机物质绝不是不可调和的,而且看来和电、运动的能力、不可入性、广袤等等一样,是有机物质的一种特性"②。可见,人有其独特的属性,人与其他事物具有根本的差异。

从根本上讲,只有人类这种理智动物才是这种联系的根据,其他事物只是接受理智安排的被动接受者。人是科学技术的本源,是研究或运用科学技术以便发展、完善人类自身的存在者。科学技术及其产物是人这个本源的派生物,是出自人类理智的合乎人类目的的衍生物。其他事物在被理智区别中与理智相分离,在被理智联系中与理智相联系。由此看来,人与万物的区别与联系都是理智的产物。这其实是人与万物更深层的差异,因为它包括了区别与联系的双重差异。不过,这种双重差异也正是平等的可能根据。

科学技术带来的人与万物的联系与差异,蕴含着理智所追求的人与人在价值层面的平等。或者说,平等应当是应用理智德性的基本诉求,其前提是高新科技带来的人与万物的巨大差异与密切联系。科学技术在加剧人与万物的差异和联系的同时,彰显出人类理智对于万物而言的人与人的平等。这就是说,人类通过科学技术对万物的理解、利用、控制甚至改造等实践行为,使人的普遍权利如生育权、生命权、教育权等得到切实保障,使人人平等地与万物区别开来。科学技术带来的人与万物的事实层面的差异与联系,其本质和目的则是价值层面的人人平等。反之,科学技术越低下,人与万物的差别与联系就越小,人的共同权利越得不到保障,人与人就越不平等(如科学技术低下时代的奴隶与奴隶主、臣

---

① 尼克:《人工智能简史》,人民邮电出版社,2017,第195页。
② 拉·梅特里:《人是机器》,顾寿观译,商务印书馆,2009,第70页。

民与皇帝之间的不平等)。可见,平等是理智通过科学技术(所揭示的人与万物的差异与联系)实现人类共同价值的目的,科学技术(带来的人与万物的差异与联系)是理智实现平等价值的途径、手段或桥梁。简言之,人与万物的差异与联系是人人平等的可能条件,人人平等是人与万物的差异与联系之价值目的。

人与万物既有区别,又有联系。人与万物的联系与区别是二者得以可能的条件,因为(1)人与万物的区别是人之为人、万物之为万物的本质规定;(2)人与万物的联系是人之为人、万物之为万物的共同根据。如果人与万物只有联系没有区别,或只有区别没有联系,那么物将不成其为物,人将不成其为人。结果,可能存在的只是毫无意义的混沌或虚无。事实上,差异与联系互为前提,不能通过消除差异达到联系,因为消除了差异,也就消除了联系的根据。反之亦然。然而,这并不意味着差异与联系不重要。相反,差异与联系的价值在于人人平等。平等不是消灭差异,也不是放任差异而置之不理。平等的基本要求是,在平等与差别发生冲突的时候,应当秉持平等优先的原则。

对科技理智德性来说,平等就是科学技术带来的差异的本质规定和价值目的。就是说,科技理智德性不能消除差异,应当扬弃事实层面的区别,追求价值层面的平等优先原则。当科学技术尤其是高新科技带来的人与万物的差别与人人平等价值观发生冲突时(如智能机器人、人造生命、克隆人技术等问题),应当始终如一地秉持平等优先的原则。换言之,科技理智德性的底线要求是,科学技术的发展不能危害人人共同享有的正当权利。

值得注意的是,这里所说的平等主要是指相对于万物而言的人人平等。科学技术使人与人的平等越来越有力地落到实处,同时也使人与人的差别越来越大。与前高新科技时代相比,高新技术加剧了人与人的差别,使人越来越成为高新科技的依赖者,甚至有可能成为高新科技的奴隶。比如,理智越强,经济收入越高;经济收入越高,越有条件增强理智能力。反之,理智越弱,经济收入越低,越缺少增强理智的经济后盾。如此一来,人类增强者与普通人之间的理智、经济、社会地位等的差距也就日益增大。更为严重的是,高新科技带来的不平等远远超出个人能力的范围。从根本上讲,这些问题是高新科技带来的必然与自由的冲突所致:科学技术(如性别控制、生物合成、人造生命、神经科学、人工智能等)使人获得相对于万物的人人平等,同时也可能使人陷入技术奴役或技术灾难的必然限制之中。是故,科技理智德性需要理智地应对必然与自由的矛盾。

二、必然与自由的矛盾

科学技术是理智试图突破必然限制的自由途径。在人类历史范围内,人类理智不可能完全充分地实现其能力。这就意味着,人类理智始终处在试图突破必然限制的征途之中。科学技术似乎别无他途,只能一往无前。

迅速发展的高新科技带来便捷安全的生活方式,大幅度提升了人类降低风险、改变当下、预测未来的自由度。与此同时,高新科技可能或事实上已经侵犯个人隐私、阻碍社会进步,甚至危及人类发展,使人类在一定程度上沦为必然规律的奴隶。那么,理智如何理智地对待高新科技带来的必然与自由的矛盾呢?

(一)理智对任性的节制

高新科技时代,人虽然不再是自然的奴隶,却可能成为高新科技的附属物,甚至是碎片化的数据。高新科技既是理智对必然的认识、理解与实践的自由途径,也是理智陷入必然困境的主要途径。就是说,高新科技能给人类带来高度自由,也能使人类陷入必然规律的泥潭,甚至把人类迅速推入绝境。赫拉利从生物工程的角度提出了这种预设。他认为,"生物工程并不会耐心等待自然选择发挥魔力,而是要将智人身体刻意改写遗传密码、重接大脑回路、改变生化平衡,甚至要长出全新的肢体"[1]。与生物工程相比,半机械人工程则是让人体结合各种非有机的机械装置,例如仿生手、仿生眼、纳米机器人等。有机身体的所有部分只有紧密相连才能发挥作用,如果具备仪器连接半机械人的大脑和足够快速的网络,半机械人就能够在同一时间出现在不同的空间。[2]虽然半机械人的某些能力超出有机身体,但是半机械人依然以有机的人类大脑作为生命的指挥和控制中心。如果技术再往前推进,神经网络由智能软件取代,这就意味着它可以同时活在虚拟与真实世界,摆脱有机化学的限制,彻底抛弃有机部分,打造完全无机的

---

① 尤瓦尔·赫拉利:《未来简史:从智人到神人》,林俊宏译,中信出版社,2017,第38页。
② 参见:尤瓦尔·赫拉利:《未来简史:从智人到神人》,林俊宏译,中信出版社,2017,第39页。

生命。无机生命代替有机生命之后,生命或许能够离开地球,未来银河帝国的领导者有可能是"数据先生"(Mr. Data)。[1]生物工程与人工智能的融合似乎把人带入不可抗拒的科技产品(如数据先生等)的必然奴役之中。这就是理智的极限可能带来的后果——人变为数据的奴隶或数据彻底取代人。从表面看来,这是理智自由地把理智自身推进必然消亡的绝境。实际上,这是理智任性(即理性不受限制地率性而为、任意而行)带来的必然恶果。如果对其不加限制,任由发展,理智必然天马行空,毫无顾忌地追求无限度的超越,直至把自己推进彻底泯灭的深渊。这是理智不理智地消除了理智,或者说,理智运用高新科技无限发展理智,却最终消灭了理智。因此,理智应当对运用高新科技的任性予以限制:高新科技的应用发展不得危害人类的生存发展。这种限制是理智自由的第一要素,其本质要求是理智不得危害理智自身。

(二)理智对必然的突围

在人工智能的发展过程中,图灵提出了一个重大问题:机器能思维吗?[2]此问题的重要价值在于,机器可否从节省体力转向提高智力?人工智能的发展给出了肯定的答案:"过去的机器旨在节省人的体力,现在的机器开始代替人的智力。"[3]人工智能最初主要关注人类的左脑能力,如理性能力、把握规则的能力等,目前已转向研究人类的右脑能力,如好奇心、直觉、创造性等。尤为引人注目的是,人工智能业已明确地指向人类理智的开发研究与应用。实际上,这是人类理智借助高新科技突破必然限制、实现自由的外在体现或确证。

如果说人工智能是人类借助外部机器对体力、理智的提升而实现自由,那么生物工程则是借助生殖技术与生物技术改变人类自身的存在形式而实现自由。第一个试管婴儿诞生(1978年7月)标志着人类繁殖的技术革命,它表明:一个迄今一直在人体的黑暗中发生的过程,不但被带到了实验室的光明之中,而且还被置于技术控制之下,它就超越了通常意义上的技术进步;同时,它又只不过是一次发展的开端;在这一发展之中,人的整个繁殖过程的每一步骤,都将会被一个

---

① 参见:尤瓦尔·赫拉利:《未来简史:从智人到神人》,林俊宏译,中信出版社,2017。
② 参见:尼克:《人工智能简史》,人民邮电出版社,2017,第251页。
③ 尼克:《人工智能简史》,人民邮电出版社,2017,第226页。

接一个地从技术上加以掌握。20世纪人类基因组计划（Human Genome Project，HGP）完成后，生命科学进入"后基因组时代"。[1]辛西娅是一个由合成基因组控制的细胞，具有自行复制的能力。至此，由计算机或其他机器控制的人造物不再仅仅是科幻主体，而是影响人类历史的生活世界的真实主体。

合成生物与人工智能相似的是，都具有人的理智设计和控制的内在目的。实际上，这是人类理智借助高新科技突破必然限制的自由体现或确证。如果说（1）合成生物学、基因工程等立足人体系统，探究人与外界的联系，追问人与机器的联系，试图把人归结为机器；（2）人工智能等立足非人体的机器或自然实体，如机器人等，探究外界与人的联系，追问机器与人的联系，试图把机器归结为人，那么（3）人类增强技术等则试图把有机与无机、理智与身体综合起来，打造一种综合机器与人的机械力量和理智力量完美结合、突破既有限制的强大的超人。换言之，高新科技已经把人的出生、生活、死亡的过程置于理智突破必然限制的自由历程之中。由此看来，高新科技的部分目的是节省体力，部分目的是提升理智的思维能力，根本目的则是理智对必然限制的不断突破，实现人的自由。是故，高新科技应当以自由为目的，它限制任性，突破必然，实现理智之自由。

（三）理智对任性与必然的扬弃

无论科学技术如何发展，必然规律依然是人类不可能完全摆脱的宿命。因为当人类彻底摆脱必然规律的时候，也就是人类不再是人类之时，或人类被其他物种取代之时，即人类历史终结之时。换言之，理智只有在必然规律之中，才是真正的理智，才可能具有真正的自由。

理智知道其知，也知道其无知。理智知道，其无知是对事实的无知，它坦诚认可或自觉承认其不可能把握绝对真理。这是因为"我们拥有一个不确定性世界。每项选择、每种决定都是我们对过去、未来、境遇和我们自身的极其无知的反抗"[2]。实际上，全部所知是指，知与无知共同构成的整体之知。不确定性世界

---

[1] 文特尔给这个人造生命体取名"辛西娅"（synthia）——它取自英文"合成"（synthetic），并称它是第一个以计算机为父母的生命。

[2] Michael J. Zimmerman, *Living with Uncertainty: The Moral Significance of Ignorance* (Cambridge: Cambridge University Press, 2008), p. ix.

提供给理智的是理智的自由与必然。无知是理智的实践边界或禁区(不确定性的世界部分、自由领域、宗教领域等),所知(确定性的世界部分、必然领域、经验科学等)是理智的实践领域或允许领域(本质上也是不确定性世界的一种相对确定领域)。混淆这两个领域就是理智的任性。尊重这两个领域就是对任性的扬弃,也就是自由。

自由的前提是高新科技所具有的不可更改的必然。也就是说,必然是自由的前提,理智不能通过消除必然达到自由,因为消除了必然,也就消除了自由诉求的根据。这是因为,必然是自由的另一面,反之亦然。既然理智不能消除必然或自由,那么就应当理智地处理必然与自由之间的关系。罗素曾在《哲学问题》中主张,把确定性知识归于具体科学,把不确定性领域归于哲学。哲学的使命是怀疑、批判不确定性,进而提高理智心灵的崇高和精神的素养。①理智的自由把必然作为实现自由的途径。或者说,必然的本质或真理是自由,自由是必然的目的。是故,理智的自由是科学技术不得进入其禁区,而应当仅仅在其允许的领域进行实践。就是说,理智的自由是限制任性与突破必然相统一的自由。

结语

茫茫宇宙中,唯有人类历史才是科技理智德性的存在根据和价值基础。如果人类历史永恒不变或者人类历史没有开端与终结,那么科技理智德性也就没有存在的理由与根据。设若人类历史肇始于B,终止于E,那么科技理智德性就处在B与E之间的生命历程之中。离开B与E之间的区域或终止这个区域,科技理智德性也就毫无意义可言。也就是说,人类历史既为科技理智德性提供存在根据,又赋予科技理智德性以价值意义。

有鉴于此,科技理智德性实践的重要使命是,理智地运用科学技术维系人的同一性与差异性的统一连续性,扬弃差异、必然,提升平等、自由,昌明人性光辉与科技良知,积极推动人类历史在扬善弃恶的辉煌航程中奋勇前行。

① 参见:罗素:《哲学问题》,何兆武译,商务印书馆,1999,第128-133页。

第九章

科技的人性尊严

　　科技的人性尊严指科技应用的直接目的范畴的人性尊严。科学技术实现人类时空的高度解放,为扬弃差别提供了强大的平等力量,为突破必然限制提供了空前的自由力量。与此同时,差别与平等、必然与自由的矛盾也最终集中体现为卑微与尊严之间的矛盾。如果说科学是理智追求知识原理(真理)的平等路径,技术是理智运用原理的自由途径,那么理智则是在技术实践中运用或发现科学原理以便达成其尊严的能力。尊严作为科技伦理治理的伦理目的具有重要的价值引领力量。不过,只有把握尊严理念的论争,探究尊严理念的精神,才能真正进入科技目的范畴的尊严。

第一节　尊严理念的论争

　　科技伦理治理的权利价值(祛弱权、增强权)是基于自由的正当诉求,祛弱权、增强权的伦理目的则是人性尊严。如果说祛弱权是平等权利,那么增强权则是差异权利。尊严的论证也是围绕平等与差异展开的。

　　20世纪中叶,尊严和人权同时写进《联合国宪章》和《世界人权宣言》。从此,尊严和人权就成为两项普世性的法律原则和伦理准则。尊严理念也随之成为人权视域中聚讼纷纭的国际性话题,尤其是尊严和人权的地位问题。

　　围绕尊严展开的激烈论争,主要集中在尊严平等和尊严差异的对立上。与此相应,形成了尊严平等论和尊严差异论两类尖锐对立的观点。这两类观点的颉颃彰显了尊严的内在矛盾,同时也暴露出尊严的内涵、尊严和人权的地位等问题的模糊不明。这样一来,从尊严的内在矛盾冲突中把握其内涵,基此厘清尊严和人权的关系和地位,就成为紧迫的理论要求和现实使命。

　　尊严平等论主要有两种理论模式:内在尊严说(或尊严基础论),认为尊严是人人自身所固有的绝对的不可丧失的内在价值,人权"源于人自身的固有尊严";权利尊严说(或人权基础论),主张人权是尊严的基础,尊严是源自人权的人人享有的不受侮辱的权利,它是后天获得的,因而也是可以丧失的。

一、内在尊严说

　　内在尊严说即尊严基础论认为,尊严指每个人生而具有的内在价值或本质(理性、自由、思想等)。[1]它体现了每个人作为人类中的一员所具有的不可剥夺的人性的内在价值和尊严,并因此成为人权的根源。

　　内在尊严说有着深厚的理论根基和历史渊源。早在古希腊罗马时期,斯多葛学派就认为尊严是人拥有理性能力并能洞悉宇宙秩序的人性的至高价值。塞涅卡把人性尊严和人本身联系起来,认为人本身具有作为无价的内在价值尊严。这一思想在基督教中得到进一步发展。在基督教中,个人被看作从上帝那里获得内在价值的存在。圣·奥古斯丁和随后的许多神学家都认为,人是按照上帝的形象创造的,因此,每一个人都具有内在价值且神圣不可侵犯。[2]尊严理念在文艺复兴时期逐渐摆脱上帝的羁绊而归结到人性尊严。意大利的皮科在《论人的尊严》中提出,在一切生灵之中,上帝只赋予人自由意志和不被规定性,所以人最有尊严和价值。[3]17世纪法国著名科学家、哲学家帕斯卡明确主张,不是上帝而

---

① See: Deryck Beyleveld and Roger Brownsword, "Human Dignity, Human Rights and the Human Genetics", in *Working Papers, Reseach Projects*, Vol. III (Copenhagen: Centre for Ethics and Law, 1998), p. 38.

② See: J. D. Rendtorff and Peter Kemp (eds.), *Basic Ethical Principles in European Bioethics and Biolaw*, Vol. I, Printed in Impremata Barnola, Guissona(Catalunya-Spain), 2000, pp. 32–33.

③ 参见:周辅成编:《从文艺复兴到十九世纪资产阶级哲学家政治思想家有关人道主义人性论言论选辑》,商务印书馆,1966,第33-34页。

是思想构成伟大的人性和尊严的基础,"我们的全部尊严就在于思想"①。这种奠定在思想、理性、自由基础上的人性尊严的观念在康德那里得到新的综合。康德认为人因为具有自律的意志而拥有不可剥夺的内在价值的尊严,所以"自律性就是人和任何理性本性的尊严的根据"②。这样一来,作为内在价值的尊严的思想就成为把尊严作为人权基础的思想的哲学根据。

一方面,它直接成为现当代内在尊严观的哲学基础。肖克恩霍夫明确主张:源自尊严和义务的人权是所有人的需求,人权必须限定在以生命自由和人性尊严为绝对前提(预设)的范围内。③F.克鲁格也说:"'尊严'概念取代上帝或自然而成为不可剥夺的权利的基础,这完成了自然权利向人的权利的转变……权利的根据在于所有人共同具有的基本的人性尊严。"④与尊严相比,人权的理念相对简单,"它奠定在对每个人内在尊严的正确评价的基础之上"⑤。主张此观点的还有著名哲学家A.格沃斯、施贝曼、蒂德曼、查维德等。

另一方面,"正是人性尊严的理念成为作为保护人类的法律文件的人权基础"⑥。作为内在价值的尊严理念直接影响并渗透到《联合国宪章》《世界人权宣言》乃至当今许多国际伦理法律文件。《世界人权宣言》的第1条就写道:人人生而自由,在尊严和权利上一律平等。1993年的《维也纳宣言和行动纲领》明确宣布:承认并肯定一切人权都源于人与生俱来的尊严和价值。2005年,联合国教科文组织成员国全票通过的《世界生物伦理与人权宣言》的首要原则(即总第3条)就是:人的尊严和人权。不但"世界人权宣言已经表示尊严是所有人不可剥夺、毫无例外的权利。而今,大部分国际人权文件(协约、指导方针等)都运用以人性尊严为基础的概念"⑦。

---

① B. Pascal, *Pascal's Pensées* (London: Everyman's Library), 1956, p. 97.

② 伊曼努尔·康德:《道德形而上学原理》,苗力田译,上海人民出版社,2002,第55页。

③ See: Eberhard Schockenhoff, *Natural Law And Human Dignity: Universal Ethics in a Historical World*, translated by Brian McNeil (Washington, D. C.: The Catholic University of America Press, 2003), p. 292.

④ F. Klug. *Values for a Godless Age: The Story of the UK's New Bill of Rights* (London: Penguin, 2000), p. 101.

⑤ F. Klug. *Values for a Godless Age: The Story of the UK's New Bill of Rights* (London: Penguin, 2000), p. 12.

⑥ J. D. Rendtorff and Peter Kemp (eds.), *Basic Ethical Principles in European Bioethics and Biolaw*, Vol. I, Printed in Imlremata Barnola, Guissona (Catalunya–Spain), 2000, p. 36.

⑦ J. D. Rendtorff and Peter Kemp (eds.), *Basic Ethical Principles in European Bioethics and Biolaw*, Vol. I, Printed in Impremata Barnola, Guissona(Catalunya–Spain), 2000, p. 38.

毫不夸张地说,传统的内在尊严观根深蒂固,影响深远,它使人们坚信"属于每个人的内在尊严绝不会丧失""即使身体腐朽衰退也不能废除把每个人看作具有平等尊严的自身目的的诉求"[①]。

尽管如此,内在尊严说依然存在着难以克服的困境。

根据内在尊严说,不具有理性和自律能力的婴幼儿、精神病人等不具有内在尊严,有理性者在睡眠、烂醉如泥、麻醉虚幻、吸毒、疯狂诸状态中,已经丧失了理性和自律,也无尊严可谈。这足以说明,尊严并非人人共有,也不是生而具有、不可丧失的,而是生而非有、部分人(有理性、自律者)后天获得的,因而是可以丧失的,也是有差异的。即使康德也说:人,"他有责任在实践上承认任何其他人的人性的尊严,因此,他肩负着一种与必然要向每个他人表示的敬重相关的义务"[②]。这实际上透露了尊严的有条件性,即要得到其他尊严主体的承认。的确,尊严能以不同的方式丧失,尤其是个体的身体。在重病、暴力、折磨、毁容或整个身体被损毁等情况下失去了可尊重的身体时,人们甚至不愿见自己的亲友同事,把自我排除在共同体之外。这样,身体方面的特殊尊严就丧失了。[③]

人权作为原初的无条件的绝对权利,是先于国家、民主、法律的人人享有的普遍性道德权利。以尊严作为人权的基础是不合逻辑的。或者说,这种尊严实质上和人权并无二致。

生态中心论秉承内在尊严理念,并肆意扩大尊严的领地,强调众生平等基础上的动物尊严乃至自然尊严,由此引发了尊严的泛化。

内在尊严的空洞泛滥,引起了人们的极大不满。B.奥兰德认为"尊严""是一个过于庞大、模糊的概念,以致令人怀疑其能否作为确证人权的牢固起点的概念"[④]。R.麦克林等人认为尊严没有任何精确内涵,应当抛弃之。[⑤]德国著名法哲

---

① J. D. Rendtorff and Peter Kemp (eds.), *Basic Ethical Principles in European Bioethics and Biolaw*, Vol. I, Printed in Impremata Barnola, Guissona(Catalunya–Spain), 2000, p. 34.

② 李秋零主编:《康德著作全集》(第6卷),中国人民大学出版社,2007,第474页。

③ See: J. D. Rendtorff and Peter Kemp (eds.), *Basic Ethical Principles in European Bioethics and Biolaw*, Vol. I, Printed in Impremata Barnola, Guissona(Catalunya–Spain), 2000, pp. 33–34.

④ B. Orend, *Human Rights: Concept and Context* (Peterborough: Broadview Press, 2002), pp. 87–88.

⑤ See: R. Macklin, "*Dignity Is a Useless Concept*", *British Medical Journal* 327 (2003): 1419–1420.

学家赫斯特也明确主张从现代伦理学词汇中剔除"尊严"概念。[①]

虽然内在尊严说遭到致命的质疑,但多数人并不主张简单地否定尊严理念。罗伯图·安多诺明确指出,否定尊严的看法过于简单,尽管尊严有其模糊性,但它在国际生物医学法中具有核心作用,"它不仅真正地致力于保护存在着的人,而且真正地致力于保护人本身的完整和一致的真正需求"[②]。鉴于此,人们试图为尊严寻求新的出路。目前,影响深远、势头强劲的是与内在价值尊严说针锋相对的权利尊严说。

二、权利尊严说

权利尊严说即人权基础论,主张人权是尊严的基础,尊严是出自或派生于人权的一种不受污辱的权利。一旦受到了侮辱,就意味着尊严的丧失。因此,尊严不是人自身固有的内在价值。

德沃金说,人权是尊严的基础,尊严是人权的一部分,即免受侮辱的权利。[③]另外,沙伯尔、诺伊曼、斯托克等人也主张此观点。特别值得重视的是,甘绍平先生在《作为一项权利的人的尊严》一文中(以下简称甘文)对权利尊严说做了详尽周密的论证。甘文认为,尊严的确归因于人的特性,但并不是指自主性或道德性,而是指具有被动意味和更大覆盖范围的人的脆弱性、易受伤害性。从积极的意义上讲,尊严意味着维护自我。从消极的意义上讲,尊严意味着避免侮辱。自我在多大程度上得到了维护,这是不容易界定的。但人是否遭到侮辱,则是清晰可辨的。如果每个人都拥有不受侮辱的权利,则每个人自然都享有尊严。所以,尊严从本质上讲就是不受侮辱的权利。这个尊严的定义,实际上已经说明了尊严是人权的一部分,而不是人权的根基。[④]

---

① 参见:甘绍平:《德国应用伦理学近况》,《世界哲学》2007年第6期。

② Jennifer Gunning and Søren Holm (eds.), *Ethics, Law and Society*, Vol. I (Gateshead: Athenaeum Press Ltd., 2005), p. 74.

③ See: Ronald Dworkin, *Life's Dominion* (London: Harper Collins, 1993), pp. 233–237.

④ 参见:甘绍平:《作为一项权利的人的尊严》,《哲学研究》2008年第6期。

权利尊严说关涉尊严的底线这个至关重要的问题。一方面,它澄清了"内在尊严"概念的模糊性和抽象性,明确地把平等的尊严理念限定为"不受侮辱的权利"。另一方面,它纠正了内在尊严说把尊严作为人权根基的错误,明确地把人权作为尊严的基础。问题在于:

(1)作为不受污辱的权利的尊严必须以羞耻感为基础,没有羞耻感的人如植物人、婴幼儿或以耻为荣的人就很难说具有不受污辱的权利的尊严。由于荣辱观的不同,一些人引以为耻的行为,另一些人却引以为荣。就是说,"侮辱"是一个感性的概念,它要根据个体的具体感受和所处境遇以及个体对行为的理解和认知加以判断,因而呈现出主观性、偶然性、随意性。每个人都可以根据个人对侮辱的感受捍卫不同的个人尊严,甚至会把捍卫个人尊严作为侵犯尊严和人权的借口。这样一来,不受侮辱的权利的尊严只能明确限定在法律尊严的范畴内。就是说,权利尊严的实质应当是人人平等共享的不受侮辱的法律权利。

(2)仅仅有法律尊严是不够的,道德尊严是法律尊严不可或缺的要素。一方面,法律尊严的根基和目的来自道德尊严,其内涵也要随着人们对道德尊严的认识程度不同而加以相应的修正。另一方面,在不受污辱的情况下,人因为自卑也会感到自己没有尊严。人的尊严应当是人在自我发展和完善的过程中,得到他者(包括法律、国家、个人等)的尊重[1]和自我尊重的综合体。其中,自尊就涉及主观差异的道德尊严说,即尊严差异说。

三、尊严差异说

尽管内在尊严说和权利尊严说针锋相对,但它们都同属尊严平等说:内在尊严说强调抽象模糊的人性的平等,权利尊严说强调明确具体的不受侮辱权利的平等。实际上,尊严平等是建立在尊严差异的基础上的。内在尊严说以承认有理性、自律能力的人和无理性、无自律能力的人或丧失了理性、自律能力的人之间的差异为前提,权利尊严说则以不受侮辱者和受侮辱者之间的差异为前提。难怪自古以来,平等尊严说就不断地受到尊严差异说的挑战。

---

[1] See: Anne Mette Maria Lebech, "Dignity versus Dignity", *in Studies in Ethics and Law*, Vol. 7 (Copenhagen: Centre for Ethics and Law, 1998), p. 26.

尊严差异说认为尊严并非平等,而是后天获得的具有主观差异性的高贵德性,这种差异体现为尊严的高尚性而不是卑下性。据杰克·马哈尼说:"拉丁文中的形容词dignus,是英文名词dignity的词根,意思是'有价值的'(worthy)或'应(值)得的'(deserving)。"[1]与此相关,"尊严"的最初含义是指人的杰出高贵的社会地位。古罗马的西塞罗开始把尊严主观化为对政治主人的敬重。[2]亚里士多德尤其是尼采把尊严主观化为一种古典贵族般的高贵或高尚的德性。[3]马克思也说:"尊严就是最能使人高尚起来""并高出于众人之上的东西。"[4]可见,"'尊严'概念表达了与人本身、动物、自然和整个宇宙相关联的道德优越性和道德责任"[5]。这主要是指与平等的法律尊严不同的具有主观差异性的道德尊严。由此也可以看出,道德尊严说和法律尊严说具有相同之处:它们都承认尊严并非生而具有,而是后天获得的。这是它们和内在尊严说的不同之处。

值得注意的是,尊严的差异应当限定在通过民主商谈程序而确定的个人的自我完善的限度内,且以不侵害他者的尊严(即法律尊严)为底线。它绝不可专制武断地扩展到国家、种族的范围内,否则就会出现社会达尔文主义所引发的希特勒式的种族歧视,甚至屠杀所谓的劣等民族等问题。法西斯灭绝人性地践踏人权、损毁人的尊严就是以独断的、绝对的尊严差异为理论基础的。[6]为避免这类可怕的尊严灾难,尊严的差异必须严格固守平等的法律尊严的底线。

---

① Jack Mahoney, *The Challenge of Human Rights: Origin, Development, and Significance* (Malden: Blackwell Publishing Ltd., 2007), p. 146.

② See: J. D. Rendtorff and Peter Kemp (eds.), *Basic Ethical Principles in European Bioethics and Biolaw*, Vol. I, Printed in Impremata Barnola, Guissona (Catalunya-Spain), 2000, p. 33.

③ See: J. D. Rendtorff and Peter Kemp (eds.), *Basic Ethical Principles in European Bioethics and Biolaw*, Vol. II, Printed in Impremata Barnola, Guissona (Catalunya-Spain), 2000, p. 48.

④ 中共中央马克思、恩格斯、列宁、斯大林著作编局译:《马克思恩格斯全集》(第四十卷),人民出版社,1982,第6页。

⑤ J. D. Rendtorff and Peter Kemp (eds.), *Basic Ethical Principles in European Bioethics and Biolaw*, Vol. I, Printed in Impremata Barnola, Guissona (Catalunya-Spain), 2000, p. 33.

⑥ See: Richard Weikart, *From Darwin to Hitler: Evolutionary Ethics, Eugenics, and Racism in Germany* (New York: Palgrave Macmillan, 2004), pp. 71-103.

第二节 尊严理念探究

综上所述,可得出三点结论。其一,把尊严规定为固有的人性内在价值的思想和尊严的主观性、差异性、可丧失性、后天性相矛盾,也和普遍人权理念相矛盾。绝对的、无条件的、普遍的人权是所有的人都毫无例外地平等享有的,是所有权利之根源,也是尊严的基础。因此,我们抛弃内在尊严说即尊严基础论而主张以人权为基础的尊严理念(包括法律尊严和道德尊严)。其二,如果仅仅把尊严限定在法律尊严的范围内,就会出现法律尊严的论证问题、价值问题以及修正问题的困境,因为法律尊严的正当性只有从道德尊严的角度才能得到确证。另外,忽视个体道德尊严的差异,还会导致社会制度、社会责任以及道德尊严的弱化,最终也会导致法律尊严的弱化。其三,如果缺少了法律尊严的底线保障,把尊严仅仅限定在道德尊严的范围内,尊严将成为一个软弱无力的空洞口号而有名无实。鉴于此,我们认为尊严的出路在于以人权为基础,从尊严的人性基础出发,实现道德尊严和法律尊严的有机融合。

一、尊严的人性基础

从静态看,人是有限和无限、生理心理和理性精神融于一体的存在。从动态看,人是无限扬弃有限、精神(心理、理性)扬弃自然(生理)的存在过程,是自由自律地祛恶和求善的存在,是不断弥补不足、完善自我的存在。人性具体存在于对人的有缺事实(生存环境、生理、心理、社会状况等)的不满的基础上追求人性完善的过程之中。诚如黑格尔所言:人既是高贵的东西同时又是完全低微的东西。它包含着无限的东西和完全有限的东西的统一、一定界限和完全无界限的统一。人的高贵处就在于能保持这种矛盾,而这种矛盾是任何自然东西在自身中所没有的也不是它所能忍受的。人在一切方面(在内部任性、冲动和情欲方面,以及在直接外部的定在方面)都完全是被规定了的和有限的,这是其卑微之处,它主要表征着人的脆弱性、易伤害性和有限性;但人正是在有限性的卑微中知道自己是某种无限的、普遍的、自由的东西,这是其高贵之处,它主要表征着人的无限性、坚韧性和自我完善能力。正是这种无限和有限、自由和自然、普遍和特殊、脆弱和坚韧之间的内在矛盾构成了尊严的人性根据。

人就是能够保持卑微的高贵和高贵的卑微这一对矛盾的统一体,尊严正是人对高贵扬弃卑微所做出的肯定和嘉许。如果卑微压倒了高贵而居于主导地位,人就丧失了尊严。皮科在《论人的尊严》中借上帝之口说,人可凭自己的自由意志决定其本性的界限,"你能够沦为低级的生命形式,即沦为畜生,亦能够凭你灵魂的判断再转生为高级的形式,即神圣的形式"[①]。其实,沦为卑微的畜生就是尊严的丧失,转升为高贵神圣的形式就是尊严的获得。

值得注意的是,尊严哲学中存在着对人性的两种类型的误解:要么把人仅仅看作低级形式,竭力将人物化,把人降为动物甚至非人自然,主张自然尊严、动物尊严者就是如此,如边沁、雷根、辛格等;要么把人仅仅看作神圣的形式,竭力将人理想化,把人看成超自然中的一员,把人拔高为神或上帝,主张不可丧失的内在尊严说或尊严基础论就属此类。

它们的共同特点在于把尊严的内涵竭力缩小到空洞无物的程度,或将其外延竭力扩展到无所不包、无以复加的地步。这样,任何人甚至任何事物都可以平等地拥有尊严且不可丧失。从表面看,这似乎扩大了尊严的领域,实质上却谋杀了尊严。

其实,从人性的角度看,纯粹的卑微和纯粹的高贵的实质是相同的,它们都不能成为尊严。对于完全高贵的东西而言,由于其本身内部不包含卑微的因素,它只是一个纯粹的无矛盾的抽象的东西,高贵也就失去了高贵的意义而不成其为高贵,故没有尊严可言。这是内在价值尊严不能成立的根源。对于完全卑微的东西而言,由于没有高贵的因素,卑微也就不成其为卑微,根本不存在高贵和卑微的矛盾,也没有尊严可言。这是主张动物尊严或自然尊严论者不能成立的根源。

总之,这两种尊严是抹杀了差别的抽象的平等尊严。具体的平等应当是有差异的平等,源自人性的高贵和卑微的矛盾的尊严理念正是有差异的平等:平等的法律尊严和差异的道德尊严。

---

① 周辅成编:《从文艺复兴到十九世纪资产阶级哲学家政治思想家有关人道主义人性论言论选辑》,商务印书馆,1966,第34页。

二、平等的法律尊严

人们感受最强烈的是其卑微层面的有限性、脆弱性和易伤害性，对它的侵害使人感到莫大的侮辱、无助甚至绝望。这类基本的不受侮辱的权利必须通过法律的途径尤其是国际公民法的途径对所有人平等地无例外地给予坚强的保障。平等的法律尊严的实质是保障人的脆弱性、易伤害性和有限性等不受侮辱，它运用法律武器为人的尊严构筑一道不可突破的道德底线，具有一定的普遍性、平等性、客观性。一旦打破这个底线，就是对平等尊严的破坏，必须动用法律武器维护平等尊严。法律尊严要求尊严客体如政府、法院、国家等承担对个人的平等尊严的法律责任，也要求作为具有平等尊严权利的个体承担相应的法律义务，即尊重他人不受侮辱的权利。或者说，法律尊严神圣不可侵犯，一旦侵犯了它，就一定要负相应的法律责任。

不过，平等的法律尊严不是独断地被确立的，而是在道德商谈中被论证和确立的。哈贝马斯认为，被法律规定下来的权利（包括法律尊严）具有道德上的根据，基本权利的有效性只能从道德的观点来加以论证。[1]德沃金主张用道德原则对法律进行建构性诠释，"权利即是来源于政治道德原则的法律原则"[2]。J.菲尼斯也坚持在法律适用时对法律的道德解释方法。[3]可见，人们之间通过法律来平等地保证每个人的尊严不仅仅出于法律的理由，而且出于一种道德的理由。尊重别人的法律尊严以及维护自己的法律尊严，不仅仅因为这种尊严是有法律做保障的，更主要的是因为这种尊严是有道德价值的。

三、差异的道德尊严

道德尊严正是通过立法和司法过程中的法律解释而渗透到法律尊严之中的。德国著名法哲学家施塔姆勒秉承康德的思想，提出了作为合道德的正义法律必须遵循的"纯形式"的原则："允许每个人的行为不顾他人目的而追求自己的

---

① 参见：哈贝马斯：《哈贝马斯精粹》，曹卫东选译，南京大学出版社，2004，第276页。

② 罗纳德·德沃金：《认真对待权利》，信春鹰、吴玉章译，中国大百科全书出版社，1998，中文版序言第21页。

③ See: J. Finnis, *Natural Law and Natural Rights* (Oxford: Oxford University Press, 1980), p. 277, pp. 282–286.

目的,显然是不可能彼此协调的,法律的目的必须成为包容一切的目的。"①施塔姆勒从这一命题出发推出了正义法律的四个形式原则:"1.每个人的意志内容不屈从于他人的专断意志。2.承担义务的人没有丧失自我,法律要求才能存在。3.受法律支配的每一个共同体成员都不排除在共同体之外。4.只有当人们仍然保有人格尊严时,法律所授予的支配权才是正当的。"②如果我们把"人格尊严"替换为"道德尊严",即可据此认为,法律尊严必须以道德尊严为前提和目的,否则,它就会成为无生命力的僵硬躯壳。

如果说法律尊严是客观平等的免于污辱的权利,道德尊严则是在法律尊严得以保障的基础上,尊严主体依靠自己的主观性努力完善各自人生理想的一种道德权利和义务,其实质是人的无限性、坚韧性和自我完善能力对高贵人性的追求。道德尊严作为一种自我完善的权利或义务,以耻辱感和自尊心作为其道德心理基础,并发动为追求、实践、完善自我的行为。尊严主体在此过程中获得自尊和他者的尊重。

可见,道德尊严和主观性密切相关。尊严主体主观性的千差万别,必然导致道德尊严呈现出巨大的偶然性、特殊性和差异性:道德尊严可以随着尊严主体自身修养的提升、完善而得到加强和扩展,也会随着其自身修养的下降、生活的堕落而减弱、缩小乃至丧失。如果尊严主体放弃完善自我的权利和义务而沦为德性卑下的人,即丧失了尊严的人,自己须为此承担完全的道德责任。

不过,一旦尊严主体受到来自外在的污辱,自尊和他者的尊重就转换为接受法律的保护,即道德尊严转化为法律尊严(不受污辱的权利)。另外,如前所述,法律尊严须以道德尊严为前提和目的。这足以证明,二者相互渗透,在一定条件下也可相互转化:我们主张通过民主商谈的程序,实现二者的转变或明确二者的界限——关键是划定法律尊严的领地,以便在保障尊严底线的基础上不断提升道德尊严。

综上所述,在人权的视域中,尊严平等和尊严差异作为尊严理念的内在矛盾,它们的自我否定凸现了尊严理念的内涵。其一,尊严作为人人不受污辱的权

---

① Isaac Husik, "*The Legal Philosophy of Rudolph Stammler*", *Columbia Law Review* 24, no. 4(1924): 379–380.

② Isaac Husik, "*The Legal Philosophy of Rudolph Stammler*", *Columbia Law Review* 24, no. 4(1924): 379–380.

利,它应该被明确、固化为法律尊严以切实保障每个人的平等尊严,袪弱权是平等尊严的价值基准。其二,道德尊严是完善自我的权利和义务,它呈现出主观性、差异性和自主性。科技伦理治理领域的道德尊严的正当性是增强权。其三,法律尊严应以道德尊严为基础和目的,接受道德尊严的批判和审视。同时,道德尊严应以法律尊严为坚强的底线保障。最后,从人权和尊严的关系看,人权的外延大于尊严,尊严的内涵大于人权。值得注意的是,法律尊严是普遍人权,道德尊严是有条件的、可以丧失的权利,而不是每个人任何时间和任何地点都享有的权利(人权)。因此,尊严是出自人权的,以免受污辱权利为底线的完善自我的权利或义务。这同时也确证了人权是尊严的价值基准而不是相反。或者说,尊严是人权的目的,人权是通向尊严的正当诉求。

第三节　科技伦理之尊严

人是脆弱性和坚韧性相统一的存在,也是能够保持卑微的高贵和高贵的卑微这一矛盾的有机统一体。尊严是对坚韧性的高贵扬弃脆弱性的卑微所做出的肯定和嘉许,也是对增强权与袪弱权相互支撑的权利诉求的人格褒奖和道德肯定。就科技伦理治理而言,尊严是平等与自由的目的,更是科技伦理治理的重要道德目的。那么,科技伦理之尊严是何种尊严? 如何实践这种尊严?

一、是何种尊严

科学所蕴含的平等,使理智摆脱或战胜无知,获得认知对于无知的尊严。技术所蕴含的自由,使理智扬弃必然限制获得实践的尊严。就此意义上讲,"我们的尊严就在于投进理智的怀抱,就在于相信只有理智才能向我们揭示世界的真理"[1]。没有理智,也就没有科学技术及其德性。可以说,科技理智德性既是科学

---

[1] 莫里斯·梅洛-庞蒂:《知觉的世界》,王士盛、周子悦译,江苏人民出版社,2019,第7页。

认知的德性(平等),又是技术实践的德性(自由)。尊严则是科技知行合一、平等自由相统一的德性目的。问题的关键是,尊严作为科技之知行合一的德性目的是何种尊严?

(一)知行合一的尊严

科学知识与技术实践(知与行)并非水火不容,而是相辅相成的,因为二者是同一理智的不同层面。古希腊哲学家(如亚里士多德等)把理智作为认识能力,主张理智优先于实践能力。这种观点一直延续到近代的理性派与经验派之争,二者最终陷入独断论与怀疑论的困境,由此直接促发了德国古典哲学的横空出世。康德批判哲学把理性派与经验派的主要问题诊断为理论理性的四个二律背反(其实质是自由与必然的矛盾)与实践理性的二律背反(其实质是幸福与德性的矛盾),并归因于现象与本体的混淆、理论理性与实践理性的混淆,根本原因则在于理论理性优先于实践理性。为此,康德区分了理论理性与实践理性,并主张实践理性优先于理论理性。[①]这一思想经过费希特、谢林等人的持续论证后,黑格尔详细考察了理论精神、实践精神与自由精神(主观精神的三个环节),在客观精神的洗礼中,把三者提升为绝对自由的绝对精神。[②]其实,绝对精神也就意味着绝对自由的穷途末路。科技革命以来,科学技术成为理论理性落实到生活世界的主要路径,科学主义(理论理性)随之大行其道,几乎遮蔽了人文自由精神(实践理性)。这预示着哲学需要经过深刻的自我反省和批判,自觉地由传统理论哲学转向当代应用哲学。事实上,诸多哲学家对此进行了深刻的反思批判,如胡塞尔批判科学主义对自由的严重危害,海德格尔追问技术并把技术归结为解蔽过程中寻求真理的自由本质,古德曼明确地把技术纳入道德哲学的分支,[③]等等。透过种种论争可以看到,理论理性与实践理性是同一理智的认识能力与实践能力,而非截然不同的两种理性。也就是说,理智是实践的理智,实践也是理智的实践。理智既是科学技术得以可能的本源,也是科学技术的认识目的与实践目的。换言之,理智是科学技术的灵魂、思想和精神力量,是对科学技术的认

---

① 参见:康德:《纯粹理性批判》,邓晓芒译,人民出版社,2004。

② 参见:黑格尔:《精神哲学》,杨祖陶译,人民出版社,2006。

③ See: M. W. Martin and R. Schinziger, *Ethics in Engineering* (Boston: McGraw-Hill Companies, Inc., 1996), p. 1.

知、判断、选择、决定与应用或实践的能力,是把认知理智与实践理智统摄一体的能力。由此看来,理智是科技知行合一的尊严之根本。

(二)具有生物学根据的尊严

作为哲学问题,科学知识与技术实践的统一具有确实可靠的生物学根据。在生物学研究中,人们发现哺乳动物的智力水平与大脑的大小不成比例。为此,巴西籍神经生物学家埃苏珊娜·尔库拉诺-乌泽尔提出了一个著名问题:人脑不是最大的(如大象、鲸的脑子都比人脑大),人为什么比其他动物更聪慧? 经过深入研究,乌泽尔得出两个重要结论。首先,不同动物的脑子构造不同,脑子的神经元总数也不同。人脑约有1000亿个神经元,"大脑皮层的神经元决定了动物的智力水平,人的大脑皮层中神经元数量远高于其他物种,所以人类比其他动物更聪明……其次,大脑皮层中的神经元数量越大,能耗也越大。人脑每天消耗的能量占人体全部耗能的25%。人之所以能够很快超越其他物种,主要是因为人类掌握了烹饪技术,能够在短时间内摄入大量卡路里以支持大脑运转"[1]。可以说,人脑神经元的数量与技术(如烹饪技术等)是决定人智力水平(理智)的两大基本要素。人脑神经元的数量是人之理智的生物学根据。同时,这种理智使人能够掌握烹饪、治疗、渔猎、耕种等技术。技术的自由本性要求科学真理的平等,科学随之逐渐独立于技术与哲学。近代以来,技术与科学融为一体,成功脱离了经验偶然的萌芽状态(即所谓的奇技淫巧、神秘理论等),提升为科学技术乃至高新科技。各种科学技术使理智的目的(包括生物学目的、伦理目的等)在人类生活世界得以具体实践,使科技之知行合一的尊严得以可能。

(三)高新科技时代的尊严

科学知识与技术实践的具体的真正统一,是二者在高新科技时代的统一。其中,生物学与生物技术统一的发展趋势是科学与技术统一的典范。生物进化的基本单元是基因,技术进步的基本单元是现象(现象类似技术的基因),生物对基因加以编程从而产生无数的结构,技术对现象加以编程从而产生无数的应

---

① 尼克:《人工智能简史》,人民邮电出版社,2017,第217页。

用。^①技术是为了人类使用目的而对现象的编程,"从概念上看,生物学正在变成技术。从实际上看,则技术正在成为生物学"^②。生物学与生物技术的综合即生物技术或技术生物是理智的产物,也是理智发展的途径。人之为人的生物学根据与相应的技术诉求决定并体现出科学与技术深刻的内在联系,这种联系的根据则是理智。就本质而论,认知(科学)与实践(技术)没有时间上的先后,也不是截然不同的人类活动。可见,理智不仅仅是认识能力,也是在认识能力基础上的判断、抉择能力和实践能力。或者说,认识能力和实践能力都是理智能力。如果说理智是人类掌握科学技术的精神根据,那么科学技术是理智达成其目的的理论力量、实践途径或发明成就。理智的持续发展促进科学技术的不断进步,科学技术的不断进步促进理智的持续发展。理智使科学技术产生、发展和实践,并在这个过程中不断推进自身的广度、深度,提升自己的力量、能力,彰显理智对于自然现象的尊严。这个过程从三大主要方向展开:(1)向人自身外的空间拓展,如捕猎、种植、房屋、桥梁、道路、飞机、太空空间站、海洋资源、矿山开采、网络信息等;(2)人自身的增强,如生物医学、基因工程等;(3)人机联合,如人机接口、植入芯片、纳米机器人等。这三大方向的共同根据和目的是理智自身的尊严,在高新技术时代,它们更为明显地集中于这一共同目的。

科学技术的主体是理智之人,其伦理目的是人性尊严。就科学而言,"居于首位的是人"^③。就技术而言,居于首位的也是人。如果没有人的存在或人类灭绝,也就不存在人类理智及其科学技术,科技理智德性也就失去其存在根据和实践主体。其他动物的理智(假若它们有理智的话)未能达到认知或把握科学技术的水平,也就谈不上理智德性及其应用问题。作为人类综合科学与技术的认识和实践能力,理智把握运用科学技术,认识和实践自然规律,否定自然的必然宿命,抵制自然的侵害,进而维系、加强人类的生存能力和健康福祉,实现人对于自然、对于人自身的尊严。科学认知与技术实践相统一的德性目的,是在平等与自

---

① 参见:布莱恩·阿瑟:《技术的本质:技术是什么,它是如何进化的》,曹东溟、王健译,浙江人民出版社,2014,第57页。

② 布莱恩·阿瑟:《技术的本质:技术是什么,它是如何进化的》,曹东溟、王健译,浙江人民出版社,2014,第233页。

③ 卡尔·雅斯贝斯:《时代的精神状况》,王德峰译,上海译文出版社,2008,第121页。

由的基础上,追求尊严的目的。由此看来,尊严是科技知行合一的科技理智的德性之目的。

二、如何实践尊严

人类理智利用科学技术的强大力量,获得闲暇、空间、安全、财富等前所未有的巨大资源,借此拥有超越历史、前无古人的平等与自由。不过,与科学技术(特别是高新科技)的强大力量相比,人的体力、智力等显得卑微不堪(如"阿尔法狗"战胜围棋名将李世石与柯洁;人机接口使人的理智成为机械装置控制的对象等),人性尊严受到高新科技的严重挑战。那么,理智如何理智地对待高新科技带来的卑微与尊严的巨大冲突以维系人性尊严呢?

(一)理智应当通过高新科技扬弃卑微,进而获得尊严

科学技术是人类为了克服未知的恐惧(减弱卑微),在求知和实践中不断变革自身、增强自我(提升尊严)的典范路径。

人是卑微的存在者,又是有尊严的存在者。这在很大程度上是由科学技术与人类理智的内在联系决定的。没有理智,也就没有死亡、生存、历史,更没有高新科技。倘若如此,平等、自由、尊严必然烟消云散,一切都将陷入毫无意义的虚无之中。原因在于,理智是事实与应当的存在根据。人类理智既追求超越事实之应当,更致力于应当之实践。这本质上是人类不断超越自身卑微,进而不断维系、达成其尊严的历史进程。

高新科技时代,人依然是卑微与尊严相统一的存在者。这是因为科学技术是人的摹本,具有类似于人的各种属性。在一定程度上,科学技术也是精神与身体的混合体。莫里斯·梅洛-庞蒂说:"人并不是一个精神和(et)一个身体;而是一个合同于(avec)身体的精神,并且,此精神之所以能够通达诸物之真理,只因这身体就好像是黏附于诸物之中的。"[1]人不仅仅是机械或有机的机器,也不仅仅是心灵、精神或思想,而是身体与精神有机结合的自由主体。信息网络、人工智能、合

---

[1] 莫里斯·梅洛-庞蒂:《知觉的世界》,王士盛、周子悦译,江苏人民出版社,2019,第25页。

成生物学、纳米技术等高新科技都是为了人的身体能力的拓展或精神力量的增强（如记忆、认知甚至文字与口语的转化翻译等）。就是说，高新科技是人的身体与精神的模仿与拓展。其实，人是机器的观点是指，人的身体结构和功能等类似（而非等同）于机器层面的自然性、机械性。然而，人不仅仅类似于机器。更为重要的是，人具有不同于机器的精神、思想、情感等以及由此带来的平等、自由与尊严。

就目前所知范围而论，只有理智，才可能推进高新科技的持续发展；只有理智，才可能使万物、人类或世界整体具有价值和意义。人类因为拥有理智而成为人类，也因此能够理智地运用高新科技，在自然中追寻自由，在差异中确证平等，在卑劣中探求尊严。换言之，理智应当通过高新科技超越卑微，确证人性尊严。

具体来说，它体现为两大层面：理智扬弃高新科技带来的理智局部之卑微，确证理智整体之尊严；在生活世界中，理智扬弃高新科技带来的生命进程中的卑微，确证人生之尊严。

（二）人类理智通过扬弃高新科技带来的理智局部卑微，追求人类理智的整体尊严

在某个层面，机器理智集中了人类理智的各种要素，且不受心理、生理、场景等的影响，能够持之以恒、心无旁骛地从事某些理智活动如计算等，因而能够在特定领域（如计算）远远超过人类个体甚至人类最优秀个体的理智水平。

不过，机器理智在某个领域可以或能够超过个人理智，并不意味着机器理智在整体上能够达到或超过人类理智。虽然人工智能的智能（有理智的机器或机器的理智）与人的理智有类似之处，但是二者具有深刻的本质区别。机器的理智来自人的理智，是人的理智这个原型的摹本。就人工智能来说，人工智能的算法只能在认识、记忆等层面超过个体的人，而在情感、意志、创造力、人际关系、艺术鉴赏、伦理实践、法律制度等方面并不能达到或超越人类水平。休伯特·德雷福斯说："离开传统的哲学偏见加以考虑，从描写性和现象学的证据中看出，所有形式的智能行为中都包含着不可程序化的人类能力。"[①]另外，人类还拥有人工智能

---

① 休伯特·德雷福斯：《计算机不能做什么：人工智能的极限》，宁春岩译，生活·读书·新知三联书店，1986，第293页。

算法不能把握的不可知领域,如自由、不朽、上帝所构成的超验领域、形而上学领域等。众所周知,世界的不确定性、康德式的超验领域(主要指自由、灵魂、上帝三大理念)等是不可把握、不可知晓的领域。这是一个神圣不可侵犯的维系人类尊严的领域,也是高新科技无能为力之地或禁止涉猎之地,亦是应用理智德性扬弃卑微实现尊严的领域或神圣不可侵犯的人性尊严之领地。虽然人工智能可以在局部领域(如计算)超越人的个体理智,却不能在整体上达到或超越人类理智。这就是作为原型的人类理智对其模型人工智能所具有的神圣不可侵犯、也不能侵犯的尊严。

其实,人工智能是人类理智的产物,属于工具理性。人工智能或机器理智没有自由意志,不具有真正的实践理性和自由精神。因此,智能机器人不可能具有人类的"为我的身体"。萨特说:"身体是为我的""身体是我不能以别的工具为中介使用的工具,我不能获得对它的观点的观点"①。智能机器人的理智需要人的理智,智能机器人是人的理智制作的一种为人服务的工具。作为人类的工具,智能机器人没有疾病干扰、感官混乱,不必注意身体健康,不必保持心灵健康,也不必培育德性、拷问良心。然而,作为智能机器人的目的,人类为了心灵健康、德性、良心,必须注意身体健康,因为在疾病干扰、感官混乱的时候,真理和道德都无非是空话而已。正因如此,人的理智追求的真理和道德,具有对于疾病、感官的尊严。智能机器人则没有必要,也不可能追求真理、道德、欲求、健康、情感等,因此没有必要,也不可能具有对于谬误、邪恶、疾病、感官等的尊严。

从机器的理智来说,机器是人的观点是指,机器具有人的理智的某一层面能力,如计算能力等,并不是指机器等同于人,甚至也不是指机器的理智等同于人的理智。因此,并不存在严格意义上的人工智能的理智德性。换言之,人工智能的理智德性归根结底是人类的理智德性。人工智能是人类理智借助高新科技实现潜能的手段之一,人类理智是人工智能等高新科技的目的。人工智能可以仅仅作为手段,人类智能则不可仅仅作为手段,而应当同时作为目的(套用康德的表达方式)。人类理智在人工智能等高新科技中,具有无可替代的目的尊严,即人的理智对人工智能的尊严。就是说,人工智能应该成为达成人类理智目的的某种途径,确证或服务于人类理智的尊严。这就奠定了理智对于人类生活世界

---

① 萨特:《存在与虚无》,陈宣良等译,生活·读书·新知三联书店,2007,第407页。

进程中的高新技术之尊严的基础,因为从根本意义上讲,高新科技只是理智的体现形式或实践路径。

人工智能依然遵循自然规律——只不过是渗透着人类理智的自然规律,实际上是自由精神的科技产品,是实现自由的高新途径,但还不是最高途径。人工智能之后,只要有人类存在,就会有超越人工智能的未来高新技术(可以称之为超人工智能或后人工智能)。

假如存在整体上超越人类理智与意志的人工智能,又将如何? 这就说明,人类理智将会被人工智能取代,人类也将沦为人类理智工具(人工智能)的工具。此种严重后果的根源不是人工智能,而是人类理智的滥用,它严重违背了理智不得侵害理智的绝对命令。换言之,在人工智能问题上,人类理智必须坚定不移地秉持一个基本行为规则:人工智能不得危害人类理智,必须维系基本的理智尊严。

(三)人的生殖、死亡与生活诸问题似乎都成了科技相关的问题,对生活世界的人生尊严提出全面挑战

生殖技术(包括合成生物学技术)带来了威胁人性尊严的诸多道德风险与伦理问题。生殖技术的道德风险,"与其他技术操纵不一样,对人的繁殖进行干预所产生的风险始终直接影响人的个体。把一台功能良好的机器搞坏了,可以修理也可以拆除,但如果在体外受精或者基因操纵过程中发生了失误,那可是无法挽回的"[①]。试管婴儿与合成生物学的人造生命好像只是科学家如文特尔等人的成就。辛西娅似乎是第一个以计算机为父母的生命。与自然创造或进化生成的有理智的生命相比,就二者都是有理智的生命这一共同性来说,他们是平等的、自由的、有尊严的生命。就来源来说,一方来自理智的基因编程,另一方来自自然的遗传信息。这对他们的人生历程具有非同一般的影响,同时又是不平等的。实际上,试管婴儿或辛西娅是理智通过科技人员运用计算机所创造的生命,也就是理智运用科学技术创造的生命。因此,理智才是合成生命的真正创造者。可以说,理智创造了有理智的生命。就理智本质而言,生殖技术或合成生物技术的目的是避免自然生殖或进化带来的卑微无能,进而提升人类生殖能力或生命的

---

① 库尔特·拜尔茨:《基因伦理学:人的生殖技术化带来的问题》,马怀琪译,华夏出版社,2000,第93页。

尊严。也就是说,生殖领域的高新技术应当秉持尊严优先于卑微的伦理法则。

与生殖领域类似,试图解决死亡问题的高新科技从人类归宿的角度带来人性尊严的诸多问题。高新科技时代,死亡似乎可以归因于人体运行出现的技术问题,"死亡是一个我们能够也应该解决的技术问题"[①]。在21世纪,死亡不再具有古代的神秘性,"人类很有可能真要转向长生不死的目标"[②]。虽然长生不老的幻想正在转化为健康幸福、人类增强、延缓衰老、延长寿命的现实旅程,无奈的死亡宿命正被转换为人类运用高新科技积极抗争死亡威胁、步步推进健康长寿的恢宏航程,但是长生不老并不能借助高新科技成为事实,它只是理智的一种追求和生命不朽的理念或理想。更为严重的是,在追求长生不死的过程中,高新科技还可能直接危害人类身心健康。如果不尊重甚至践踏应用理智德性,高新科技的任性极有可能加速人类灭亡(如改变基因导致人类异化等)。一旦高新科技失控,人类就会转向迅速灭亡的不归之路。究其实质,高新科技向死亡宣战意味着理智利用高新科技否定、扬弃人类在死亡面前必然陷入有限性的卑微。与此同时,人类试图运用高新科技改变向死而生的历史宿命,由解决向死而生的生存问题转向"祛死而生"(试图消除死亡而获得永生)的奋斗历程。在不屈不挠地挑战死亡的悲壮进程中,高新科技不断否定卑微的宿命,持续确证自由高贵的人生尊严。

生死之间的生命历程是人类增强技术发挥作用的广阔领域。虽然人类增强技术有不同的具体目标(如身体增强、智力增强、道德增强等),但其根本目标都指向长生不死或灵魂不朽。必须警惕的是,人类增强技术在无限逼近长生不死的过程中,可能导致人类灭亡的严重后果。如果人类永无止境地追求健康、快乐和力量,锲而不舍地把高新科技与机器人、计算机相融合,始终如一地进化升级,结果可能是:"人类慢慢地改变了自己的特质,于是特质一个又一个地改变,直到人类不再是人类。"[③]赫拉利曾认为,人类利用高新科技由智人升级到智神的蜕变过程是生物工程、半机械人工程、非有机生物工程。[④]假如这个设想是可能的,那么高新科技在应用理智德性的范畴内,至多经历生物工程,到达半机械人工程时

① 尤瓦尔·赫拉利:《未来简史:从智人到神人》,林俊宏译,中信出版社,2017,第19页。
② 尤瓦尔·赫拉利:《未来简史:从智人到神人》,林俊宏译,中信出版社,2017,第18页。
③ 尤瓦尔·赫拉利:《未来简史:从智人到神人》,林俊宏译,中信出版社,2017,第43页。
④ 参见:尤瓦尔·赫拉利:《未来简史:从智人到神人》,林俊宏译,中信出版社,2017,第38页。

就必须停止,绝对不应当跨入非有机生物工程。这是科技理智德性自我节制的底线诉求,因为非有机生物工程也就意味着人的消失与灭亡。如果不加以节制,陷入非理智的高新科技终将把人类变成非人类,即消灭人类、终结人类历史。也就是说,如果以高新科技为目的的伦理法则取代或否定以人为目的的伦理法则,那么人类的健康快乐幸福必定无足轻重,人类的平等自由尊严也将化为云烟。是故,高新科技应当秉持尊严优先于卑微的伦理法则。

结语

从根本上讲,人类是把高新科技带来的尊严与卑微集于一体的矛盾存在者。理智不能完全消除卑微以维系尊严,因为尊严与卑微是不可分割的两大要素。卑微正是尊严的另一方面,反之亦然。消除了卑微,也就消除了尊严诉求的根据。尽管如此,二者依然是有区别的:尊严是卑微的本质或真理、目的,卑微是尊严达成自身的途径手段或桥梁。

在高新技术的生活世界中,人类理智应当通过扬弃卑微实现尊严,坚定地奉行尊严优先于卑微的法则。如果说人类历史是秉持优秀传统、立足当下、规划未来、不断实现理智潜能的恢宏的自由进程,那么理智则是人类历史的精神力量,其根本目的是实现人类潜能,增进人类福祉,推动历史发展。这就涉及科技伦理的历史目的,即发展。

第十章

科技发展伦理

科技发展伦理是指科技实践、应用的间接目的或历史目的范畴的发展伦理。科技是第一生产力,也是新质生产力。科技既是认知、思想、价值的产物,又是思想和价值的物化途径,是外在型、自在型、中介型科技共同构成的生产力系统,更是追求自由、平等、尊严、正义、权利的实践力量。科技的终极历史目的是发展的伦理诉求。

虽然科技是推动人类社会发展的最为重要的力量,但不是唯一的力量,因为自然、经济、文化、政治等要素与科技共同推进人类发展。如果说古典发展的主要人文力量是政治,近现代发展的主要人文力量是经济,科技处于政治、经济的从属地位,是发展的非主要力量,那么当今发展的主要力量或火车头则是科技尤其是高新科技。科技的发展目的体现在发展的逻辑进程中,体现在发展的伦理使命中。值得注意的是,科技的发展目标不能局限于科技领域,而应当放眼人类发展的宏观大局,把握人类发展的价值目的。因此,探究科技的发展伦理,必须从发展的整体系统予以考察。由此,才能真正确证科技实践的历史目的或间接目的之发展的真正伦理含义。

一般而论,发展好像仅仅"是一个政治伦理概念"[1]。其实,发展不仅仅是一个政治伦理概念。因为发展是关乎人类命运的大事,它直接关涉每个人,间接涉及人类赖以生存的地球乃至宇宙。当且仅当关乎人类命运的重重矛盾凸显之

---

[1] 彼得·华莱斯·普雷斯顿:《发展理论导论》,李小云、齐顾波、徐秀丽译,社会科学文献出版社,2011,第22页。

时,发展问题才可能真正进入人类历史的议事日程。或许正因如此,发展问题全面深刻地进入人类的视域,只不过是近几十年的事情。①近几十年,对发展问题的争论日益激烈。迄今为止,可持续发展业已成为国际共识。不过,"在当今迅速变化的世界中,并没有一个实现可持续发展的简单方法"②。更为关键的是,可持续发展既要直面神秘未知的终极挑战,又要应对前所未遇的重重障碍。设若可持续发展遭受重创乃至不能实现,人类的命运与历史必将陷入岌岌可危之困境。是故,寻求可持续发展不可仅仅囿于政治伦理之藩篱,而应深刻反思发展的逻辑进程,进而把握其内在本质,探索其实践路径。

有鉴于此,探究科技发展的目的不能囿于政治伦理的发展,也不能局限于科技伦理的发展,应当深入发展自身的逻辑进程,提炼其内在本质,理解发展权的伦理诉求,基于此把握科技伦理的历史发展目的。

第一节　发展的逻辑进程

在人类历史的绵延中,发展总体上呈现出自在发展、自觉发展、可持续发展的逻辑进程。

一、自在发展

自在发展指尚未自觉地盲目发展。工业革命前,人类尚不具备大规模开发利用自然的能力。人类的第一要务是适应自然环境以求自身之生存,人与自然处于一种简单的适者生存的关系之中。当此之时,生存问题是历史主旋律。生存面临的各种冲突,尚未全面危及人类与地球。弱肉强食、适者生存的自然法则还是这个历史时期的第一律令,维系人性尊严的自由法则尚被遮蔽在自然法则

---

① 参见:彼得·华莱斯·普雷斯顿:《发展理论导论》,李小云、齐顾波、徐秀丽译,社会科学文献出版社,2011,第5页。
② 杰拉尔德·G.马尔腾:《人类生态学——可持续发展的基本概念》,顾朝林、袁晓辉等译校,商务印书馆,2012,第147页。

之下。因此,发展问题潜伏在生存问题之下,并未真正全面进入人类命运的历史轨道。从整体上看,人类在这一历史时期还处在盲目发展的阶段。

自在发展缺乏自觉的边界意识,这就可能导致人类忽略甚至缺失禁止规则而肆意妄为。如果没有理性自觉的禁止意识与规范要求,盲目发展可能在某个历史阶段走向停滞、后退、衰败,甚至灭亡。对此,法国国家科学研究中心研究员施迪恩在给《发展的受害者》写的序言中说:"盲目推进发展给人类带来的威胁,似乎是一种程式化的集体性破坏,最后没有人能够长期从中受益,唯一的结果是只有受害者。"①这种观点完全否定了盲目发展的价值与意义。它虽然失之偏颇(因为盲目发展也并非完全危害人类),但是提醒人类审慎地自觉对待发展问题。

工业革命后,人类开发自然、把握自然、利用自然资源的能力急剧提升,相应的物质技术手段(如蒸汽机、核武器、机器人、基因工程、网络资讯、人工智慧等)快速增强。当这些物质技术手段的运用足以危及人类生存之时(原子弹的爆炸就是一个标志性事件),也就表明人类业已处在运用自身能力就足以危害人类自身之时。至此,人类摆脱自然环境的巨大生存压力,击败其他生存对手而成为地球的真正主人。也就是说,人类真正的敌人只有人类自己。正因如此,人类能力的运用开始遭遇人类的自我反思、质疑乃至否定,(拉美特利、卢梭、康得、密尔等人所思考的)人是什么的问题、人类的福祉尊严问题等开始代替适者生存的自然法则,逐渐成为历史发展的主旋律,自觉发展问题脱颖而出。

二、自觉发展

未经自我反思、自我审视与自我批评的发展属于盲目发展的范畴。盲目发展最终体现出诸多负面效应,如发展病等。②人们审视发展问题尤其在考虑如何避免盲目发展的危害时,发展就进入人类自觉关注的范围而成为重大事务。这也意味着自觉发展提上了关乎人类命运的历史日程。

从历史现象来看,如彼得·华莱斯·普雷斯顿(Peter Wallace Preston)所言,发展可以追溯到19世纪。"二战"之后,在全球工业资本主义体系中,第三世界也"积

① 约翰·博多利:《发展的受害者》,何小荣、谢胜利、李旺旺译,北京大学出版社,2011,第3页。
② 参见:约翰·博多利:《发展的受害者》,何小荣、谢胜利、李旺旺译,北京大学出版社,2011,第5-26页。

极投身于社会重建,希望追寻有效的国家发展"①。发展逐步从局部走向全球,从盲目发展走向自觉发展。21世纪以来,高科技等引发的一系列关乎发展的全球问题(如气候变暖、基因工程、生物多样性等)受到人们的高度关注。

自在发展带来的灾难与诸多全球问题告诫人们,无论是个人发展还是国家发展,都应当审慎地考虑发展的目的与后果。反思发展的目的与后果,也就意味着从盲目发展或自在发展转向自觉发展。自觉发展呈现为实然发展与应然发展两种基本范式。

实然发展主张发展是天然合理的,或者说发展就是目的。究其实质,实然发展注重现实利益、生活状态,把经济利益当作发展的主要目的,把物质财富当作发展的根本标准或目的。就此意义上讲,实然发展是自觉发展范式中的现实主义。在约翰·博多利(John Bodley)看来,发展中的"现实主义者的根基是19世纪的社会达尔文主义,它假设欧洲对外扩张是自然而然和不可避免的事情,最终将会让全世界受益"②。不过,发展并不仅仅是经济发展与财富积累,经济发展也并非有益无害。而且,实然发展也蕴含着某种程度的应然要素(如经济财富所要达到的理想目标、所要遵循的发展规则等)。实然发展的应然要素不但具有经济财富等自我提升的诉求,也具有对这种诉求的超越,即满足人类生存所蕴含的价值追求与人性尊严。

与实然发展的理念不同,应然发展主张发展必须合乎一定的伦理道义。就此意义上讲,应然发展是自觉发展范式中的理想主义。从发展的实际进程来看,发展过程体现着第一世界伦理价值观对于第三世界的特定关注。普雷斯顿认为,发展理念自18世纪兴起以来,"最主要的发展理论都是从西方的伦理观出发的"③。伦理观与特定的社会历史情景有着密切联系,每个地方都可能具有不同于其他地区的发展伦理观。那么,非西方的伦理观是怎么看待发展的呢?众所周知,非洲最早提出"发展权"的理念。1969年,阿尔及利亚正义与和平委员会在《不发达国家发展权利报告》中首次使用"发展权"。此后,发展权引起国际社会

的普遍重视。[1]20世纪八九十年代,为了回应西方伦理观(强调自由和启蒙思想的普适性)的指责,亚洲伦理观主张统一的道德规范、国家发展的信念、大众服从精英执政模式的普遍认同。[2]作为人类伦理观的几种范式,西方伦理观、非洲发展权与亚洲伦理观虽然有一定程度的相互冲突,但是它们应当而且能够经过民主商谈的途径达成基本的伦理共识。这是因为发展不仅仅是西方(欧美)的发展,也不仅仅是亚洲或非洲的发展,而是事关人类的全球大业。换言之,发展是人类的重大事件,而非个别人或少数人的微末小事。所以,发展不能囿于各种伦理观的冲突,而应该从人类历史命运的角度寻求共识。

更为重要的是,应然发展不仅仅是理想的伦理取向,实然发展也不仅仅是现实的经济效益。原因在于,应然的伦理目的只有具体为实然的发展过程,才具有真正的意义;实然发展只有在伦理目的引领下,才可能避免发展病之类的危害。所以,实然发展应在伦理价值的规范与制约下进行,应然发展必须在实然发展中把伦理价值落到实处。那么,如何综合实然发展与应然发展,使发展在现实与理想相互协调的良性轨道上运行? 回应这个问题,正是可持续发展的历史使命。

三、可持续发展

目前,可持续发展是人类发展理念的基本共识。

可持续发展是实然发展与应然发展的综合路径,是对自觉发展(实然发展与应然发展)的扬弃,也是对自在发展的超越。

只有实然的发展是不可持续的,因为没有应然的发展必然带来一定程度的危害。如果没有正确的价值取向,可能导致经济财富来源不当或分配不公。经济财富来源不当,可能导致资源匮乏、生态环境恶化,致使发展不可能持续。经济财富分配不公,可能导致社会系统两极对立、人文生态极度恶化,发展亦不可能持续。质言之,"可持续发展并不意味着持续的经济增长"[3]。同理,没有实然

---

[1] 参见:朱炎生:《发展权的演变与实现途径》,厦门大学学报(哲学社会科学版),2001年第3期。
[2] 参见:彼得·华莱斯·普雷斯顿:《发展理论导论》,李小云、齐顾波、徐秀丽译,社会科学文献出版社,2011,第278页。
[3] 杰拉尔德·G.马尔腾:《人类生态学——可持续发展的基本概念》,顾朝林、袁晓辉等译校,商务印书馆,2012,第10页。

的发展也是不可能持续的,因为实然发展是可持续发展的当下基点和经济基础。经济停滞、贫穷饥荒只能把人类推向衰退的历史深渊,这既违背应然的价值取向,也使应然发展成为空谈。有鉴于此,可持续发展既主张发展是实然的当下问题,也认可发展是应然的伦理问题。

"可持续发展"这一概念,是布伦特兰委员会在1987年提交给联合国的《我们共同的未来》的报告中首次使用的。[1]凭直觉来看,"可持续发展就是既要着眼于当下的需求,又要照顾到子孙后代的需求,即留给我们的子孙后代一个体面生活的机会"[2]。值得注意的是,可持续发展不仅仅是代际公正的伦理诉求问题,也不仅仅是当下需求的满足问题。可持续发展的真正意义如牛津大学的帕菲特所言:"而今最为重要之事就是我们要避免人类历史的终结。"[3]经济、科技、社会等方面的发展并非自然合理,而是服务于人类存在与历史绵延的根本目的。或者说,可持续发展的价值不是追求人类的自取灭亡,而是追求更好地延绵人类历史的正当诉求,即发展权。发展权作为发展的价值诉求涉及发展的内在本质问题。

第二节　发展的内在本质

发展的逻辑进程彰显出发展权的价值,发展权正是发展的内在本质的价值诉求。

凭直觉而言,发展的逻辑进程彰显出其内在本质是"尽其性"。何为"尽其性"呢?

"尽其性"源自《中庸》对"至诚"的诠释:"唯天下至诚,为能尽其性。能尽其性,则能尽人之性;能尽人之性,则能尽物之性;能尽物之性,则可以赞天地之化育;可以赞天地之化育,则可以与天地参矣。"这里说的"尽其性",是指圣人尽某

---

[1] 参见:彼得·华莱斯·普雷斯顿:《发展理论导论》,李小云、齐顾波、徐秀丽译,社会科学文献出版社,2011,第317页。

[2] 杰拉尔德·G.马尔腾:《人类生态学——可持续发展的基本概念》,顾朝林、袁晓辉等译校,商务印书馆,2012,第10页。

[3] Derek Parfit, *On What Matters*, Volume Two (Oxford: Oxford University Press, 2011), p. 620.

个物之性,即圣人在理解、把握某种物之本性的基础上,顺应并发挥其固有本性,使其应然本质得以顺畅实现。当然,这并非发展意义上的"尽其性"。

现在,我们把"尽其性"措置于发展的境遇之中——以发展主体替代"圣人"。发展意义上的"尽其性"可以大致概括为:发展主体从其本然之性到本质之性的实现过程。这个过程包括两个基本层面:何种发展? 谁之发展?

一、何种发展

一般说来,范畴A包含+A与-A两个要素,这两个要素之间的矛盾构成A之存在根据与前进动力,发展也不例外。

如果用D(development的第一个英文字母)代指发展,那么D具有+D与-D,即正发展与负发展两个基本要素。通常所说的发展指+D,即前进、提升、扩张等正面意义的自我提升或自我实现的"尽其性"。与此同时,+D常常遮蔽发展的另一要素-D,即自我提升或自我实现所遇到的障碍,或阻碍"尽其性"的停滞、后退、禁止等负面意义的要素。这是为什么呢? 主要原因在于,只有孤零零的主体(以下用subject的第一个字母S代替"主体"),其发展是不可能的。S只能在S1、S2、……等同类与非同类所构成的境遇中,才有可能发展。这就必然受到自身、同类与环境的各种限制。换言之,发展就是某一主体S在其存在境遇中的"尽其性"。境遇包括与S相关的自然环境、社会秩序、他者个体等。这些要素都有可能成为阻碍发展的负面要素-D。

在通常情况下,+D与-D的冲突不太严重或没有达到非此即彼的激烈程度时,双方的本质都不会充分展现出来。只有当+D与-D发生尖锐冲突,以至如果忽视一方,另一方就会受到巨大阻碍甚至不能正常运行之时,+D与-D的意义才可能得到重视。质言之,只有去除+D对-D的遮蔽,D的真正意义才有可能得以显现。反之亦然。可见,D是+D与-D在相互依存、相互否定的逻辑进程中实现其本质之性的进程。就此意义来说,发展是发展主体根据一定目的所进行的自由选择的行为过程,是扬弃那些阻碍"尽其性"的各种要素所达成的"尽其性"。可见,"尽其性"就是S在理解、把握物件本性的基础上,发挥其固有本性,使其本质不受阻滞地得以顺畅实现的过程。或者说,"尽其性"是S从本然之性到本质之性的实现过程。

S在与自身、同类或异类相冲突的境遇中,不可避免地遇到如何发展以及应当如何发展的问题。在S自觉意识到这个问题之前,S处于自在发展或盲目发展阶段。一旦S意识到这个问题,就进入自觉发展阶段。在自觉发展阶段,S发展的现实与应当之间的差距,可能甚至必然产生冲突。这就是实然发展与应然发展共同存在的根据与相互冲突的根源。然而,发展不可能仅仅是S的现实,也不可能仅仅是S的应当,而是二者重叠交织的富有生命力的进程。这是因为现实是应当的现实,应当是现实的应当。此即为可持续发展得以可能的根据。或者说,可持续发展是"尽其性"的外在体现,"尽其性"是可持续发展的内在要求。

如果说发展是某一主体S在其存在境遇中的"尽其性",那么S就是发展主体。问题是,发展主体是什么呢?或者说,谁之发展(谁"尽其性")?

二、谁之发展

显而易见,宇宙整体的"尽其性",非人力所能及,或许这是上帝的事情(如果存在上帝的话)。既然如此,也就不能对此进行有效的探讨,故悬置不论。

发展问题主要涉及地球相关的自然问题与社会问题。因此,我们主要讨论地球范围内的发展主体。在此范围内,整体自然是由部分自然共同组成的系统。如果把人看作整体自然的一部分,非人自然则是整体自然的另一部分。为用语简洁,人之自然与非人自然可分别简称为人与物(或自然)。或者说,整体自然是由人与物共同构成的系统。据此,"谁之发展?"可以分解为两个层面:物的发展还是人的发展?整体自然的发展还是物的发展或人的发展?也就是说,发展主体是人、物还是整体自然?

这将决定着是人优先于自然还是自然优先于人,也决定着发展的本质是人"尽其性"还是自然"尽其性"。

(一)物的发展还是人的发展

物(自然)从潜在到现实的过程是发生、发育或进化,而非发展。如荀子所言："天行有常,不为尧存,不为桀亡。应之以治则吉,应之以乱则凶。强本而节用,则天不能贫;养备而动时,则天不能病;循道而不贰,则天不能祸。"(《荀子·天论》)物对人的危害或有益与发展并无直接关系。不过,它可能是发展的必要条件或发展的潜在形式。

自然资源中,一部分是可再生资源如食物、水、森林等,另一部分则是不可再生资源如矿产等。无论是可再生资源还是不可再生资源,都不是自然特意为人类准备的。实际上,依赖自然获得原料和能源等资源,是人类不可逃匿的必然宿命,也是人类得以生存、发展的必要条件。或许所有自然资源如风、水、太阳能等都可以开发利用,但是所有能源之整体并不足以保证我们的生存。

自然的每个部分并非都对人类有益,因为"自然并非是为人类种族提供特权而设计的"①。马的善跑可以助人,也可以害人,甚至使人陷入生命危险。换言之,自然与人的冲突在所难免(小至苍蝇蚊虫,大至地震海啸)。人类完全征服自然是不可能的,可能的只是改造自然、顺应自然,使其为人类服务。为此,人类必须费尽心血地开发应用这些资源,以达到自身生存、发展之目的。

为了安全与生存,人类常常试图修正生态系统的功能,以期自然能够根据人类所需提供相应资源。不过,一切对自然的开发、改造、利用,都应当以不危害人类生存为基本行为规则,因为"已经被破坏的生态系统一旦失去了满足人类基本需求的能力,就很难有机会去实现经济发展和社会公正"②。因此,人类应当尊重自然,而不是掠夺甚至践踏自然。在这个意义上,所谓尽物之性是指人类合理正当地利用自然资源以满足人类目的的实践过程,并非自然利用人以便满足自然目的之过程。可见,尽物之性本质上是人类应当如何处理与自然的关系问题,而不是自然应当如何处理人与自然的关系问题。尽物之性是人类发展的途径,尽人之性是尽物之性的目的,而非相反。

换言之,人是尽物之性的主体,当人的发展与自然出现冲突之时,以人为目的,即人优先于物(自然)。

---

① 杰拉尔德·G.马尔腾:《人类生态学——可持续发展的基本概念》,顾朝林、袁晓辉等译校,商务印书馆,2012,第146。
② 杰拉尔德·G.马尔腾:《人类生态学——可持续发展的基本概念》,顾朝林、袁晓辉等译校,商务印书馆,2012,第11页。

(二)整体自然的发展还是物的发展或人的发展

1.整体自然的发展还是物的发展

由于(1)整体自然的发展包含人的发展与物的发展;(2)人的发展优先于物的发展,因此物的发展不可能优先于整体自然的发展。就是说,整体自然的发展优先于物的发展。

2.整体自然的发展还是人的发展

整体自然是由生态系统与社会系统重叠交织、共同构成的综合系统。整体自然的发展归根结底是人的发展,因为(1)人是整体自然发展的根据,(2)整体自然的发展本质上就是人的发展。

(1)人是整体自然发展的根据

在整体自然中,只有人既是生态系统的一部分,又是社会系统的一部分。生态系统中的其他部分仅仅属于生态系统,并不属于社会系统。

生态系统包括空气、土壤、水、生物体以及所有人类创造的物质结构,"其中生态系统的生物部分——微生物、植物、动物(包括人类)都是其生物群落"[1]。从量上看,在生态系统中,生物群落只是其微小的生物部分,人类只是其生物群落中微不足道的一小部分。然而,从发展的角度看,只有人类才能赋予生态系统发展的价值与意义。没有人类,生态系统就不可能具有发展的价值与意义。因此,人是生态系统的主体。

与生态系统相对应,"社会系统包括与人类有关的一切,如人口、塑造人类行为的心理和社会组织……价值观和知识——共同形成了人类个体和整个社会的世界观——指导我们处理和阐释信息,并将其转化为行动。技术限定了我们行为的可能性。社会组织和制度限定了社会能接受的行为,并且指导我们将可能性变为行动"[2]。社会系统的基本要素是人,以及人所构成的其他要素如家庭、单位、组织、国家,乃至全部人类所构成的地球村。没有人,也就没有社会系统。因此,人是社会系统的主体。

---

① 杰拉尔德·G.马尔腾:《人类生态学——可持续发展的基本概念》,顾朝林、袁晓辉等译校,商务印书馆,2012,第1页。
② 杰拉尔德·G.马尔腾:《人类生态学——可持续发展的基本概念》,顾朝林、袁晓辉等译校,商务印书馆,2012,第2页。

生态系统与社会系统并非绝对对立,而是重叠交织地共同构成整体自然系统。在整体自然系统中,生态系统只是事实存在,并不为社会系统而存在,也不可能有目的地服务社会系统。社会系统自觉地利用生态系统达到自身的目的,生态系统的价值是社会系统赋予的。在整体自然的系统中,生态可持续发展就是保持生态系统健康。生态系统相互作用的方式是允许其保持功能的充分完整性以便继续提供给人类和该生态系统中其他生物以食物、水、衣物和其他所需的资源。①生态系统的价值在于,它是保障社会系统不断改善与持续存在的自然基础。这种价值根源于社会系统的有目的性行为,归根结底根源于人。

在整体自然中,只有人既赋予生态系统以价值与意义,又组建并赋予社会系统以价值与意义。只有人既是生态系统的主体,亦是社会系统的主体。因此,人是整体自然发展的真正主体。

(2)整体自然的发展本质上就是人的发展

据前所述,发展视域的"尽其性"包括尽物之性与尽人之性。或者说,尽人之性与尽物之性都是"尽其性"的应有之义,"尽其性"是通过尽物之性与尽人之性得以达成的。当人类有能力尽物之性时,才有可能尽人之性。换言之,"尽其性"是人尽某类对象之性。就是说,"尽其性"是人在理解、把握某物件之本性的基础上,顺应并发挥其固有本性,使其本质不受阻滞地得以顺畅实现。这里的对象指人或物。

尽人之性、尽物之性都属于尽部分自然之性,二者的综合就是尽整体自然之性。整体自然发展的主体性只能通过人体现出来,整体自然的"尽其性"(整体自然发展的实质)或整体自然的发展,就是人通过物而得到应有的发展,这就是整体自然本质的实现或人的发展。所以,人之发展既是整体自然的一部分(人)的发展,也是整体自然通过人这一部分而达成的整体自然之发展。

可见,整体自然与人的发展是一致的,整体自然的发展本质上是人的发展,而不是物(自然)的发展。或者说,人的发展就是整体自然的发展。因此,整体自然发展的主体和目的是人。

综上所述,发展意义上的"尽其性"(发展主体从其本然之性到本质之性的实

---

① 参见:杰拉尔德·G.马尔腾:《人类生态学——可持续发展的基本概念》,顾朝林、袁晓辉等译校,商务印书馆,2012,第2页。

现过程)可以修正为:发展的本质是人类通过尽物之性进而达成尽人之性,即人类通过尽物之性,扬弃人之自然之性,达成其自由之性的实现过程。

发展并非个别人或部分人的事情,而是关涉所有人和人类历史的"尽其性"。所以,发展"必须由我们所有人一起共同行动"①。这就必然要求发展不能囿于政治伦理之藩篱,而应当自觉地进入人类历史之进程。

从人类历史的视域看,社会系统应该是人类自由精神在时空中的"尽其性",生态系统应该是人类自然观念在时空中的"尽其性",发展则应该是人类历史在时空中的"尽其性"。换言之,一切发展都是人的发展。发展本质上是人类历史的本然属性持续地自我否定,进而逐步实现其自由属性的宏大进程。就此而言,自在发展经过自觉发展(实然发展、应然发展)所探求的可持续发展,正是人"尽其性"的人类历史进程使然。同时,发展也是人类在自然系统与社会系统构成的整体自然系统中,通过尽物之性进而达成尽人之性的自由历程。尽人之性历程中的对自由的正当诉求就是发展权。

有鉴于此,当今世界没有也不可能有一个实现可持续发展的简单方法。不过,我们依然可以把握发展的"尽其性"本质——发展权,综合运用各种方法路径,智慧地推进可持续发展,以维系人类历史生生不息,绵延不绝。

就当下而言,科学技术尤其是高新科技是尽物之性进而达成尽人之性的平等、自由、尊严的最为重要的关键因素,是发展权的关键要素,也是以发展权为目的的要素。考察发展,不能囿于科技范畴,而应该从人类发展权的高度审视科技的发展目的。

第三节　发展权的伦理诉求

在人类历史的绵延中,发展呈现出自在发展、自觉发展与可持续发展的逻辑进程。自在发展是不自觉的自然发展或盲目发展。工业革命后,人类依靠近代

---

① 杰拉尔德·G. 马尔腾:《人类生态学——可持续发展的基本概念》,顾朝林、袁晓辉等译校,商务印书馆,2012,第200页。

科技和社会变革等手段逐步击败所有对手,成为地球的真正主人。于是,自觉发展代替盲目发展,成为历史发展的主旋律。自觉发展具有实然发展与应然发展两种基本形式。实然发展把物质财富当作发展的根本目的,应然发展则把伦理道义作为发展的根本目的。可持续发展扬弃自觉发展,追寻人类历史进程中的平等、自由和尊严,追求代际公正。目前,可持续发展业已成为人类的基本共识。

发展的逻辑进程彰显出其本质即"尽其性"。"尽其性"源自《中庸》对"至诚"的诠释。这里说的"尽其性",是指圣人尽某个对象之性,即圣人在理解、把握对象之本性的基础上,顺应并发挥其固有本性,使其应然本质得以顺畅实现。当然,这并非发展意义上的"尽其性"。现在,我们把"尽其性"置于发展的境遇之中——以发展主体即"人类"替代"圣人",发展意义上的"尽其性"可以概括为:发展主体或人类从本然之性到本质之性的实现过程。或者说,发展是人类通过科技以尽物之性,扬弃人之自然之性,达成自由之性的自我实现过程。质言之,发展是人类持续地自我否定,进而逐步实现其自由精神"尽人之性"的历史进程。

发展的逻辑起点、实践过程与最终目的是尽人之性。尽人之性本质上是一种正当诉求,或者说,发展既是个体的正当诉求,又是人类的正当诉求。正当诉求就是权利。换言之,发展权既是个体权利,又是人类权利。可持续发展追寻人类历史进程中的平等、自由和尊严,追求代际公正,其实质是发展权。特别需要注意的是,发展权不完全等同于非洲发展权,而是人类历史进程中的人类发展权或世界发展权。

发展的过程自身内在地包含发展权的伦理法则、伦理律令与相应的伦理义务等伦理诉求。

一、发展权的伦理法则

发展权的伦理法则是具有客观普遍性的发展伦理的根本原则,它深深植根于人类历史的长河之中。不同层面、不同形式的发展伦理观(如西方发展伦理观、亚洲发展伦理观、非洲发展伦理观等)都是发展权伦理法则的不同环节。如果把它们置于人类历史的境遇中予以考量,科技发展的伦理法则就会从人类历史的绵延中脱颖而出。

在人类历史浩浩荡荡、勇往直前的洪流中,生态系统所遵循的弱肉强食的自然法则,通过社会系统,归根结底通过人,演变为追求最大效益福祉的功利原则。显而易见,自然法则是自在发展或盲目发展所遵循的丛林法则,功利原则是以追求经济利益为圭臬的实然发展之伦理法则。从表面看来,功利原则与适者生存的自然法则似乎类似(强者优先于弱者),因而也存在类似的问题,即强者对弱者的掠夺与侵害。不同的是,功利原则并非绝对不顾及弱者利益。因为强者在追求自身利益最大化的同时,也有意无意地给弱者带来一定的福祉效益,或者程度不同地兼顾弱者的利益。正如密尔所说:"功利主义道德的确承认,人具有一种为了他人之善而牺牲自己最大善的力量。它只是拒绝认同牺牲自身是善。"[1]功利原则强调,没有增进幸福的牺牲是一种浪费,唯一值得称道的牺牲是对他人的幸福或幸福的手段有所裨益(这里说的他人是人类整体,或者是人类利益所限定的个体)。福祉效益是精神力量把握、超越外物的实在标志,实然发展是人类内在精神力量对自然外物的扬弃。强者与弱者的利益冲突,构成实然发展自我否定的内在动力。

为了调节强者与弱者的利益冲突,发展不仅仅追求功利,而且还追求超越功利的道义价值,如正义、尊严、自由、平等、权利、义务等。虽然不同的发展观伦理追求不尽相同,如自由(西方发展伦理观)、发展权(非洲发展伦理观)、统一的道德规范(亚洲发展伦理观)等,甚至在某种程度上相互冲突,但是它们在一定程度上都是道义价值的不同表述形式或不同环节。从道义的绝对命令来看,就是康德所说的人为目的的自由法则。[2]从道义制度的第一德性即正义来看,正如罗尔斯所言:"正义所保障的权利不屈从于政治交易或社会利益的算计。"[3]道义原则扬弃福祉第一的功利原则,秉持道义第一的自律法则。由此看来,道义原则是应然发展所遵循的伦理法则。

不过,实然发展与应然发展、道义原则与功利原则并非截然对立、水火不容,而是人类伦理精神的不同环节在历史进程中的不同实现形式。问题是,道义与

---

① John S. Mill, *On Liberty & Utilitarianism* (New York: Bantam Dell, 2008), p. 173.

② 参见:康德:《实践理性批判》,邓晓芒译,人民出版社,2003,第41—44页。

③ John Rawls, *A Theory of Justice* (Cambridge, Massachusetts: Harvard University Press, 1971), p. 4.

功利发生冲突时,何者优先? 这是实然发展与应然发展不能回避也未能真正解决的伦理问题,也正是可持续发展的历史使命。

道义与功利(实然发展与应然发展)的冲突,根源于二者追寻终极目标的差异。是故,道义与功利(实然发展与应然发展)的和解或扬弃,在于超越二者终极目标的矛盾,进而达成二者的伦理共识。

其一,道义与功利的冲突,本质上是经验自由与先验自由的冲突。在康德看来,作为目的论体系的自然之终极目的是什么呢?"假定把自然看作一个目的论体系,人生来就是自然的终极目的。"①人自身的目的是什么? 人的目的要么是幸福,要么是文化。终极目的不是功利论的幸福,而是自由规律体现出的文化。不过,并非所有文化都是终极目的,如技术就不是终极目的,因为"终极目的就是不需要其他任何目的作为可能条件的目的"②。终极目的试图推断,源自自然中的理性存在者的道德目的之原因与属性——一种可以先天知道的目的。这就是此世界的最高目的——人的自由。③康德这里所说的自由,指超越任何感官的能力,即先验自由。④先验自由是作为遵循道德规律的道德主体应当尊重的最高道德目的。实际上,这就是应然发展的终极目的。

与康德式的道义论不同,功利论基于行为后果的决定论判断,以现实经验的感性规律(快乐或幸福)作为伦理法则。功利论的自由,不是超感官的先验自由,而是经验自由。经验自由是一种感官能力,是源自欲望而又超越欲望的最大可能地免于痛苦,最大可能地享有快乐的习惯力量。根据最大幸福原则,"终极目的是这样一种存在:在量与质两个方面,最大可能地免于痛苦,最大可能地享有快乐"⑤。经验自由把利益福祉作为目的,其他一切值得欲求之物皆与此终极目的相关。这就是实然发展的目的。

道义与功利的对立、应然发展与实然发展的矛盾,归根结底是经验自由与先

---

① Immanuel Kant, *Critique of Judgment*, translated by James Creed Meredith (Oxford: Oxford University Press, 2007), p. 259.

② Immanuel Kant, *Critique of Judgment*, translated by James Creed Meredith (Oxford: Oxford University Press, 2007), p. 263.

③ See: Immanuel Kant, *Critique of Judgment*, translated by James Creed Meredith (Oxford: Oxford University Press, 2007), p. 263.

④ 参见:康德:《实践理性批判》,邓晓芒译,人民出版社,2003,第36页。

⑤ John S. Mill, *On Liberty & Utilitarianism* (New York: Bantam Dell, 2008), p.167.

验自由的终极目的之冲突。尽管如此,二者依然存在共同之处:从消极层面来看,二者都不可能以历史终结为目的;从积极层面来看,二者都以人类历史的绵延为共同目的。

其二,实然发展与应然发展、道义与功利都不可能以历史终结为目的。作为一个具有自我意识和死亡自觉的物种,人类知道自身来自宇宙,属于自然整体的一部分,也明白人类既具有历史开端,也具有历史终结。如果人类灭亡,社会系统必然不复存在,生态系统的健康运行也将因为失去伦理主体而毫无意义。继之而来的是,发展完全失去存在的依据和价值,人类"尽其性"蜕变为终结其性,整体自然的发展随之化为乌有。实然发展与应然发展、道义与功利也将丧失存在的根基,经验自由与先验自由更是无从谈起。可见,历史终结是道义与功利、实然发展与应然发展都应竭力避免的恶果。或者说,道义与功利都以避免历史终结为消极目的。

其三,经验自由与先验自由追求的共同目的是人类历史的绵延不绝。从人类历史的角度看,"发展的原则包含一个更广阔的原则,就是有一个内在的决定,一个在本身存在的、自己实现自己的假定作为一切发展的基础。这一个形式上的决定,根本上就是'精神',它有世界历史做它的舞台、它的财产和它的实现的场合"①。先验自由探求人的尊严与权利,经验自由确证人的福祉与幸福。在世界历史的舞台上,先验自由和经验自由应当共同推进人类历史的进展。当发展的不同目的(功利与道义)发生冲突时,维系人类历史的延续是实然发展与应然发展的共同伦理使命,因为实然发展与应然发展、功利法则与道义法则的目的都是为了维系人类自身的历史。是故,可持续发展的伦理法则在于扬弃功利与道义的矛盾,把维系人类历史的绵延作为功利与道义的绝对命令或发展的积极目的。

自由以历史延绵为前提,也以历史绵延为目的。换言之,可持续发展的本质是人类的一切努力与行动都应当为了避免人类历史终结,以便维系自身的历史及其绵延。不过,实际问题却极其复杂。帕菲特说:"作为宇宙的一部分,我们属于开始自我理解的那一部分。我们不但能够部分地理解事实之真,而且能够部分地理解应当之真,或许我们能够真地实现这种理解。"②从根本上讲,事实之真

---

① 黑格尔:《历史哲学》,王造时译,上海书店出版社,2001,第55页。

② Derek Parfit, *On What Matters*, Volume Two (Oxford: Oxford University Press, 2011), p. 620.

关涉的是人类与自然的实然关系,应当之真则是人类在理解事实之真的基础上如何处理人与自然的应然关系。然而,人只是自然的一部分,并不能完全理解或精准把握自然。人所理解的自然在一定程度上是片面的、主观的、虚假的自然,而非全面的、客观的、真实的自然。由此看来,可持续发展隐含着不可持续发展的要素,历史延续潜在地具有历史终结的宿命。这也是可持续发展在当今迅速变化的世界中难以寻求一个简单方法的根本原因。

既然如此,可持续发展只能根据现实条件和应然目的,审慎地从事关乎人类历史命运的理性选择与正当行动。这种选择与行动要求发展伦理法则的具体规定,即发展伦理律令与发展伦理义务。

二、发展权的伦理律令

发展权的伦理律令是发展权伦理法则的具体展开。发展的逻辑要素包括三个层面:否定要素、肯定要素和主动要素。与此相应,发展权的伦理法则内涵三大伦理律令:消极律令、积极律令与主动律令。

(一)消极律令:回答发展不应当做什么

消极律令的根据在于发展的否定要素——脆弱性之祛弱权。

每个人都是脆弱的。当遇到疾病、受伤、营养不良、心灵困扰或人身侵害时,人们必须依赖他人才能生活或存活。在人生的第一阶段与最后阶段之间,我们的生活或长或短地处在虚弱、乏力、疾病、伤害等不良状态,残疾者则几乎终生如此。诚如麦金泰尔所说:"在童年和老年阶段,对他人保护与支撑的依赖尤为明显。"[1]即使在年富力强的鼎盛时期,每个人也只能(程度不同地)依赖自然环境、社会系统与他人,才可能存在。

在自然中,相对于纷纭复杂、不可胜数的无限的存在者,人只是微不足道的有限存在者。人并非全知全能的上帝,不具备上帝的智慧和能力,不能通天彻地,知晓万物,也不可能尽万物之性。每个人的这种脆弱性,决定并构成人类的

---

[1] Alasdair MacIntyre, *Dependent Rational Animals: Why Human Beings Need the Virtues* (London: Gerald Duckworth & Co. Ltd., 2009), p. 620.

脆弱性,也决定并造就人类历史的脆弱性。在人类成为地球主人的当下,人类历史的脆弱性并没有随之消失。相对于古典时代,掌握了科学技术的当代人具有自我毁灭能力与毁灭地球的能力,且已经对地球造成了不可挽回的深度危害。如果不能保障科学技术的正当应用,人类历史的脆弱性甚至会有增无减。面对自然的重重帷幕,不懂得禁止的存在者,必然陷入盲目危险的境地,更不可能具有可持续发展的能力。作为乌托邦或理想国的反面,反思科技带来的地狱般灾难的"科技反乌托邦"(technical dystopia)理念,亦是人类发展边界之自我警告。所以,人应当敬畏自然,慎重对待其"知",明确其"不知"之边界,厘定最为基本的发展界限,规定不得僭越边界的行为禁止的基本规则。质言之,人应当自觉地禁止不正当的行为,即任何人不应当从事危害人类历史延续的行为。

必要的禁止以可持续发展为基本诉求,以避免盲目发展。不过,禁止仅仅是发展的否定性诉求,为禁止而禁止是危害人类的大恶。原因在于,只有禁止没有允许,必然陷入极度穷困或动物状态,其结果只能是停滞不前,甚至走向共同灭亡。仅仅囿于禁止,不可能具有可持续发展的能力。就是说,禁止只是发展的必要途径,发展才是禁止的目的。那么,在遵循消极律令的同时,发展应当做什么呢?

(二)积极律令:回答发展应当做什么

积极律令的根据在于发展的肯定性要素——坚韧性之增强权。

与脆弱性相对,个体的坚韧性是指从生到死、从婴儿到老年的过程中,其自身能力或所期待能力的绵延、卓越与优秀。每个人的坚韧性构成了人类的坚韧性,也造就了人类历史的坚韧性。

人是受自然规律限制的自然存在,也是自我修身、自我培养的自由主体。面对强大神秘的自然,人不只是完全屈从自然规律的奴隶。科学技术尤其是当代高科技表明,人不仅仅是自然的产物,而且是能够意识到自己是自然产物的理性存在者。这种独立意识使人具备扬弃自然、独立于自然的自由能力。诚如汉斯·尤纳斯所说:"向自然说不的能力,是人类自由具有的特殊权利。"[①]自由精神是人

---

① Hans Jonas, *The Imperative of Responsibility: In Search of an Ethics for the Technological Age*, translated by Hans Jonas and David Herr (Chicago and London: Chicago University Press, 1984), p. 76.

类在回应威胁、克服懦弱或恐惧过程中体现出的不畏危险、自觉战胜困难的坚韧性力量。在一定程度上,人具有拒绝自然命令的自由。这种自由构成允许的根据——人应当允许自己遵循自由规则而正当地行动,自觉地积极从事维系人类历史延续的正当行为。

相对于古典时代的人类先民,掌握了科学技术的当代人类,具有更强的理解与掌握历史命运的能力,这在一定程度上增强了人类历史的坚韧性。传统尽物之性的途径如巫术、占星术等,追求人的特殊性而非普遍性,只适用于局部地区或特殊人群。其具有偶然性、经验性、随意性与不确定性,因而不能成为整体上推动人类进步的发展力量。与传统尽物之性的途径不同,科学技术追求普遍性,研究适用于所有人而非个别人的科学和技术。科学技术领域涉及外在生存空间、自身生存时间与自我身体。信息技术、基因工程等科学技术从根本上改造着自然系统与社会系统,深刻地影响并融入人类历史的进程。

科学技术因其影响人类发展途径的强大力量而成为"科技乌托邦"(technical utopia)理念的强力支撑。不过,技术是对科学的应用,它既可能被正当地应用,也可能被不正当地应用。对此,爱因斯坦说:"科学是一种强有力的工具。怎样用它,究竟是给人带来幸福还是带来灾难,全取决于人自己,而不取决于工具。……我们的问题不能由科学来解决;而只能由人自己来解决。"[1]所以,仅仅懂得应用科学本身是不够的,"关心人的本身,应当始终成为一切技术上奋斗的主要目标;关心怎样组织人的劳动和产品分配这样一些尚未解决的重大问题,用以保证我们科学思想的成果会造福于人类,而不致成为祸害"[2]。因此,人类应当摒弃科技乌托邦的虚幻,拒斥科技反乌托邦的灾难,自觉地应用先进的科学技术,从事造福人类、维系人类历史延续的事业。

消极律令、积极律令所要求的禁止与允许,都是以避免盲目发展、维系可持续发展为基本目的的伦理诉求。欲达此目标,尚需回答:发展应当一以贯之地做什么?

---

[1]《爱因斯坦文集》(第三卷),许良英、赵中立、张宣三编译,商务印书馆,2017,第69页。
[2]《爱因斯坦文集》(第三卷),许良英、赵中立、张宣三编译,商务印书馆,2017,第89页。

(三)主动律令:把握发展应当一以贯之地做什么

主动律令的根据在于发展的内在矛盾,即脆弱性与坚韧性、祛弱权与增强权、禁止与允许(不应当与应当)构成的发展的内在动力或发展的整体要素。

禁止意味着对不正当的否定,如斯科特·M.詹姆斯所说:"某些事情禁止做是因为这些事是不正当的。"①与此相应,允许则是对正当的肯定,某些事情允许做是因为这些事情是正当的。为了用语简洁,我们用D表示"发展"。如果禁止不正当行为是−D,那么允许正当行为则是+D,二者共同构成D。就是说,发展应当自觉地(而非盲目地)禁止不正当行为,积极地(而非消极地)从事正当行为。禁止不正当行为、从事正当行为的过程,构成实然发展与应然发展相互支撑、相互否定的可持续发展。可持续发展否定自在发展,扬弃自觉发展,把人类个体的发展与人类历史的绵延作为使命和伦理目的。由此看来,可持续发展本质上是遵循自由规律、维系人类历史延续的伦理进程。

在可持续发展的视域中,主动律令应当正确地把握禁止与允许的内在关系,精准地确定不正当行为的界限,明确正当行为的界限,尤其注重把握二者的交集部分,智慧地处理禁止与允许的冲突,一以贯之地把发展伦理法则落实到发展行为与实践中。这就要求在禁止与允许重叠交织的发展过程中,持之以恒地把发展伦理法则所蕴含的伦理精神融贯其中。换言之,主动律令要求,人类始终秉持发展伦理法则,通过尽物之性,扬弃自然之性,达成自由之性。主动律令的重要使命是,在以延续人类历史为目的的发展过程中,审慎考虑人类好的生活的各种要素,竭力弘扬人类生活世界的自由精神。

自然之性使人属于自然的一部分,因而使人不得不屈从于自然规律。自由之性使人具有道德自律能力,因而使人区别于其他动物与自然界。自律是指人具有自我立法的理性能力,能够认识到发展伦理法则的普遍有效性,并正确地应用之,即具备发展伦理法则的知行合一的伦理能力。自律涉及内在理性与外在行为,这就意味着人类应当自觉地承担知行合一的责任,既要为禁止负责,也要为允许负责,更要为人类历史负责。

根据行为后果之善恶或利害等,自律要求的责任可以分为惩罚型责任、赞赏

---

① Scott M. James, *An Introduction to Evolutionary Ethics* (Chichester: John Wiley & Sons Ltd., 2011), p. 51.

型责任与历史责任。惩罚型责任主要有:应当禁止而没有禁止,应当允许而没有允许,或禁止与允许的冲突没能合理化解,或有害人类历史发展等。赞赏型责任主要有:应当禁止而禁止,应当允许而允许,或禁止与允许的冲突得以合理化解,或有益人类历史发展等。历史责任是指,在社会系统、自然系统与人类个体相关的历史行动中,把人类历史的绵延作为判断行为正当与否的最高标准。为此,人类既要具备正确行动的商谈程序与力量保证,又要设置强有力的纠错机制,以便及时纠正错误、弥补过失,保障人类自身始终如一地运行在维系人历史使命的正确轨道上。

发展视域中的每个人都不是孤零零的个体,而是置身人类历史洪流之中的不可分割、相互关联的个体。或者说,个体总是和其他个体一起生存在特定的社会或团体之中,是与其他个体或社会团体密切相关的历史性个体。因此,伦理律令的实践既需要个体的自律,也需要人与人之间的相互监督,更需要人类自觉地建构良好的法律制度与公平的社会秩序。胡塞尔说:"人最终将自己理解为对他自己的人的存在负责的人。"①发展的伦理律令归根结底把人类理解为对人类历史负责任的存在者,要求人类应当始终如一地对人类历史负责。至此,发展伦理义务也就呼之欲出了。

三、发展权的伦理义务

发展权的伦理法则及其律令只有转化为相应的伦理义务,落实为人类生活的行为规范,才具有真正的实践价值和历史意义。发展权的伦理义务需要回答两大问题:谁之义务? 何种义务?

(一)谁之义务

此问题的答案选项有三:(A)生态系统的义务,(B)社会系统的义务,(C)人类的义务。

生态系统(即自然界)并不依赖人类与社会系统的健康运行,甚至也不需要人类与社会系统的存在。如果没有人类及其社会系统的参与,自然界的任

---

① 胡塞尔:《欧洲科学的危机与超越论的现象学》,王炳文译,商务印书馆,2001,第324页。

何现象都只是与发展无关的自然运行。从本质上讲,"凡是在自然界里发生的变化……永远只是表现一种周而复始的循环"①。自然界没有自我意识与自由意志,也就没有自觉的认识、理性选择以及积极行动,因而也谈不上生态系统的发展。就此意义上讲,生态系统并不承担相应的发展义务。

只有在人类与社会系统的世界中,新生事物才可能不断出现,发展才有可能持续前行。与发展有关的是,人类有目的地改造或影响的自然之物尤其是人类赖以生存的地球。对人类而言,"关爱地球是我们最为古老、最有价值、令我们最为愉悦的责任。关爱地球剩余资源,促使资源再生,是我们正当合法的希望"②。正是因为人类及其社会系统依赖自然资源而享有生存权与发展权,所以有义务保障生态系统的健康运行。

另外,发展不仅仅是少数人或绝大多数人"尽其性",而是每个人、所有人或人类历史的"尽其性"。"尽其性"是指每个人在自然属性的基础上,通过人为建构的社会系统与自然的生态系统,实现本质属性的过程。自然属性是生而具有的本然属性或实然属性,它潜在地具有追求自由的应然属性。每个人的发展是所有人发展的目的,也是所有人发展的条件。每个人具有自我发展不受外在阻滞的正当诉求。因此,每个人的发展诉求都要通过社会系统才有可能。人类与社会系统共同承担每个人发展和人类历史发展的使命和责任。

可见,人所建构的社会系统和人类应当承担发展的伦理义务,自然系统及其存在要素如动物等无须承担任何发展的伦理义务。

因此,排除(A),选择(B)与(C)。

(二)何种义务

根据发展的伦理法则及其律令,人与社会系统的伦理义务是:遵循维系人类历史绵延不绝的伦理法则,把发展伦理律令落实为发展实践的正当诉求与伦理担当,即发展的伦理义务:不得危害社会系统、生态系统与人类存在,保障人类存在、社会系统、生态系统的健康运行,以达成维系人类历史绵延不绝之目的。具

---

① 黑格尔:《历史哲学》,王造时译,上海书店出版社,2001,第54页。
② Gregory E. Pence (ed.), *The Ethics of Food: A Reader for the Twenty-First Century* (New York: Rowman & Littlefield Publishers, Inc., 2002), p. 17.

体而言,发展的伦理义务具有价值目的、构成要素、实践路径等三个基本层面。

1.发展的价值目的之义务

在社会系统与生态系统相互作用的境遇中,发展最为核心的义务是人类的福祉与正义。这里所说的福祉是广义的善,指社会系统在生态系统的运行中带来的对人类有益的快乐、利益、幸福等主要关涉人之动物性(人之物性)的善。这里所说的正义也是广义的正义,指社会系统在生态系统的运行中,满足人类的尊严、价值、权利等主要关涉精神性(人之神性)的正当诉求。在通常情况下,福祉、正义都是人"尽其性"的目的,都是发展的应有之义。发展的义务是达成福祉与正义相辅相成、共同促进的良好运行状态。或者说,福祉与正义的协调共进是发展的目标,也是发展的义务。问题是,当福祉与正义在发展过程中出现矛盾冲突时,何者优先? 换言之,就发展的价值目的而言,

A.福祉优先于正义(福祉优先原则)?

B.正义优先于福祉(正义优先原则)?

或者C.何者优先?

在发展视域中,康德式的德福一致问题转化为福祉与正义是否一致的问题。福祉与正义的矛盾冲突属于善善冲突的基本类型:人之物性之善与人之神性之善的冲突。这种冲突在理论上呈现为功利论与义务论(福祉与正义)的冲突,在实践上呈现为实然发展与应然发展的矛盾。如果说人性包括物性与神性,那么福祉是尽人之物性,是物性善;正义则是尽人之神性,是神性善。福祉是人类满足自身物性的"尽其性",正义是人类满足自己作为理性存在者的"尽其性"。发展的"尽其性"其实就是尽人之物性与神性的至善。这种至善并非康德意义上的个体的德福一致,而是人类历史的绵延不绝。

既然福祉与正义都是尽人之性的应当目的,尽人之性的终极目的是人类历史的绵延不绝,那么如果福祉危害人类历史,正义促进人类历史,则正义优先;如果正义危害人类历史,福祉促进人类历史,则福祉优先;如果福祉、正义都危害人类历史,则人类历史优先;如果福祉、正义共同促进人类历史,则达成三者一致的最佳理想状态。这种状态的重要标志是,在生态系统与社会系统和谐一致的状态中,人类历史健康有序地持续前行。

2.发展的构成要素之义务

发展的构成要素是社会系统、生态系统和人类个体。在秉持人类历史优先的实践义务的过程中,如果三要素之间的义务发生冲突,何者优先? 或者说,A.社会系统优先? B.生态系统优先? C.人类个体优先?

人类个体的身体系统,是精神与肉体相统一的最为基本的伦理主体,是应当为人类历史绵延带来福祉文明、去除危害灾难的发展伦理主体。在出生、生存、死亡的过程中,发展伦理主体应当善始、善生、善终,其基本义务在于避免身体系统的崩溃并使之良性运转。

如果身体系统是发展主体的直接身体,自然系统则是其间接身体。或者说,生态系统应当是为人类历史绵延带来福祉文明、去除危害灾难的伦理生态。比较而论,直接身体主要体现伦理主体的独特性,间接身体主要体现伦理主体的共同性。正是因为自然系统的公共性,所以人人有权享有间接身体,人人有义务珍爱间接身体。

社会系统是维系并延续间接身体,以便维系并延续直接身体的伦理实体。或者说,社会系统应当是为人类历史绵延带来福祉文明(富裕、长寿、民主、尊严等)、去除危害灾难(战争、饥荒、灾难等)的发展伦理实体(主要是国家、国际组织等)。就此而论,社会系统是人类历史绵延的综合身体。直接身体、间接身体、综合身体可以看作人类历史绵延的第一身体、第二身体、第三身体。质言之,人类历史优先的实践义务中,如果维系社会系统、生态系统与人类个体的义务之间发生冲突,人类个体优先于生态系统,生态系统优先于社会系统。

3.发展的实践路径之义务

在秉持人类历史优先、人类个体优先的前提下,社会系统与人类各自应当承担何种实践路径之义务呢?

(1)社会系统主要是指国家以及各种社会组织,其中国家是最为主要的伦理实体。因此,我们这里所说的社会系统主要指国家。不同的国家应当承担不同的义务,富裕国家应当承担高于贫穷国家的义务,因为"富裕国家的消费水平比贫穷国家高很多。富裕国家人口消费巨大不仅是指那里存在大量人口,而且指他们对生态系统的过量需求已经超越了他们自己国家的疆界"①。当然,无论富裕国家还是贫穷国家,都应当避免对生态资源的过度利用。在生态资源不可知、不可控、不可确定的情况下,无法预知生态系统可以支撑多少资源损耗。因此,应当秉持预防原则的基本义务。何为预防原则?杰拉尔德·G.马尔腾解释说:"只有当生态系统的使用强度始终小于看上去的最大值时,生态系统服务才可以在一个真正可持续发展的基础上进行,这就是预防原则。"②预防原则实际上是生态系统免遭破坏的底线伦理诉求。

所有人类与环境的相互作用,最终都是地方的。社会系统必须维系真正的民主与社会公平,珍爱当下的人类个体,考虑未来一代以及地球上除了人类以外的栖息者。在德里克·帕菲特看来:"而今最为重要之事就是如何应对人类生存的各种危机……其中一些危机是我们造成的,我们正在寻求如何应对这些危机与其他危机的途径。如果我们能够降低这些危机,我们的后代或继承者或许能够扩散到整个银河系而消除这些危机。"③社会系统在评估未来需求的决策与行动中,必须保证充分的地方参与以及正常的民主商谈程序。地方层面是保证民主有效运作、个体充分参与的具体领地,如改变恶习、预防灾难、应对突发事件等。社会系统既要考虑社会现实、个人权益,又要关注生态现实,才可能寻找到长期有效的路径,确立普通人对可持续发展的义务与担当。

(2)人类的使命与单纯自然的使命是完全不同的,"在人类的使命中,我们无时不发见那同一的稳定特性,而一切变化都归于这个特性。这便是,一种真正的变化的能力,而且是一种达到更完善的能力——一种达到'尽善尽美性'的冲动"④。事实上,尽善尽美这个原则没有目的,没有目标,"它应当努力达到的更好的、更完美的东西,全然是一种不肯定的东西"⑤。之所以不肯定,因为它是发展的自由本性,这就是"尽其性"的本质——"尽善尽美"的自由冲动。归根结底,发

① 杰拉尔德·G.马尔腾:《人类生态学——可持续发展的基本概念》,顾朝林、袁晓辉等译校,商务印书馆,2012,第12页。
② 杰拉尔德·G.马尔腾:《人类生态学——可持续发展的基本概念》,顾朝林、袁晓辉等译校,商务印书馆,2012,第168页。
③ Derek Parfit, *On What Matters*, Volume Three (Oxford: Oxford University Press, 2017), p. 436.
④ 黑格尔:《历史哲学》,王造时译,上海书店出版社,2001,第54页。
⑤ 黑格尔:《历史哲学》,王造时译,上海书店出版社,2001,第55页。

展就是每个人或所有人实现其自由本质的正当诉求与实践历程。

在发展过程中,每个人具有克服自我脆弱与外在限制以便积极主动地提升自我、实现自我的正当诉求,这也是发展权的本质。作为人权的发展权只是个人权利,每个人维系其发展权,也就意味着应当承担相应的义务,即不得危害人类历史的主体,不得阻碍他人或自己的发展权。值得注意的是,富人与强者应当承担高于穷人与弱者的实践义务,因为富人与强者占有消耗的自然资源高于穷人与弱者,自然资源并非仅仅属于富人与强者或穷人与弱者,而是人类共同拥有的第二身体。鉴于此,帕菲特强调说:"而今最为重要之事就是富人放弃一些奢侈,避免地球温度过高,以其他方式善待此行星,以便它能够持续地维系理智生命之存在。"①一般而论,即使最为贫穷之人,其消费的自然资源也明显高于其他生物。因此,最为贫穷之人也要承担相应的义务,其他生物则不承担任何义务。

综上,每个人既要维护社会系统的良性运转以使社会系统为发展权服务,又要禁止破坏自然资源,自觉维系、保护自然环境,使人类得以延续。

结语

尽管没有一种人类起源学说能够准确地诠释人类起源的原因与过程,但依然可以确定的是,人类是一种源自宇宙、生于地球的智能生物。在此情境下,一方面,宇宙是无限的,而人的认知能力与行动能力又极其有限,无限的宇宙与人类有限的能力之间存在着巨大矛盾;另一方面,作为人类赖以栖居的地球,其承载能力以及可供人类享用的自然资源也是有限的,这就决定了有限的地球资源与人类无限的资源需求之间不可避免地发生冲突,甚至产生尖锐的矛盾。

目前,人类面临的这种冲突尤为严重:"随着全球运输、通信以及经济的全球化,人们的社会体系正在变成单一的全球性社会体系.地球的生态系统正在通过人类的活动紧密联系在一起。人口和社会复杂性的增长在全球每一个城市的生态系统和社会系统中史无前例地同步发生了。在过去,成长、衰退和移民是地区性或者地域性的;而现在,一场全球性的衰退正在酝酿,人类已经无处可去。"②为

---

① Derek Parfit, *On What Matters*, Volume One (Oxford: Oxford University Press, 2011), p. 419.
② 杰拉尔德·G. 马尔腾:《人类生态学——可持续发展的基本概念》,顾朝林、袁晓辉等译校,商务印书馆,2012,第166页。

了应对这种前所未遇的发展困境,科学技术以发展权为历史目的,把维系人类历史绵延作为人类发展和科技前行的伦理法则。

需要强调的是,发展权伦理法则把人类历史的持续作为绝对命令或发展的根本目的,并非否定人类的福祉功利与道义价值,恰恰相反,是为了更好且更长久地维系人类的福祉功利与道义价值。为此,发展权伦理律令把人类提升为对人类历史负责任的伦理主体,要求人类始终如一地承担起人类历史绵延的伦理义务。换言之,发展权的伦理诉求就是以祛弱权为价值基准,以科技进步为主要途径,更好地维系人类历史的绵延。科技伦理治理的发展权目的是推进有前途的科技,促进人类发展的文明科技。

如果说脆弱性是发展的必要性规定,坚韧性是发展的可能性的规定,那么祛弱权与增强权则是发展的权利根据。科技发展伦理的目的是在维系祛弱权价值基准的前提下,保障增强权,切实促进人类的繁荣昌盛,推动人类历史的绵延前行。

结束语

当代中国科技伦理治理体系建设

科技伦理治理探讨的话题是以研究人的脆弱性、坚韧性为基点,公正地确定把脆弱性与坚韧性集于一体的人的地位和权利,彰显人性尊严,最终辨明处于这一地位的人如何被置于直面脆弱、造福人类、推动历史发展这一崇高的科技伦理治理事业的目标之下。深入探究祛弱权、增强权,确立祛弱权在科技伦理中的基础地位,从祛弱权、增强权的全新视角反思、审视、研究科技伦理视域中的价值冲突问题,将为科技伦理治理研究提供一种新的尝试、新的方法,为相关问题如人工智能、纳米技术、食品安全、基因编辑、人类增强等方面的立法提供新的哲学论证和法理依据。

就当下而言,当代中国科技伦理治理的迫切使命和担当是,建设有中国风格、中国气派、中国特色的科技伦理治理理论体系:学科体系、学术体系、话语体系。当代中国科技伦理治理学科体系是其学术体系和话语体系的领域和范围。科技伦理学术体系研究科技伦理学科体系的本质内涵和逻辑机理,同时构成科技伦理话语体系的内涵。科技伦理话语体系是科技伦理治理学科体系和学术体系的语言表达方式,是科技伦理话语权的直接表达路径。三大体系相辅相成,构成科技伦理治理的理论系统。

当代中国科技伦理治理的学科体系的根据是,科技活动关涉人自身、人之外以及内外综合的伦理精神的价值秩序和实践活动。因此,科技伦理治理可以分为三大类别或三大学科领域:(1)外在型科技伦理治理:人类自身之外的自然环境领域的科技伦理,如生态伦理治理、水伦理治理、农业伦理治理等;(2)自在型科技伦理治理：跟人类自身直接相关的科技伦理治理，如医学伦理治理、生命伦理治理、食物伦理治理等；（3）中介型（或桥梁型）科技伦理治理：联系人类自身与外在要素的中介或桥梁的科技伦理治理，如人工智能伦理治理、工程伦理治理、网络伦理治理等。

　　当代中国科技伦理治理学术体系建设应当立足多学科交叉的新文科高度，把当代中国科技伦理治理的学术研究与相应的其他学科（如医学、生物学、人工智能、经济学、管理学、社会学等）交叉融合，对当代中国科技伦理治理的基本原则、核心范畴、逻辑结构等进行深刻全面的系统研究，从科技伦理要素论、科技伦理主体论、科技伦理生态论、科技伦理实体论、科技伦理实践论等层面探究当代中国科技伦理治理学术体系建设。

　　当代中国科技伦理治理话语体系的基础是语言。语言是当代中国科技伦理治理话语体系建设的根据，因为科技伦理治理学科体系和学术体系是语言的伦理话语表达出来的理论系统。科技伦理治理话语体系展示科技伦理治理学科和学术的话语表达方式。科技伦理治理的话语体系建设是科技伦理治理体系建设的关键一环，是当代中国科技伦理治理的话语权建设的根基所在。科技伦理治理话语体系，是运用科技伦理治理的理论、思维、知识等阐释学术问题、解决科技伦理治理学科问题的话语系统。当代中国科技伦理治理话语体系扎根中国科技伦理治理的丰厚沃土，同时反思、批判、借鉴、改造外国科技伦理治理，尤其是西方科技伦理治理的有关话语，立足新时代、新发展、新征程的社会实践，彰显当代中国科技伦理治理的话语权。当代中国科技伦理治理话语体系建设的主要使命是：研究各个科技伦理治理具体领域的话语体系，如生态伦理、经济伦理、医学伦理、人工智能伦理等领域的价值观、伦理范畴、伦理推理、伦理诉求等；以中国传统伦理学、当代中国伦理学、外国伦理学、外国应用伦理学的话语为基础，建构当代中国科技伦理治理话语体系；在构建话语体系的基础上，确立当代中国科技伦理治理的话语权地位；等等。

　　当代中国科技伦理治理的三大体系既是对伦理生活世界的提炼概括，又是伦理生活世界中的实践力量。当代中国科技伦理治理三大体系的实践是学科体系、学术体系和话语体系相辅相成的伦理行动，也是当代中国科技伦理的行动力。在具体实践过程中，应当尊重中国国情，审视国际形势和科技伦理治理的大局。当代中国科技伦理治理三大体系实践的指导思想是习近平新时代中国特色社会主义思想,实践途径是三大体系的专业化、大众化与国际化,实践目标是树立正确的科技伦理意识,遵守科技伦理的基本要求。

在新时代新征程中,当代中国科技伦理治理三大体系建设应坚持"守正"与"创新"相互促进的建设方略,坚持中国科技伦理治理的本质基点,守住"中国科技伦理治理"这个"根本",吸纳先进理念、理论、技术、方法,更好地展现当代中国科技伦理治理学科和学术的话语魅力与话语权,滋养当代中国科技伦理治理学科和学术的核心竞争力与话语体系。当代中国科技伦理治理要在"守正"与"创新"中推进学科体系、学术体系、话语体系的实践方略,建构有中国特色、中国气派、中国风格的当代中国科技伦理治理理论体系,回应新时代的科技伦理诉求,服务党和国家重大战略建设,为新时代中国特色社会主义建设贡献科技伦理治理的实践智慧、话语权、精神力量和中国方案。

参考文献

一、中文文献

北京大学哲学系外国哲学史教研室.西方哲学原著选读(上、下卷)[M].北京:商务印书馆,1981,1982.

甘绍平.自由伦理学[M].贵阳:贵州大学出版社,2020.

甘绍平,余涌.应用伦理学教程[M].北京:中国社会科学出版社,2008.

卢风.应用伦理学——现代生活方式的哲学反思[M].北京:中央编译出版社,2004.

李秋零.康德著作全集(第8卷)[M].北京:中国人民大学出版社,2010.

李学勤.字源[M].天津:天津古籍出版社,2012.

罗国杰.中国伦理学百科全书·应用伦理学卷[M].长春:吉林人民出版社,1993.

孙伟平.伦理学之后——现代西方元伦理学思想[M].南昌:江西教育出版社,2004.

万俊人.现代西方伦理学史(上卷)[M].北京:北京大学出版社,1990.

万俊人.20世纪西方伦理学经典(I):伦理学基础——原理与论理[M].北京:中国人民大学出版社,2004.

王世鹏.规范—描述问题与"自然主义的谬误"之辩[J].江汉论坛,2020(06).

张传有.休谟"是"与"应当"问题的原始含义及其现代解读[J].道德与文明,2009(06).

张岱年.中国伦理思想研究[M].南京:江苏教育出版社,2005.

赵斌,成诚.消解自然主义谬误——基于进化伦理学的解释[J].东北农业大学学报(社会科学版),2018,16(01).

朱炎生.发展权的演变与实现途径——略论发展中国家争取发展的人权[J].厦门大学学报(哲学社会科学版),2001(03).

朱贻庭.应用伦理学辞典[M].上海:上海辞书出版社,2013.

朱志方.价值还原为事实:无谬误的自然主义[J].哲学研究,2013(08).

[宋]程颢,程颐.二程集(上册)[M].王孝鱼点校,北京:中华书局,1981.

[宋]黎靖德.朱子语类[M].王星贤点校,北京:中华书局,1986.

[宋]苏洵.苏洵散文选[M].周振甫译注,南京:江苏教育出版社,2006.

[宋]朱熹.四书章句集注[M].北京:中华书局,2011.

[明]王守仁.王文成公全书(一)[M].王晓昕,赵平略点校,北京:中华书局,2015.

[奥]西格蒙德·弗洛伊德.弗洛伊德后期著作选[M].林尘,张唤民,陈奇伟译,上海:上海译文出版社,2005.

[德]库尔特·拜尔茨.基因伦理学:人的繁殖技术化带来的问题[M].马怀琪译,北京:华夏出版社,2001.

[德]弗里德里希·包尔生.伦理学体系[M].何怀宏,廖申白译,北京:中国社会科学出版社,1988.

[德]费尔巴哈.基督教的本质[M].荣震华译,北京:商务印书馆,1984.

[德]费希特.伦理学体系[M].梁志学,李理译,北京:商务印书馆,2007.

[德]费希特.费希特文集(第2卷)[M].梁志学编译,北京:商务印书馆,2014.

[德]海德格尔.路标[M].孙周兴译,北京:商务印书馆,2000.

[德]马丁·海德格尔.存在与时间(修订译本)[M].陈嘉映,王庆节译,北京:生活·读书·新知三联书店,2014.

[德]黑格尔.法哲学原理[M].范扬,张企泰译,北京:商务印书馆,1961.

[德]黑格尔.自然哲学[M].梁志学,薛华,钱广华,沈真译,北京:商务印书馆,1980.

[德]黑格尔.历史哲学[M].王造时译,上海书店出版社,2001.

[德]黑格尔.精神现象学(句读本)[M].邓晓芒译,北京:人民出版社,2017.

[德]胡塞尔.欧洲科学的危机与超越论的现象学[M].王炳文译,北京:商务印书馆,2001.

〔德〕汉斯-格奥尔格·加达默尔.哲学解释学[M].夏镇平,宋建平译,上海译文出版社,2004.

〔德〕康德.实践理性批判[M].邓晓芒译,北京:人民出版社,2003.

〔德〕康德.纯粹理性批判[M].邓晓芒译,北京:人民出版社,2004.

〔德〕康德.道德形而上学奠基[M].杨云飞译,北京:人民出版社,2013.

〔德〕莱布尼茨.人类理智新论(下册),陈修斋译,北京:商务印书馆,1982.

〔德〕马克思.1844年经济学哲学手稿[M].中共中央马克思、恩格斯、列宁、斯大林著作编译局编译,北京:人民出版社,2018.

〔德〕尼采.尼采著作全集·第五卷:善恶的彼岸 论道德的谱系[M].赵千帆译,北京:商务印书馆,2015.

〔德〕朋霍费尔.伦理学[M].胡其鼎译,北京:商务印书馆,2012.

〔德〕叔本华[M].伦理学的两个基本问题[M].任立,孟庆时译,北京:商务印书馆,1996.

〔德〕马克斯·韦伯.儒教与道教[M].王容芬译,北京:商务印书馆,1995.

〔德〕谢林.先验唯心论体系[M].梁志学,石泉译,北京:商务印书馆,1976.

〔德〕F.W.J.谢林.对人类自由的本质及其相关对象的哲学研究[M].邓安庆译,北京:商务印书馆,2008.

〔法〕伊曼纽尔·列维纳斯.总体与无限:论外在性[M].朱刚译,北京:北京大学出版社,2016.

〔法〕让-雅克·卢梭.论科学与艺术[M].何兆武译,上海:上海人民出版社,2007.

〔法〕埃德加·莫兰.伦理[M].于硕译,上海:学林出版社,2017.

〔法〕萨特.存在与虚无[M].陈宣良等译,北京:生活·读书·新知三联书店,2007.

〔法〕阿尔贝特·施韦泽.文化哲学[M].陈泽环译,上海:上海人民出版社,2008.

〔古希腊〕柏拉图.理想国[M].常维夫译,北京:西苑出版社,2009.

〔古希腊〕柏拉图.柏拉图全集[M].王晓朝译,北京:人民出版社,2017.

〔美〕爱因斯坦.爱因斯坦文集(第三卷)[M].许良英,赵中立,张宣三编译,北京:商务印书馆,2017.

〔美〕汤姆·L.彼彻姆.哲学的伦理学[M].雷克勤,郭夏娟,李兰芬,沈珏译,北京:中国社会科学出版社,1990.

〔美〕约翰·博德利.发展的受害者[M].何小荣,谢胜利,李旺旺译,北京:北京大学出版社,2011.

〔美〕杜威.哲学的改造[M].许崇清译,北京:商务印书馆,1958.

〔美〕约瑟夫·弗莱彻.境遇伦理学——新道德论[M].程立显译,北京:中国社会科学出版社,1989.

〔美〕霍尔姆斯·罗尔斯顿.环境伦理学——大自然的价值以及人对大自然的义务[M].杨通进译,北京:中国社会科学出版社,2000.

〔美〕威廉·麦独孤.心理学大纲[M].查抒佚,蒋柯译,北京:商务印书馆,2020.

〔美〕玛沙·C.纳斯鲍姆.善的脆弱性:古希腊悲剧与哲学中的运气与伦理(修订版)[M].徐向东、陆萌译,徐向东、陈玮修订,南京:译林出版社,2018.

〔日〕西田几多郎.善的研究[M].何倩译,北京:商务印书馆,2011.

〔意〕托马斯·阿奎那.神学大全·第一集 论上帝·第1卷 论上帝的本质[M].段德智译,北京:商务印书馆,2013.

〔以色列〕尤瓦尔·赫拉利.人类简史:从动物到上帝[M].林俊宏译,北京:中信出版集团,2017.

〔以色列〕尤瓦尔·赫拉利.今日简史:人类命运大议题[M].林俊宏译,北京:中信出版集团,2018.

〔英〕里查德·道金斯.自私的基因[M].卢允中,张岱云,王兵译,长春:吉林人民出版社,1998.

〔英〕理查德·麦尔文·黑尔.道德语言[M].万俊人译,北京:商务印书馆,1997.

〔英〕霍布斯.利维坦[M].黎思复,黎廷弼译,北京:商务印书馆,1985.

〔英〕杰拉尔德·G.马尔腾.人类生态学——可持续发展的基本概念[M].顾朝林、袁晓辉等译校,北京:商务印书馆,2012.

〔英〕约翰·密尔.论自由[M].许宝骙译,北京:商务印书馆,1959.

〔英〕约翰·密尔.代议制政府[M].汪瑄译,北京:商务印书馆,1982.

〔英〕乔治·摩尔.伦理学原理[M].长河译,上海:上海人民出版社,2005.

〔英〕约翰·穆勒.功利主义[M].徐大建译,北京:商务印书馆,2014.

〔英〕培根.新工具[M].许宝骙译,北京:商务印书馆,1984.

〔英〕彼得·华莱斯·普雷斯顿.发展理论导论[M].李小云,齐顾波,徐秀丽译,北京:社会科学文献出版社,2011.

〔英〕B.威廉斯.伦理学与哲学的限度[M].陈嘉映译,北京:商务印书馆,2017.

〔英〕亨利·西季威克.伦理学方法[M].廖申白译,北京:中国社会科学出版社,1993.

〔英〕休谟.人性论(下册)[M].关文运译,北京:商务印书馆,1980.

二、英文文献

Bowden P., *Applied Ethics: Strengthening Ethical Behavior* (Melbourne: Tilde University Press, 2012).

Chadwick R., *Encyclopedia of Applied Ethics*, 2nd edition (New York: Academic Press, 2012).

Cooper J. M., *Plato: Complete Works* (Indianapolis/Cambridge: Hackett Publishing Company, Inc., 1997).

Crisp R., *The Oxford Handbook of the History of Ethics* (Oxford: Oxford University Press, 2013).

Dawkins R., *The Selfish Gene* (Oxford: Oxford University Press, 1989).

Dubber M. D., Pasquale F. and Das S., *The Oxford Handbook of Ethics of AI* (Oxford: Oxford University Press, 2020).

Hare R. M., *The Language of Morals* (Oxford: Oxford University Press, 1952).

Illes J. and Sahakian B. J. (eds.), *The Oxford Handbook of Neuroethics* (Oxford: Oxford University Press, 2011).

James S. M., *An Introduction to Evolutionary Ethics* (Chichester: John Wiley & Sons Ltd., 2011).

Jonas H., *The Imperative of Responsibility: In Search of an Ethics for the Technological Age*, translated by Hans Jonas and David Herr (Chicago and London: Chicago University Press, 1984).

Kant I., *Critique of Judgment*, translated by James Creed Meredith (Oxford: Oxford University Press, 2007).

MacIntyre A., *Dependent Rational Animals: Why Human Beings Need the Virtues* (London: Gerald Duckworth & Co. Ltd., 2009).

May L., and Delston J. B. (eds.), *Applied Ethics: A Multicultural Approach* (London and New York: Routledge, 2015).

Mill J. S., *On Liberty & Utilitarianism* (New York: Bantam Dell, 2008).

Moore G. E., *Principia Ethica*, revised Edition (Cambridge: Cambridge University Press, 1993).

Moyer M. S., and Crews C. R., *Applied Ethics and Decision Making in Mental Health* (London: Sage Publications ltd., 2017).

Parfit D., *On What Matters*, Volume One (Oxford: Oxford University Press, 2011).

Parfit D., *On What Matters*, Volume Two (Oxford: Oxford University Press, 2011).

Parfit D., *On What Matters*, Volume Three (Oxford: Oxford University Press, 2017).

Pence G. E. (ed.), *The Ethics of Food: A Reader for the Twenty-First Century* (New York: Rowman & Littlefield Publishers, Inc., 2002).

Putnam H., *The Collapse of the Fact/Value Dichotomy and Other Essays* (Cambridge, Massachusetts: Harvard University Press, 2002).

Rawls J., *A Theory of Justice* (Cambridge, Massachusetts: Harvard University Press, 1971).

Ricoeur P., *Freedom and Nature: The Voluntary and the Involuntary*, translated by Erazim V. Kohák (Evanston, Illinos: Northwestern University Press, 2007).

Sidgwick H., *The Methods of Ethics*, 7th edition (Indianapolis/Cambridge: Hackett Publishing Company, 1907).

Singer P., *Applied Ethics* (Oxford: Oxford University Press, 1986).

Slote M., *The Ethics of Care and Empathy* (New York: Routledge, 2007).

Straehle C., *Vulnerability, Autonomy, and Applied Ethics* (London and New York: Routledge, 2016).

Trachsel M. et al. (eds.), *The Oxford Handbook of Psychotherapy Ethics* (Oxford: Oxford University Press, 2021).

Zimmerman A., *Moral Epistemology* (London and New York: Routledge, 2010).

后记

曾子曰:"士不可以不弘毅,任重而道远。"(《论语·泰伯》)早在2014年,《伦理学体系》在悉尼杀青。光阴荏苒,春秋十载。2024年阳春三月,携《科技伦理治理基础》初稿再度来到悉尼。

2024年3月22日凌晨1:00左右,我从重庆出发,飞行10小时20分,当地时间下午2:30左右到达悉尼机场。女儿任洁已经提前从悉尼大学赶到机场接我。听到女儿高兴熟悉的声音,我无比欣慰。十年,弹指一挥。女儿从一个9岁的孩子,成长为悉尼大学的本科生。陪女儿在悉尼大学度过生日后,友人驱车前来看望。在熟悉的乡音中,丝毫没有异国他乡的陌生感,可谓宾至如归。

在悉尼,一张书桌、一台电脑,足以安放学术人生。夜晚,明月高悬,繁星点点,通宵达旦地撰写修改,提升书稿质量。白天,走进附近公园继续写作。公园里,阳光明媚,空气清新,鲜花盛开,草木郁郁葱葱。陪女儿上课期间,出入悉尼大学教学楼,游走在校园草坪花园,处处可寻座椅写作。七天如白驹过隙,转瞬即逝。《科技伦理治理基础》在高速运转中顺利杀青。

十年来,虽未曾懈怠,亦未曾拼命,可谓匀速前行,不徐不疾,中道适度。此时此刻,行装已备,明日将乘机返回中华故园。望碧空万里,思绪奔涌,感慨万千,遂尝试追问"四道":学问之道、人生之道、学问人生之道、师生之道。

学问之道,无他,秉好高鹜远之心,持日积月累之功而已。荀子说得好:"故不登高山,不知天之高也;不临深溪,不知地之厚也;不闻先王之遗言,不知学问之大也。"(《荀子·劝学篇》)思想自由、学术探索的理想境界犹如鲲鹏展翅,奋飞九万里。庄子豪迈地言道:"北冥有鱼,其名为鲲。鲲之大,不知其几千里也。化而为鸟,其名为鹏。鹏之背,不知其几千里也。怒而飞,其翼若垂天之云。是鸟也,海运则将徙于南冥。"(《庄子·逍遥游》)这是以深厚根基和强大后盾为前提的。"且夫水之积也不厚,则其负大舟也无力。覆杯水于坳堂之上,则芥为之舟。置杯焉则胶,水浅而舟大也。风之积也不厚,则其负大翼也无力。故九万里则风斯在下矣,而后乃今培风;背负青天而莫之夭阏者,而后乃今将图南。"(《庄子·逍遥游》)学问思如天高,工如地厚,方能遨游天地之间。

人生之道,无他,自然之道而已。老子感叹:"希言自然。故飘风不终朝,骤雨不终日。孰为此者?天地。天地尚不能久,而况于人乎?故从事于道者,同于道;德者,同于德;失者,同于失。同于道者,道亦乐得之;同于德者,德亦乐得之;同于失者,失亦乐得之。信不足焉,有不信焉。"(《道德经·第二十三章》)值得警惕的是,人之自然之道并非实然之道,不是无所事事,而是应然之追求,自由之拼搏,精神之升华,厚德之载物,"是以大丈夫处其厚,不居其薄;处其实,不居其华。故去彼取此"(《道德经·第三十八章》)。人之顺其自然,不是听命自然,而是自由地扬弃自然。自由是自然之根本,只有自由,才是自然之真谛,才是人生之正道。没有自由的自然,至多只能是物之道,而非人之道。

学问人生之道,无他,为己之学,为学之己而已。荀子有言:"君子之学也,入乎耳,箸乎心,布乎四体,形乎动静;端而言,蝡而动,一可以为法则。小人之学也,入乎耳,出乎口。口、耳之间则四寸耳,曷足以美七尺之躯哉?古之学者为己,今之学者为人。君子之学也,以美其身;小人之学也,以为禽犊。"(《荀子·劝学》)学以养人,人以融学,学与人涵养互生,浑然一体。设若蝴蝶为学,庄周为人,那么梦就是人蝶一体、学人一体的理想与现实合一的自由境地。所谓:"昔者庄周梦为蝴蝶,栩栩然蝴蝶也。自喻适志与!不知周也。俄然觉,则蘧蘧然周也。不知周之梦为蝴蝶与?蝴蝶之梦为周与?周与蝴蝶则必有分矣。此之谓物化。"(《庄子·齐物论》)蝴蝶之美,庄子之神,梦为一体,实为心神和解、融通之境,是天地间学与人合一、逍遥自由之境。

师生之道,无他,相互欣赏、相互理解、相互支撑而已。作为师长,得天下英才而育之,人生之大幸;得天下中才而育之,人生之乐;得天下蠢材而育之,人生之大悲。作为弟子,从天下名师而学之,人生之大幸;从天下中师而学之,人生之乐;从天下庸师而学之,人生之大不幸。孔子谈到颜回时,情不自禁地赞叹曰:"惜乎!吾见其进也,未见其止也。"(《论语·子罕》)师长对弟子的爱惜之情,溢于言表。"贤哉,回也!一箪食,一瓢饮,在陋巷,人不堪其忧,回也不改其乐。贤哉,回也!"(《论语·雍也》)哀公问孔子:"弟子孰为好学?"孔子对曰:"有颜回者好学,不迁怒,不贰过,不幸短命死矣,今也则亡,未闻好学者也。"(《论语·雍也》)颜回谈到孔子时,肃然起敬,喟然叹曰:"仰之弥高,钻之弥坚。瞻之在前,忽焉在后。夫子循循然善诱人,博我以文,约我以礼,欲罢不能。既竭吾才,如有所立卓尔,虽欲从之,末由也已。"(《论语·子罕》)。人生天地间,为师当如孔子,为生当如颜回,师生之道足矣。

"四道"高远,虽不能至,心向往之。遥望万里长空,俯瞰无限山河,犹思古人之叹。"孔子适楚,楚狂接舆,游其门曰:'凤兮凤兮,何如德之衰也。来世不可待,往世不可追也。'"(《庄子·人间世》)。子在川上曰:"逝者如斯夫!不舍昼夜。"(《论语·子罕》)一切历史都是当代史,一切时光都是当下时。当下就是可待之来世,亦是可追之往世。心中光明,万事可行。当此时也,既有"明月何时照我还?"的期待与感叹,亦具"不畏浮云遮望眼"的自信与豪情。

而今之际,缙云山下,茵梦湖畔,半亩田园,一轮明月,二两清风,三五友人,把酒言欢,自得其乐。翠竹青青,摇曳生姿;李花烂漫,石榴透红。大丈夫出乎自然,入乎自然,自由自在,立德立言,快哉快哉!

值得一提的是,本书对于应用伦理基础而言,是一个深度的专业转向;对于科技伦理而言,仅仅是一个开端。全新的学术使命犹如冉冉升起的朝阳,灿然生辉,希望无限。学术使命无他,思想自由,为己为人,勇往直前而已。

任丑

2024年3月28日

9 Victoria Street,Ashfield,Sydney,NSW,Australia